山西省汾河流域上游水库群防洪调度研究

高晓丽　曹玉涛　著

黄河水利出版社
·郑州·

内 容 提 要

水库防洪调度是最重要的防洪非工程措施之一,水库群联合防洪调度能够最大限度地发挥各水库工程的防洪减灾作用,流域内水库群有效配合,既能保障下游区域防洪安全,又可以科学合理地使用其防洪库容,提高水库群的整体防洪效益。水库群联合调度对实现水库群防洪库容的高效合理利用和抵御流域洪水灾害具有重要的理论和现实意义。本书以汾河流域上游的汾河水库和汾河二库作为研究对象,内容包括流域水文预报模型参数率定与模型评定、河道洪水演进、水库及水库群优化调度模型构建、水库及水库群优化调度规则制定、水库及水库群调度风险评定等。

本书可供从事水利规划的技术人员和有关水利工程运行的管理人员,特别是防汛、水文、水资源及水库调度等有关技术人员,以及水利相关院校的研究人员和学生阅读和参考。

图书在版编目(CIP)数据

山西省汾河流域上游水库群防洪调度研究/高晓丽,曹玉涛著. —郑州:黄河水利出版社,2024. 3

ISBN 978-7-5509-3867-0

Ⅰ. ①山… Ⅱ. ①高… ②曹… Ⅲ. ①汾河-流域-防洪-水库调度-研究 Ⅳ. ①TV697. 1

中国国家版本馆 CIP 数据核字(2024)第 078609 号

组稿编辑:王志宽　电话:0371-66024331　E-mail:278773941@ qq. com

责任编辑:乔韵青　责任校对:鲁　宁

封面设计:黄瑞宁　责任监制:常红昕

出版发行:黄河水利出版社

地址:河南省郑州市顺河路 49 号　邮政编码:450003

网址:www. yrcp. com　E-mail:hhslcbs@ 126. com

发行部电话:0371-66020550

承印单位:河南新华印刷集团有限公司

开　本:787 mm×1 092 mm　1/16

印　张:16

字　数:370 千字

版次印次:2024 年 3 月第 1 版　2024 年 3 月第 1 次印刷

定　价:128.00 元

前　言

洪水灾害在我国发生的频率颇高且危害范围较广，是目前面临的最主要的自然灾害，全国约有50%的人口、70%的财产分布在洪水威胁区内。汾河是山西省内最大的河流，是黄河的第二大支流，流域内洪水大部分发生在汛期，历年最大洪峰流量主要出现在7月、8月。流域呈狭长形，南北跨度大，且支流众多，地形条件复杂，汾河全长716 km，流经山西省的忻州市、太原市、吕梁市、晋中市、临汾市、运城市6个市的29个县(区)，太原盆地是汾河流域内洪水泛滥比较频繁、严重的主要区域之一。汾河作为山西省的母亲河，改革开放以来，山西省一直致力于全流域、全方位、全系统的综合治理与开发，主要包括水库的除险加固和河道整治等。

水库、堤防和蓄滞洪区等水利工程作为主要的防洪工程，对河道洪水具有一定的削峰、错峰和滞洪作用。水库防洪调度是重要的防洪非工程措施之一，以堤防为基础，水库、河流和蓄滞洪区相配套，结合流域的综合防洪体系，在保障水库自身防洪安全的前提下，减少甚至消除水库下游区域的洪涝灾害损失。水库群联合防洪调度能够更好地发挥各水库的防洪作用，因此科学合理的水库群联合防洪调度能够最大限度地减少国家经济及人民生命财产安全的损失，减轻或避免洪水灾害。

水库防洪调度是根据水库的防洪任务、防洪特征水位、调洪方式、水库泄流量等判别条件，编制的水库防洪调度具体规定和操作指示，即当遭遇不同频率洪水时，泄洪设备启闭应执行何种决策程序，水库应采取何种蓄泄方案。调度方法一般分为常规调度和优化调度两类，常规调度将调洪演算的结果作为依据，形成相应的调度规则对未来洪水进行调度；优化调度在常规调度的基础上考虑各项指标建立目标函数，在满足约束条件的前提下，寻求能够同时保证兴利与防洪效益的最优调度策略。随着计算机技术的不断进步，许多优化方法被用以解决水库优化调度问题，以实现防洪调度模型的高效、快速、稳定地求解。

本书以汾河流域上游兰村断面以上为研究范围，在现有工程规模的基础上，探究为太原市防洪服务的汾河水库和汾河二库的联合防洪调度，研究成果既能保障汾河下游区域防洪安全，又可以科学合理地使用其防洪库容，提高水库群的整体防洪效益，以实现水库群防洪库容的高效合理利用和提高抵御流域洪水灾害的能力。在资料收集整理与详细分析流域现状防洪的基础上，选择改进新安江模型、双超模型、BP神经网络模型和《山西省水文计算手册》中的流域水文模型，采用智能优化算法率定模型参数，进行流域洪水预报；结合洪峰衰减分析法进行河道流量演进分析，对汾河水库和汾河二库在实测洪水、设计洪水和考虑天气预报情况下的入库洪水过程进行计算；着重阐述了单一水库和水库群的防洪优化调度模型；以水库最高运行水位最低、水库入库流量平方和最小和水库出库流量平方和最小为防洪调度目标,结合惯性权重模型的粒子群-遗传优化算法,以水量平衡、水位上下限、下泄流量上下限、水库特征曲线及非负性等为约束条件,构建了以防洪为主的汾河上游段单一水库和水库群多目标防洪优化调度模型,详细分析了防洪优化调度模型的防洪效果和防洪风险等内容。

全书共9章,具体包括绪论、研究区概况、流域洪水预报方案、预报模型参数优化及模型应用分析、汾河水库防洪优化调度方式研究、汾河二库防洪优化调度方式研究、水库群联合防洪调度方式研究、保障措施、结论和建议等内容。全书由高晓丽和曹玉涛共同撰写、统稿和校核。其中,曹玉涛撰写第1~4章,高晓丽撰写第5~9章。本书中部分内容引用了汾河水库和汾河二库的勘测、设计、调度管理等相关科研设计成果,借鉴了汾河水库和汾河二库从业专家的实际运行管理经验,作者在此一并致谢!此外,感谢黄河水利出版社、太原理工大学水利科学与工程学院和山西省水利发展中心在本书出版过程中的大力支持和帮助。

本书的研究成果如能在汾河流域得以推广,为该流域水库及其下游的防洪安全做出一定的贡献,是本书研究的宗旨和最大夙愿。水库群防洪预报调度是一个复杂、庞大的系统工程问题,受作者知识的局限性,书中难免有错误和遗漏之处,欢迎各位读者提出宝贵意见,以便今后补充修改。

作　者
2023年12月

目　录

第1章　绪　论

1.1　研究背景和意义

1.1.1　洪水灾害的迫切性

水资源时空分布的不均匀性是导致洪涝水安全问题的直接因素,对流域经济社会发展具有严重的威胁。据世界卫生组织报告,近50年来,与天气、水有关的自然灾害发生了11 000多次,造成了大量的伤亡和经济损失,其中洪水造成的损失占据第二位。我国是世界上洪涝灾害频发的国家,大约2/3的国土面积上都可能发生不同类型、不同程度的洪涝灾害。对地形复杂且自然灾害频发的中国而言,洪灾是目前面临的最主要的自然灾害,全国约有50%的人口、70%的财产分布在洪水威胁区内,洪水灾害在我国发生的频率颇高且危害范围较广。2022年,我国共发生38次区域性暴雨过程,平均降水量606.1 mm,全国28个省份626条河流发生超警戒以上洪水,大江大河共发生10次编号洪水。

汾河流域呈狭长形,南北跨度大,支流众多,地形条件复杂,实测洪水泛滥比较频繁,严重区域主要在太原盆地和临汾盆地,以及新(绛)稷(山)河(津)入黄口河段。汾河流域的洪水大部分发生在汛期,历年最大洪峰流量主要出现在7月、8月。汾河流域的洪水灾害使汾河两岸的工农业生产、交通运输、水利设施、电力通信和人民生命财产造成了极大损失,从而影响正常的生产生活秩序。随着经济社会的发展,流域洪水灾害所引发的经济损失也会随之升高。

水库的调蓄洪水和削减洪峰作用可有效提高江河防洪标准,科学合理的水库群防洪及联合调度能够最大限度地减少国家经济及人民生命财产的损失,以减轻或避免洪水灾害。

1.1.2　流域洪水灾害

汾河流域的洪水大部分发生在汛期,历年最大洪峰流量主要出现在7月、8月。据记载,1381—1948年,汾河流域共发生洪灾132次,平均每4.3年发生一次。新中国成立后,1954年、1959年、1977年、1988年、1996年和2022年,汾河中下游发生了7次较大规模的水灾,尤其是1977年的平遥水灾,导致平遥县尹回水库垮坝,南同蒲铁路中断10 d。

1942年洪水:1942年8月3日,汾河洪水大涨,太原城区段洪峰流量(调查)3 630 m^3/s,为1892年特大洪水之后的第二次特大型洪水,相当于$P=1\%$重现期。洪水从城西北铁路桥处决口冲毁铁路桥,汾河大堤金刚堰4处决口,决口宽度6~9 m,水势汹涌,直抵西城墙根,冲入旱西关、水西关、大南关,房屋浸圮。9月24日汾河再次溃溢,太原城西半部被洪水席卷,一片汪洋。南同蒲铁路从太原至侯马段数百里均被淹没,铁轨多处被冲毁。沿河徐沟、交城、文水、祁县、太谷、平遥、汾阳、洪洞、临汾、曲沃、新绛、稷山、河津等均受灾。文水县汾河、文峪河两河水溢，有90个村被淹。

1954年洪水：1954年8月28日至9月3日，汾河上中游区域，从上游静乐、宁武至灵石、介休间降了一次大范围、连续性的秋雨，历时长达7个昼夜，最大降雨量是岚县城247.6 mm。这次降水发生在汛后，降雨强度较大，由于前期土壤含水率充足，所以无论是地面径流还是入渗后的径流总量都很大，洪水历时延续长达半个月，洪水过程呈肥胖形。这场洪水是新中国成立后汾河中游最大的一场洪水，也是灾情最严重的一次。太原市汾河二坝8月30日上下游护岸工程全部冲走，9月2日清徐县东穆庄、西穆庄、孔村、东青堆、南社、桥武、南安、小东庄、韩武等村汾河防洪堤完全冲垮，南安、小东庄、杨家堡村进水3~4尺(1尺=1/3 m，全书同)深。太原市被洪水冲毁土地5 000余亩(1亩=1/15 hm^2，全书同)，塌房2 000余间。9月4日北郊摄乐村汾河决口100 m，到6日扩展到1 000 m，汾河铁桥以下西堤决口有150 m。从清徐至平遥，汾河两岸村庄均受到洪水威胁。介休县境内汾河多处决口，沿河11个乡4 000余亩农田被淹，倒塌房屋400余间。临汾段洪峰流量2 000 m^3/s，受灾土地2.85万亩。运城段新绛、稷山、河津、荣河等县35个乡75个村受灾，淹地19.7万亩、塌房770间。9月6日河津站洪峰流量3 320 m^3/s，是50余年中最大的洪峰流量。

1959年洪水：1959年7月19日，介休万户堡洪水成灾。8月20日潇河洪峰流量1 296 m^3/s，冲毁敦化大闸东7孔。平遥汾河西岸磁窑河23处决口，最大安固段决口长20丈(1丈=10/3 m，全书同)，淹没农田6.05万亩，西羌城水深4尺有余，沿岸部分村庄进水也在3尺左右。文峪河8月19—20日发生1949年以来最大的洪水，干流峪口以上流域平均降水100 mm，最大降雨点在支流西葫芦大塔村，雨量175 mm；20日崖底站洪峰流量795 m^3/s，洪水总量6 350万 m^3；支流及相邻的磁窑河同时发生洪水，共有226处河堤决口，646个村庄受灾，其中34个村被淹、69个村庄被水围困，农田受灾面积57万亩，塌房约5 000间，冲走粮食49万斤(1斤=500 g，全书同)，冲毁桥梁60余座，文水县红旗水库垮坝。

1977年洪水：6月17日19时至20时30分，静乐县中庄乡周家沟底村一带突降大强度、小范围的局部特大暴雨，90 min降雨量达到300 mm。暴雨中心在长坪村，整个雨区笼罩面积为60.4 km^2，其中100 mm以上的面积为19.3 km^2，200 mm以上的面积为4.8 km^2。周家沟底村洪峰流量达173 m^3/s，冲垮4万 m^3 库容的塘坝1座。6月23—30日，介休县阴雨持续7 d，降雨量118 mm，平川内涝成灾。7月6日，祁县昌源河上游山洪暴发，最大洪峰流量2 050 m^3/s，为新中国成立以来最大的一次洪水。北关水库大坝被冲垮，北关至子洪间沿河土地被冲毁一空，太原至长治公路干线路基冲毁，交通中断；与此同时，汾河水位暴涨，灾情持续3 d，54个村庄受灾，农田受灾面积10余万亩，冲走树木20余万株，倒塌房屋800余间，冲毁高灌站2处、饮水工程5处，冲走粮食2万余斤。8月5日，汾河中游以平遥为中心，发生了一次罕见暴雨洪水，整个降水过程持续40 h，雨区呈长方形，使平遥以下汾河干流发生特大暴雨灾害。三坝洪峰流量405 m^3/s、洪水总量1.695亿 m^3，义棠站洪峰流量1 010 m^3/s、洪水总量3.64亿 m^3，临汾地区最大洪峰流量1 420 m^3/s。

1988 年洪水：1988 年 8 月 6 日汾阳县特大洪灾，有两个暴雨中心：一处位于县城西部北花枝一带，中心雨量 260 mm；另一处是位于杏花村西 7 km 的朝阳坡，中心雨量 250 mm。整个降水历时 6～8 h，由于短历时、大强度、大雨量的影响，汾阳县边山 20 余条支沟全部暴发洪水，均为实测罕见之洪水，其中处于暴雨中心的支沟洪水重现期超过 100 年。洪水造成特大灾情，全县 18 个乡镇 318 个村庄 5 个居委会受灾，涉及人口 15 万人。全县冲淹农田约 38 万亩，其中 15 万亩绝收，粮食减产 4 000 余万 kg，近 4 000 多户居民家进水，倒塌房屋 3 600 间，造成危房 1.2 万间，使 1.5 万人无家可归，淹死牲畜猪羊 1 500 多头(只)；水利工程设施损毁 40%、127 个厂矿停产、全县通信中断 17 h、180 所学校受灾、县城自来水管道冲断 3 处，以及 2 处 3 kV 输变电站冲坏、倒杆断线等，致使停电 3 d。全县经济损失 1.8 亿元，是实测有记载以来损失最严重的一次洪灾。

8 月 6—22 日汾河洪洞石滩水文站发生洪水 2 次，其中 14 日洪峰流量 1 100 m^3/s，15 日柴庄站 861 m^3/s、新绛站 1 028 m^3/s。这次洪水标准虽只有 20～30 年一遇，但由于河道淤积、树木杂草丛生、违章阻水建筑等诸多因素，洪水传送时间由以往的 24 h 拖长至 83 h。沿河两岸汪洋一片，新绛、稷山、河津、万荣 4 县 18 个乡镇 113 个村庄 13 个企事业单位，都遭到不同程度的洪灾损失，涉及人口 15.8 万人。在半个月行洪期间，11 处堤防溃决，共淹没农田约 20 万亩、电井 500 余眼、小型电灌站 18 处，冲毁渠道 52 条 162.68 km、建筑物 41 座、公路道路 27.8 km，2 条铁路 4 处被洪水冲毁、汾南和西范两座大型电灌站出险。

8 月 7 日新绛洪水起涨，10 日洪峰 585 m^3/s、14—16 日维持在 944 m^3/s，沿河 45 km 汪洋一片，6 个乡镇 35 个村受灾，淹农田约 3 万亩、水井 35 眼，12 处机电灌站机房倒塌，42 条渠道 20 多 km 被冲，毁防洪堤坝 25 处 3.78 km，淹鱼塘 13 个 49 亩等，总损失达 7 000 余万元。

1996 年洪水：8 月上旬汾河大洪水。7 月 31 日至 8 月 5 日太原市普降大雨，平均降水 90 mm，汾河和边山支沟普遍暴发洪水，8 月 5 日洪峰流量兰村 630 m^3/s、二坝 880 m^3/s、潇河墩化堰 260 m^3/s、各支沟 40～300 m^3/s；8 月 6 日洪峰流量二坝 900 m^3/s、三坝 955 m^3/s，7 日义棠 1 248 m^3/s，8 日赵城 970 m^3/s、临汾马务桥 880 m^3/s，9 日柴庄 1 200 m^3/s、新绛铁路桥 870 m^3/s、稷山 628 m^3/s；9 日汾河上游又发洪水，静乐洪峰流量 1 700 m^3/s，10 日汾河水库水位 1 127.06 m，超过汛期限制水位 1.07 m，山西省防汛抗旱指挥部下令水库泄水 300 m^3/s。洪水造成巨大灾害损失，淹没农田、冲毁道路桥梁、房屋倒塌、淹死牲畜、冲走车辆和矿产、堤防决口渠道毁坏等，使部分地区供水、供电中断，交通瘫痪，总损失约 40 亿元。

水库是防洪调度的主要载体，水库防洪调度利用水库的拦蓄作用调节洪水，在保障水库自身防洪安全的前提下，实现对河道洪水的削峰、错峰，减少甚至消除水库下游区域的洪涝灾害损失。

1.1.3　汾河治理情况

改革开放以来，汾河作为山西省最重要的河道，最先被纳入全省水利建设的规划与计划之中，流域进行了多次全面综合的治理与开发。1954 年编制完成《汾河流域规划报告》，1956 年、1986 年分别进行了补充修订。1972 年编制出台了《山西省汾河流域治理规划》,随后又陆续制定了中游、下游和上游河道治理等多项规划和相应的设计。汾河干流河道治理以固堤、疏浚、通路、绿化、治污和综合开发为内容,包括旧堤拆除与加固、新堤建设、险工处理、控导护岸、中水槽治理、河道清障和河势顺导等措施。在提高河道行洪标准的同时,基本理顺和控制主河槽,保证行洪通畅和河势稳定,确保沿河城市、村镇、农田及人民生命财产的安全。

经过历次大规模治理,汾河干流上共建设堤防 1 165. 01 km,其中一级堤防 20. 48 km,二级堤防 130. 10 km,三级堤防 8. 71 km,四级堤防 633. 52 km,五级堤防 372. 20 km。汾河全流域共建成大型水库 3 座,即汾河水库、汾河二库和文峪河水库,另有中型水库 13 座,小型水库 50 座,总控制流域面积 17 665 km^2,占全流域面积的 45%,总库容 15 081 亿 m^3。同时,开展了汾河干流堤防护坡,共计长约 945. 0 km,其中左岸长约 480. 1 km、右岸长约 464. 9 km,主要分布于城镇段及农田保护段。

水库、堤防和蓄滞洪区等水利工程是主要的防洪工程,但是仅依靠防洪工程措施难以满足流域的防洪需求。为了治理流域洪涝灾害,我国各大流域逐渐形成了防洪工程措施和非工程措施相结合的流域洪水管理理念,即基本形成了以堤防为基础,水库、河流和蓄滞洪区相配套,结合防洪非工程措施的流域综合防洪体系。水库防洪调度是最重要的防洪非工程措施之一,水库群联合防洪调度能够更好地发挥各水库的防洪作用,达到最大限度防灾减灾的目的。太原市作为汾河流域上游防洪的重要对象,在现有工程规模的基础上,探究汾河上游汾河水库、汾河二库如何相互配合,能保障汾河下游区域防洪安全,科学合理地使用其防洪库容,提高水库群的整体防洪效益,开展汾河上游流域水库群联合调度对实现水库群防洪库容的高效合理利用和抵御流域洪水灾害具有理论现实意义。

1.2 国内外研究概况

1.2.1 洪水计算

我国已建水库,一般是以坝址洪水作为防洪设计的依据。然而,水库建成以后,库区被淹没,水库回水末端至坝址处,沿程水深急剧增加,水库周边汇入的洪水在库区的传播速度大大加快,原有的河槽调蓄能力丧失。流域产汇流条件的变化,使得入库洪水相对于建库前的坝址洪水,通常具有洪峰提前、峰形集中、洪水历时缩短、峰高量大等特点。这些变化都不利于水库运行以及下游地区的安全。若水库仍按坝址洪水调洪,则重复考虑了河道的调蓄作用,使计算成果偏低,水库设计往往不安全。我国众多水库多年运行的实际资料和经验也表明入库洪水与坝址洪水存在差别,不同的水库特性及不同典型洪水的时空分布,导致两者差异的大小也不同。因此,采用入库洪水作为设计依据更符合建库后的实际情况。

入库洪水是水库建成后进入水库周边的洪水,一般由入库断面洪水、入库区间陆面洪水和库面洪水组成。入库断面洪水为水库回水末端附近干支流水文站,或某个计算断面以上的洪水;入库区间陆面洪水为入库断面以下至水库周边以上区间陆面产生的洪水;库面洪水为库面降水直接产生的入流,这些都是入库洪水的重要部分。

根据入库洪水的组成特性可以看出，入库洪水不能由实测资料得到，只能靠部分实测、部分推算或全部推算才能获得。入库洪水实际上是以分散的形式进入水库的，应当根据资料条件及水库特征，采用不同的方法进行分析计算。传统的水文学调洪演算，是将水库作为一个整体考虑，这就要求给出一个总的入库洪水过程，即所谓的集中入库洪水。近年来，随着计算技术和调洪方法的发展，可采用非恒定流数值计算方法进行调洪演算，这就要求给出分区入库洪水过程。因此，根据资料条件和调洪要求，入库洪水可以有集中和分区的两种形式。分区入库洪水计算的关键，是区间各分区过程的推求，推求出的各分区洪水过程与干支流入库点洪水，即组成了水库的分区入库洪水，经同时流量叠加，即为集中入库洪水。

常见的计算方法有流量叠加法、流量反演法(马斯京根法、槽蓄曲线法)、水量平衡法及相应关系法等。表 1-1 列出了各类入库洪水计算方法的适用条件和特点。

表 1-1　入库洪水计算方法比较

方法名称	适用范围	适用条件	特点
流量叠加法	建库前和建库后	干流和主要支流附近有水文站，同时区间有水文站或雨量站，且资料较为完整可靠	概念明确，可直观地求出水库各部分的入库洪水，成果比较合理
流量反演法	建库前	坝址处有实测水位流量资料，且区间面积的径流较小	简便易行，所需资料相对少。考虑了河槽调蓄的影响，但没有充分考虑建库后产汇流条件和洪水组成的改变，反演的参数及入库点也难以确定
		马斯京根法：干支流入库点有部分实测资料	马斯京根法：反演所得的入库过程线常会出现锯齿状
		槽蓄曲线法：干支流缺乏实测洪水资料，但库区有较为完整的地形资料	槽蓄曲线法：槽蓄曲线的精度是关键
水量平衡法	建库后	水库有库区水位、库容曲线和出库流量等资料	概念清晰，计算简便。时段的选择很重要，如动库容较大，则不宜采用静库容曲线
相应关系法	建库前	需要而又有条件计算历年入库洪水系列	需要在其他方法计算得到对应的入库洪水与坝址洪水系列的基础上才能建立相关关系

20世纪50年代末60年代初，入库洪水与坝址洪水的差别逐渐被人们所认识，国内各有关单位先后开展了对入库洪水的研究，并在一些工程中应用。70年代，为进一步总结在入库洪水计算方面的经验，对松涛、上尤江等水库的入库洪水及洪水波运动规律做了一定的分析研究工作，组织了一定范围的科研力量集中攻关，取得了一定的进展，在此基础上编写了《水利水电工程设计洪水计算规范》（试行）（SDJ 22—79）附录七“入库洪水计算方法”。80年代初，原水电部水利水电规划设计总院在拟定山丘区设计洪水项目时，将入库洪水正式列入，委托长江水利委员会和中南勘测设计院承担，选取代表性的水库如柘溪、蒲圻、丹江口、涔天河等，进行入库洪水的观测、研究，以分析改进当时入库洪水计算方法。此外，长江水利委员会水文局、原武汉水利电力大学就入库洪水与坝址洪水的关系及其判别准则，取得了不少成果，对入库洪水也有了更深入的认识。这一时期，在大量典型水库的入库洪水资料观测基础上，对各种分析计算方法进行对比分析，检验入库洪水成果的合理性，为修订规范中的入库洪水部分提供了理论基础。此后修订的《水利水电工程设计洪水计算规范》（SL 44—1993，SL 44—2006）都已将入库洪水计算的内容列入正文，对指导我国入库洪水计算、保证设计成果质量起到了重要作用。

国外对入库洪水的研究不多，从所搜集的文献来看，采用的方法比较概化，比国内现行方法相对简单。美国已注意到入库洪水与坝址洪水的差别，考虑到分区入库洪水叠加的问题，但在某些环节的处理上有些简单化，量级也定得大。澳大利亚的工程技术人员也指出，大坝建成后水库对流域水文效应会产生较大的影响，这种影响因支流分布和水库范围而变，建坝后的入库洪水大于建坝前的入库洪水。他们还指出要对有关模型的参数进行适当修正以能适用于水库蓄水后河道缩短的建库后情况。1980年罗马尼亚人Bucharest在他的《洪水波还原》一文中，谈到了从坝址洪水推入库洪水、从入库洪水推坝址洪水的问题，入库洪水问题已逐渐被认识和重视。此外，国外还开展了一些对水库入库流量的预报研究工作。Jain等对印度Indravati流域的入库洪水应用人工神经网络进行流量预测，研究表明该方法对于大流量的预测效果良好，对于小流量ARMA模型更优。Campolo等基于人工神经网络对Arno流域开展洪水预报研究，预见期由1 h变为6 h，预报的百分比误差由7%提升至15%，且相比原预报方案在各个预见期上预报结果都更加精确。Coulibaly等通过不同模型的组合预报来提升入库流量预测的准确性，采用的模型有3种，即最邻近模型、概念模型和人工神经网络，对这3种模型赋予具有鲁棒性的权重，得到组合预报结果。Lin等选取支持向量机（SVM）作为模型基础，并输入台风特性参数建立了考虑台风影响的水库小时流量预报模型，通过对比是否考虑台风特性计算的预报结果，得出考虑台风特性后预报效果显著提高。Taghi等比较研究了不同人工神经网络预报入库流量的表现，得出拥有伽马记忆结构、8个输入层节点、2个隐藏节点、1个输出层的时滞周期神经网络（TLRN）在3种TLRN中表现最佳。Valipour等采用自回归滑动平均模型（ARMA）、自回归综合滑动平均模型（ARIMA）、自回归人工神经网络模型（ARNN）对Dez大坝月入库流量进行预测，表明具有活动Sigmoid函数的ARIMA能够最准确地预测给定的验证期60个月的流量。Krishna基于小波分析建立人工神经网络（WL-ANN）用于水库入流预报，计算结果表明，WL-ANN较常用的ANN和线性回归模型具有更加准确的预报性能。Kumar基于神经网络、小波分析和Bootstrap重抽样3种方法提出了一种水库入库流量集合预报模型,结果表明选择合适的小波函数和适当的方法对于小波类模型很重要;此外,基于小波分析的人工神经网络模型的不确定性评估性能优于多元线性回归模型。

1.2.2 水文预报

水文预报是水文学的重要组成部分,是防洪调度决策、生态环境保护、水资源开发利用以及水利水电工程设计、施工、调度、管理等的重要依据,与整个水文学科的发展有着相互依存的密切关系。水文预报是对未来水文现象进行预报的一门应用学科,它建立在对客观水文规律充分掌握的基础之上,是防洪减灾和水资源管理等方面的重要非工程措施之一。

流域水文模型是用一系列的数学方程,采用数学的方法描述和模拟水文循环中的降雨径流的过程,水文模型属于数学模型,它用严密的数学方程式表达水循环过程,模型中对水文循环过程中的一些经验规律给予物理解释,并综合各个水循环子系统,组成整个流域水量平衡计算系统。流域水文模型是水文科学与计算机科学相结合的产物,半个多世纪以来,流域水文模型在防洪减灾、水资源可持续利用、水环境保护和水生态系统修复中得到了越来越广泛的应用,而且流域水文模型也成为研究气候和人类活动变化对流域水土流失、洪水减灾、水资源保护和水环境影响的有效工具。

流域水文模型最早源于1851年爱尔兰著名的水文学者Mulvaney提出的一个推理公式:流域汇流时间和洪峰流量间的公式。之后,20世纪初Sherman提出了单位线,即常用的谢尔曼单位线;Horton提出了著名的入渗方程和Penman的蒸发公式,这些公式是流域水文模型发展史的见证,也是水文模拟技术发展的重要标志。

20世纪50年代后期,水文学者把水循环过程作为一个完整的系统,提出了流域水文模型的概念。斯坦福模型(Stanford Watershed Model,简称SWM)是由美国斯坦福大学的水文学者Crawford和Linsley从1959年开始研制,到1966年完成并提出的,它是世界上第一个真正意义上的水文模型。SWM物理概念明确,结构比较紧凑,而且层次鲜明,SWM可用于不同空间、不同时间尺度的流域降雨径流过程模拟,在1949年,Linsley等提出降雨径流关系的前期雨量指标API(Antecedent Precipitation Index)水文模型,API水文模型概念明确,结构简单,应用比较广泛。美国气象局的Sittner等在API水文模型的基础上,又开发了新模型——连续演算模型,该模型由4部分构成:API降雨径流关系计算产流、地面径流汇流计算、地下水退水计算和地下水汇流计算。水箱(Tank)模型也是世界上比较著名的流域水文模型之一,它是日本的菅原正已在20世纪60年代初提出的,如今的水箱模型经过不断发展已经成为一个应用较广的概念性降雨径流模型。TOPMODEL模型是由Beven和Kirkby于1979年提出一个半分布式的流域水文模型,它以地形为基础,用数学方程表示水文循环过程。SHE(System Hydrological European)模型是典型的分布式物理模型,由丹麦水力学研究所、英国水文研究所和法国SOGREH 3家机构共同研制开发而成,模型主要用质量、能量和动量守恒的偏微分方程的差分形式表达水文物理过程。

20世纪80年代中后期,国内外流域水文模型的发展经过上一阶段的迅猛发展以后,步入一个相对缓慢的发展阶段。大多数模型的研究更多集中在对现有模型的基础上进行改进,或对模型结构进一步完善。据不完全统计,全世界有一定使用价值的水文模型至少有70个,国外比较流行的水文模型有:ARNO、CLS、HBV、HEC-HMS、NWS-RFS、RORB、SWM/HSPF、TOPIKAPI、UBC、USGS、WATFLOOD、WBNM、VIC、SCS、SSARR等。

20世纪70年代初,我国的水文学者开始研制水文模型。以赵人俊为代表,建立的全国多个流域广泛应用至今的新安江模型是我国最具有代表性的水文模型之一。新安江模型是1973年赵人俊等在对新安江水库做预报工作中,提出的一个适用于南方湿润地区的降雨径流模型。20世纪80年代初,赵人俊等借鉴Sacramento模型和Tank模型中用线性水库划分水源的思路,并将其引入新安江模型中,随后,相继提出了新安江"三水源模型"(地面径流、壤中流、地下径流)和新安江"四水源模型"(地面径流、壤中流、快速地下径流、慢速地下径流)。针对干旱半干旱流域的特点,赵人俊等又提出了陕北模型,但由于干旱半干旱地区产汇流条件的复杂性,模型模拟效果不太理想,限制了其进一步的应用。

过去几十年来,我国水文模型的发展一方面致力于对现有模型进行改进,另一方面也研制了许多新的水文模型。吴红斌根据浙江省水文局研制的姜湾径流模型,进行珊溪水库施工期洪水预报,并经国内专家验收评定达到国内先进水准;李致家等对新安江模型单一的蓄满产流方式进行改进,即在新安江模型的结构中引入超渗产流模型,改进后的新安江模型应用在半干旱半湿润地区的沂沭泗流域,效果较好;包为民等针对半干旱地区的产流理论和计算方法进行研究,提出适用于半干旱地区的垂向混合产流模型,并将该模型应用于陡河水库,实例结果证明模拟效果良好,模型结构较合理。除上述水文模型外,还有河北雨洪模型、蓄满-超渗兼容模型、NRIHM模型、大伙房模型、面积比例法的混合产流模型等。

传统的流域水文模型大多是集总式水文模型,集总式水文模型对流域降雨的时间分布不均和下垫面条件的空间分布不均考虑较少,而这二者对模型模拟结果却有着不可忽视的影响,所以集总式水文模型在应用中也存在一定的局限性。分布式流域水文模型是在概念性水文模型的理论基础和系统理论的基础上发展起来的,把水文模型和数字高程模型(DEM)信息有效结合,以水动力学或水文学理论为基础,采用常微分方程组或偏微分方程组描述流域的降雨径流过程,并用有限元分割进行求解,从理论上讲,分布式水文模型所模拟的过程相比集总式水文模型,更充分地利用了流域的信息,更能接近真实的水循环过程,是水文模型发展的必然趋势。沈晓东等提出了一种降雨径流流域模型,它是建立在地理信息系统支持下的,属于一个动态分布式模型,并以石桥铺径流试验区作为验证,取得了较好的效果;黄平等建立了一个二维分布式水文数学模型,模型描述了森林坡地饱和流和非饱和带水流运动的基本规律;任立良和刘新仁在DEM的基础上成功开发了分布式的新安江模型;李兰等建立了一个考虑产流随空间和时间变化的分布特征、能计算产流中多种径流成分的物理过程的分布式流域水文模型;郭生练等提出了一个分布式流域水文模型,该模型可以对小流域的降雨径流时空变化过程进行模拟,并且效果良好;夏军等建立了基于DEM的分布式时变增益水文模型(DTVGM);熊立华等提出一个分布式水文模型,用于模拟流量过程以及土壤蓄水量空间分布的能力;梁忠民提出了一种考虑降雨、土壤入渗能力、土壤蓄水容量的空间变异性的新产流模型,该模型基于统计理论的基本原理,模型中可以由降雨量和土壤的入渗力的联合分布直接计算得到地表径流的统计分布特征,并以半湿润的黄河支流伊河东湾流域为例进行验证和应用,模拟效果较好。

随着科学技术和获取水文资料手段的不断改进,以及人们对水文物理过程研究的不断深入,水文模型的结构会更加合理,模型模拟的结果也会更接近实际。

1.2.3 水库防洪调度

水库防洪调度是根据水库防洪调度的任务、防洪特征水位、水库的调洪方式、水库泄流量的判别条件等,编制的决定水库防洪调度的具体规定和操作指示。其作用是指明在各种可能情况下,水库应当如何蓄泄。防洪调度规则一般包括前、后汛期水库遭遇一般较小洪水,且库水位未超过防洪限制水位时的兴利蓄水与防洪调度的规定;水库发生常遇洪水(5年、$P=10\%$洪水)、防洪标准洪水、大坝设计标准洪水及特大稀遇洪水的判别条件,控制泄量、调度方式和采取相应措施的规定;水库遭遇不同频率洪水时,泄洪设备闸门启闭的决策程序和闸门操作的有关规定;汛中和汛末水库拦洪的消落和回蓄的有关规定;整个汛期利用洪水预报采取预泄、预蓄的有关措施和规定。

1.2.3.1 防洪调度目标与模型

1983年,Wasimi等以洪涝灾害损失最小为目标,建立了实际-概念水库和流入-流出点的网络模型,研究了美国艾奥瓦州得梅因河两座水库的联合防洪调度问题,并采用离散线性二次高斯(LQG)算法求解,对中型洪水取得较好优化调度效果。1995年,都金康等以下游防洪控制站洪峰流量与安全泄量差值最小、水库拦蓄水量最小为目标,采用蓄量代替超额流量的方式建立了线性规划模型,利用单纯形法求解,研究了3个并联水库的联合调度问题,计算结果与实际情况基本相符。1998年,付湘等以分洪区分洪损失最小为目标,建立多维动态优化调度模型,利用POA算法进行连续求解与决策,研究了三峡水库和向家坝水库的联合防洪调度问题,这种方法不仅克服了一维动态模型中存在的目标函数的不合理性及状态变量的后效性2个问题,并且削减的洪峰流量更大,总分洪水量更少,水库下泄流量过程更平缓。2002年,易淑珍等以水库出库过程尽可能均匀且出库水量最小为目标,建立了河道洪水演进方程与离散微分动态规划相结合的水库群防洪优化调度模型,提出了一种离散微分动态规划与马斯京根洪水演进相结合的大系统分解协调算法,研究了澧水流域3座并联水库的联合防洪调度问题。2013年,欧阳硕等以水库最大水位最低及最大泄流最小为目标,建立了梯级水库群多目标防洪优化调度模型,并提出了一种自适应多目标仿电磁学算法,研究了金沙江下游梯级水库群及三峡水库的联合防洪调度问题,结果表明,联合调度方案在保证三峡水库坝前水位不变的前提下,进一步减小水库群最大下泄流量,增强梯级水库群的防洪能力。2015年,Benyou Jia等介绍一种分解协调模型,用于求解水库群和蓄滞洪区实时防洪调度多目标优化问题,根据实时防洪要求,建立了以水库群最大安全和蓄滞洪区损失最小为目标的多目标规划,然后基于大系统理论的分解协调原理,提出了求解多目标规划问题的3座阶递阶优化分解协调模型,利用目标协调法和模型协调法实现全局优化,并结合逐步优化算法求解子系统局部优化,研究了我国淮河流域中游地区的暴雨洪水,结果表明,所提出的分解协调模型能够有效地计算水库群最优泄洪策略和蓄滞洪区导流过程,满足下游控制断面的安全泄流。2016年,邹强等以最大削峰准则为目标，建立梯级水库群防洪优化调度数学模型并采用并行混沌量子粒子群算法求解，研究了雅砻江梯级水库群的防洪调度问题，结果表明，并行混沌量子粒子群算法计算速度快，求解精度高，相比传统方法具有较好的优势，可更好地解决高维度、非线性、强约束的组合问题。2017 年，黄丹璐建立以最大削峰为目标的水库群联合调度优化模型，并运用遗传算法计算优化了以潘家口、大黑汀、桃林口 3 座水库工程联合水库群的防洪调度，针对两种级别洪水提出了该水库群联合防洪调度方式，给出针对不同量级的洪水具体的调度方案，充分发挥了各水库的调洪作用，确保了下游防洪安全。2019 年，许子宽研究岳城水库、东武仕水库以水文年内研究区域的缺水量最小和为目标函数，综合遗传算法和动态规划算法的优点，将复杂的水库群系统的多阶段转化成为多目标子问题，建立起水库群调度模型，提出水库群对各个用水单元的具体供水方案，结合分析水库群联合调度规则，给出了联合调度的结果。2020 年，张忠波等以滑河流域水库群动用总防洪库容最小为联合防洪调度目标，建立联合防洪调度模型并采用改进粒子群算法进行求解，在保证水库工程安全和控制断面低于保证流量的前提下，进行了佛子岭、磨子潭、白莲崖、响洪甸 4 座水库联合防洪调度研究，有效降低控制断面过流的最大流量，大大降低了防洪风险，为保障淠河流域防洪安全提供支撑。2022 年，李昂提出了运用一种新的智能优化算法——水母搜索算法（JS），使用不同策略改进算法以提升其综合性能，建立了 ε-JS 算法求解水库防洪优化调度的方法，构建了最大削峰准则下的黄河小浪底水库防洪优化调度模型，在不同场次洪水所得的出库流量变幅小、泄流均匀，下泄流量平方和最小，最符合目标利益，更贴近小浪底水库工程的实际应用情况。2023 年，He Ji 等提出了一种结合随机反向学习的混合煤泥霉菌和算术优化算法（HSMAAOA），选取黄河中下游 5 座水库为研究对象，以各水库、各时段水位为决策变量，以花园口控制点削峰为目标，构建优化模型，采用 HSMAAOA 算法对该问题进行求解，并将结果与黏菌算法（SMA）和粒子群算法（PSO）进行比较，结果表明，HSMAAOA 算法在削峰率方面优于其他算法，为解决水库防洪优化调度问题提供了一种新的思路。

综上所述，虽然已经发展出了众多目标明确、约束性能优异的水库群联合防洪调度模型，但是模型均有各自的适用范围和结构特征，在工程实际应用中，应依据流域水文特性，选择合适的调度模型并完成参数率定与方案优选。

1.2.3.2　优化算法

随着计算机技术的进步及智能算法的发展，水库调度开始引进算法技术来寻求最优调度决策，即优化调度。根据水库的入库洪水过程，选择一定的目标准则，采用计算机作为工具，使用系统分析中数学优化的方法使得所选取的目标函数达到极值时得到的水库最优运行调度策略，从而得到水库防洪过程中最优调度过程。目前，对于水库优化模型求解问题，发展出了一系列的优化方法，这些优化方法大致可分为经典数学方法和人工智能方法。常见的方法有多目标动态规划、蚁群算法、粒子群算法、果蝇优化算法、鲸鱼优化算法、遗传算法、差分进化算法、免疫算法、模拟退火算法、神经网络算法、逐步优化算法、混合算法等。各优化算法的适用条件和特点见表 1-2。

表1-2　各优化算法的适用条件和特点

算法	适用性	优点	缺点
多目标动态规划	适用于一维决策多目标的水库调度	动态规划的数学模型和求解方法比较灵活，对于系统是连续的或离散的、线性的或非线性的、确定性的或随机性的，只要能构成多阶段决策过程，便可用此方法求解，并且能保证在可行解中找到全局最优解	求解较烦琐，在遇到"维数灾"问题时需要借助一定的方法来降维，同时要求模型无后效性，限制了动态规划在大规模水库群中的应用
蚁群算法	适用于求解组合优化问题的最优解	采用正反馈原理，不易陷入局部解，蚁群算法具有分布式计算、无中心控制和分布式个体之间间接通信等特征，易于与其他优化算法相结合	算法复杂，搜索时间较长，容易出现停滞，参数设置复杂，如果参数设置不当，容易偏离优质解
粒子群算法	适用于连续非线性优化问题、组合优化问题和高维度优化问题，比进化类算法更快收敛于最优解	算法概念简单易理解，可调整参数少，容易实现；有更多的机会得到全局最优解；收敛速度快；具有自组织和进化性以及记忆功能	易陷入局部最优值，产生早熟收敛，使寻优停滞
果蝇优化算法	适用于处理低维度优化问题	算法简单、参数少、易于调节，因此计算量小，全局寻优能力强且寻优精度较高	在遇到高维度优化问题时，可能会陷入局部收敛，且在寻优后期可能会面临搜索速度慢、效率低的困境
鲸鱼优化算法	旨在解决单目标优化问题	操作简单，对目标函数条件要求宽松，以较小的代价和较快的速度收敛于最优结果，参数少，跳出局部最优的能力强	容易陷入局部最优解情况，收敛速度慢
遗传算法	适用于传统水库调度方法复杂的问题以及时效性要求不高的实时调度问题	具有智能式搜索并行、非线性计算过程全局最优解的优点，可以解决优化过程中陷于局部最优或者无法求解等问题	局部搜索能力较弱，往往只能得到次优解而不是最优解

续表 1-2

算法	适用性	优点	缺点
差分进化算法	适用于求解一些利用常规的数学规划方法很难求解甚至无法求解的复杂优化问题	原理简单易行，在群体和协同搜索上具有较高能力，收敛速度快，具有跳出局部最优的能力	求解多极值问题时易陷入局部最优，提前进行收敛，导致收敛精度不够，有时需要多次迭代才能搜索到全局最优
免疫算法	适合搜索大范围连续空间和解决高维问题	全局搜索能力强，具有自适应性、随机性、并行性、全局收敛性、种群多样性等优点	容易陷入局部最优的平衡态、进化后期搜索停滞不前
模拟退火算法	适用于传统数学方法很难解或者不可解的复杂性问题	具有十分强大的全局搜索性能，克服了传统算法优化过程容易陷入局部极值的缺陷和对初值的依赖性，可提供有效的近似求解算法	只能求解最小值问题，求解最大值问题时，应对其适应度函数取其倒数或相反数进行求解
神经网络算法	可处理一些环境信息十分复杂，背景知识不清楚，推理规则不明确的问题	自适应能力和学习能力强，允许样品有较大的缺损和畸变；强大的鲁棒性、容错能力和联想能力；各个神经元在处理信息时是各自独立的，神经网络可并行处理大量信息，克服了传统的串行运行体系计算机的串行处理模式；可有效地实现输入空间到输出空间的非线性映射	神经网络需要大量的参数，如网络拓扑结构、权值和阈值的初始值；不能观察之间的学习过程，输出结果难以解释，会影响到结果的可信度和可接受程度；学习时间过长，甚至可能达不到学习的目的
逐步优化算法	适用于求解多状态动态规划问题，能有效克服 DP 的“维数灾”问题，最优线路具有每对决策集合相对于它的初始值和终止值来说是最优的性质	状态变量不需要进行离散，而是直接按连续变量求解，因而可以获得较精确的解；算法具有隐性并行搜索的特性，其计算效率高，耗费时间较短，可以保证在所有的情况下都收敛到真正的总体最优解，编程也较容易；该方法对状态变量不需要离散，因而不仅可获得较精确解，也可克服动态规划求解多状态变量问题时出现的“维数灾”障碍	采用该算法时确定初始状态很重要，若采用任意初始状态，计算时间很长，且有可能因不满足约束条件而得不到整体最优解
混合算法	适用于大规模水库群联合防洪优化调度问题	能够考虑河道洪水演进的影响，显著减少计算量和降低计算机存储要求，能保证在可行解中找到全局最优解，拥有较强的全局搜索能力	存在求解速度和进化效率不够理想的问题

水库群联合防洪优化调度模型往往存在多目标、多约束、高维度、强耦合、强非线性、水力联系紧密等难求解特征，直接运用单个优化算法一般难以有效求解，应依据水库防洪调度特点，对优化算法进行科学合理地改进、组合，从而实现模型的高效、快速、稳定地求解。

1.2.3.3 水库群优化调度

制定科学合理的水库群防洪及联合调度能够最大限度地减少国家经济及人民生命财产的损失，具有重要的实用价值和现实意义。

2013 年 Xiao Meng 等根据白洋淀的调洪能力，初步确定联合运行方案，通过排泄前调节和实时控制排量调节，提出白洋淀与多水库平行上游的联合运行，对比确定最优组合方案，该方案可适当提高水库防洪能力，使流入引洪区的洪水流量明显减少，对白洋淀湿地周边地区和下游重要城镇的安全具有重要的现实意义。2019 年，Niu 等采用多元线性回归、人工神经网络、极限学习机和支持向量机 4 种方法获取水电站水库运行规律，然后以洪家渡水库的数据为案例，采用多个定量统计指标对不同模型的性能进行评价，制定洪家渡水库运行调度规则，结果表明，优化调度规则能提供比传统调度方法更好的性能。2021 年，卢有麟等根据沅水流域三板溪—白市梯级水库调度中小洪水的工程需求，分析了梯级水库面临的防洪现状以及中小洪水联合调度的边界条件，以解决实际工程问题为导向，拟定了梯级水库的中小洪水联合调度方案，其方案可操作性强，可满足梯级水库中小洪水调度所有边界条件，为其安全经济运行提供了有效的技术保障。2022 年，刘永琦等针对西江流域梯级水库群目标需求，结合历年防洪与供水调度经验，总结西江流域多目标调度策略，分析近年西江流域水库群在多个阶段的调度过程及成效，提出西江流域多目标优化调度研究方向与思路，为西江流域实施统一调度提供技术决策。

近几十年来，随着汾河流域梯级水库群的建成，其水库数量不断增加，水库间水力联系更加复杂，单库防洪调度难以满足流域复杂的防洪需求。在保障水库群自身防洪安全的前提下，以保证水库群下游区域防洪安全为目标，对汾河流域水库群进行联合防洪优化调度，是实现流域防洪效益最大化的重要举措。

1.3 研究依据

本项目研究依据主要有国家相关法律法规、水库调度相关技术规程规范、山西省全国水利普查成果报告、已批复的山西省水库洪水调度方案等，以及汾河水库设计报告和以往研究成果等。

1.3.1 法律法规类

(1)《中华人民共和国防洪法》。

(2)《中华人民共和国防汛条例》。

(3)《国家防汛抗旱应急预案》。

1.3.2 已批复的调度方案

《山西省大中型水库汛期调度运用计划汇编》(山西省人民政府防汛抗旱指挥部办公

室,2019年6月)。

1.3.3 水库设计报告

(1)《山西省汾河水库工程大坝安全评价报告》(山西省水利水电勘测设计研究院有限公司,2021年4月)。

(2)《山西省汾河水库大坝安全评价报告》(山西省水利水电勘测设计研究院有限公司,2021年4月)。

1.3.4 规程规范

(1)《防洪标准》(GB 50201—2014);

(2)《大中型水电站水库调度规范》(GB 17621—1998);

(3)《水库调度设计规范》(GB/T 50587—2010);

(4)《大中型水库调度规范》(DB32/T 3470—2018);

(5)《水利工程水利计算规范》(SL 104—2015);

(6)《水利水电工程水文计算规范》(SL/T 278—2020);

(7)《水利水电工程设计洪水计算规范》(SL 44—2006);

(8)《洪水调度方案编制导则》(SL 596—2012);

(9)《水利部关于印发〈大中型水库汛期调度运用规定(试行)〉的通知》水防〔2021〕189号。

1.3.5 其他研究报告

(1)《汾河志》(裴群,2006年1月);

(2)《山西河流特征》(山西省水文水资源勘查局,2015年3月);

(3)《山西省第一次全国水利普查成果报告》(山西省第一次全国水利普查领导小组办公室,2015年4月);

(4)《汾河水库水库观测资料整编》;

(5)《汾河水库防洪预案》;

(6)《山西省河段洪水调查成果》。

1.4 研究内容、方法与技术路线

1.4.1 研究内容与方法

1.4.1.1 基础资料收集

收集汾河流域的自然地理、气象、植被、下垫面、DEM数据、干支流水系和实测汛期降雨及洪水过程等水文资料,汾河干流河道堤防建设及河道糙率、纵横断面资料、河道槽蓄曲线、河道行洪宽度、河道治理、泄流能力等河道资料,流域内汾河水库和汾河二库的建筑物组成、特性指标、库容曲线、蒸发渗漏资料、水库长系列历年来水资料(入库流量)、泄流系列、防洪对象标准、历年汛期调度资料和二坝以上沿汾河干流主要防洪控制断面设计标准等。

1.4.1.2　洪水分析

根据防护对象的城市人口、文物古迹、重要设施等情况，确定不同的防洪等级和防洪标准，选择若干单独水库防洪控制断面和共同防洪控制断面；选取流域内典型洪水过程进行洪水过程计算；对不同分区进行洪水预报，并将不同分区、不同频率的设计洪峰相叠加，选取最不利的一次设计洪水过程；由流量资料推求设计洪水位及河段水位线、计算区间洪水和水库洪水的组合演进叠加，得到汾河流域大中型水库入库洪水特征，以及主要河道控制断面的洪水特征，进行洪水演算和参数率定。

1.4.1.3　流域水库群防洪调度模型构建与调度方案优选

在现有防洪工程措施和洪水调度水平的基础上，设定合理的防洪优化调度规则，拟定目标函数及约束条件；建立求解复杂的多目标、多约束水库群联合防洪优化调度方法；构建一套汾河流域适应性强、灵活性高且能反映真实调度情景的水库群联合防洪调度模型，确定联合调度时各水库拦蓄时机、拦蓄流量、泄洪时机和泄洪流量等关键参数，提出汾河上游流域不同频率设计洪水的水库调洪水位、超额洪量、库容分配等具体调度指标方案，为流域防洪调度工作提供决策依据。

1.4.2　技术路线

技术路线见图1-1。

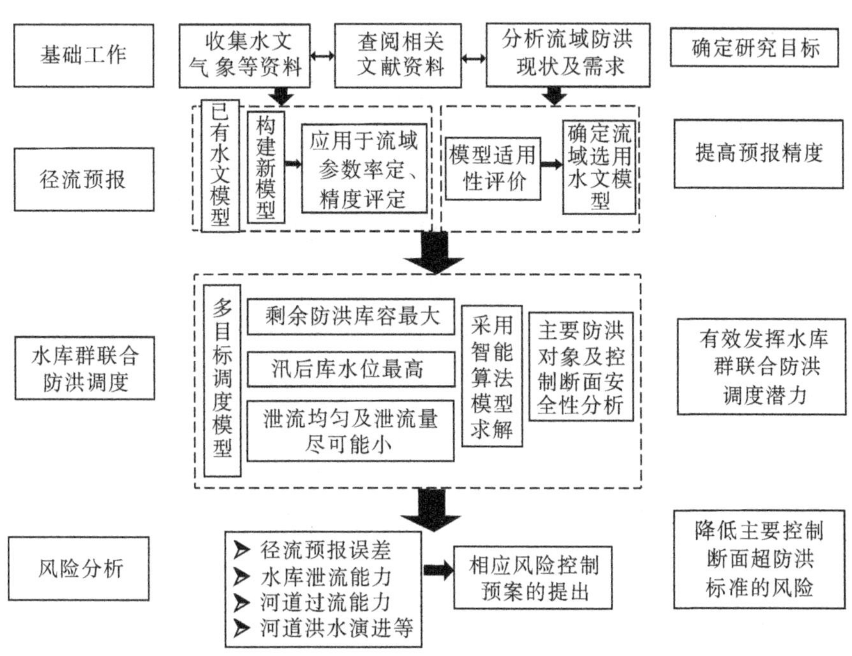

图1-1　技术路线

1.5　小　结

本章主要阐述了水库防洪调度研究的背景及意义，回顾、总结了国内外在水库防洪调度相关方面的研究概况，在此基础上，提出本书的研究内容、研究方法与技术路线。

第 2 章　研究区概况

2.1　汾河流域概况

2.1.1　自然地理

2.1.1.1　地理位置

汾河上游流域(如图 2-1 所示)位于山西省北部,东部主要以山地为主,西部以高原为主,自北向南流经以盆地为主的中部。地理位置为 111°21′E～112°27′E、37°51′N～38°59′N,宁武县管涔山至上兰村以北段。其中,分布在北部区域的有宁武县,分布在东部区域的有静乐县、古交市以及太原市部分区域,分布在西部区域的有岚县和娄烦县,静乐县分布在区域的中部。辖区共有 89 个乡镇 66.5 万人口,人口密度为 86.06 人/km^2。流域内水资源分布严重失衡,径流量也相对较低,仅占全省径流量平均值的 92.2%。

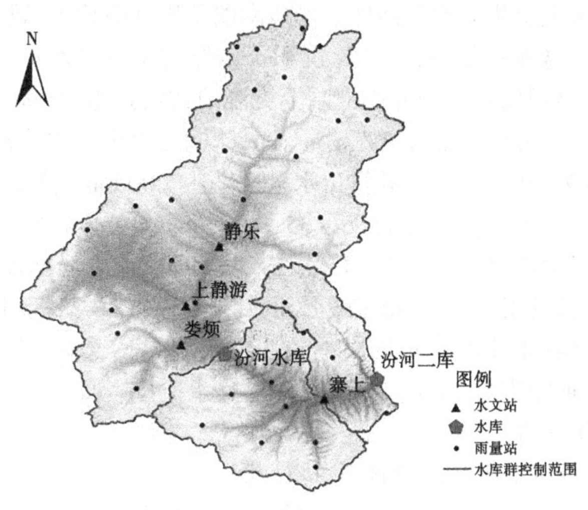

图 2-1　汾河上游流域

2.1.1.2　地形地貌

汾河上游河长 216.9 km^2,流域面积 7 616 km^2,上游流域地势总体上北高南低,西南为吕梁山脉,东南为太行山与太岳山脉,地貌类型主要以山地和黄土丘陵为主,兼有河谷平原、山间盆地。

汾河源头至汾河水库段,河水流经地区为土石山区和黄土丘陵区,河流两岸或为基岩裸露,或为黄土披覆的陡坎;汾河水库至兰村烈石口段为高山峡谷区,两岸山崖陡峭,岩石裸露,河道多呈狭长带状形。汾河上游流域除局部相间有河川地、山间小型盆地及阶台地

(面积共约占 10%)外,其余多属于砂页岩、变质岩或石灰岩的土石山区。宁化以上为管涔山林区,植被优良,宁化以下植被一般,水土流失较强,尤以黄土地区为最,岚河是本段水土流失最为严重的地区。

2.1.1.3 **水文地质**

汾河流域南北长,地势由北向南倾斜,东西两侧倾向汾河河谷。流域地下水基本靠降水补给,上游降水量约 494.5 mm。降水入渗系数受地质、地形和植被覆盖影响,一般在 0.20 左右。流域地貌包括平原、台地、丘陵和山地四大基本类型,地形起伏较大,降水和气候在垂直分布与水平分布上存在差异,直接影响地下水资源分布。汾河流域上游降雨的年际间变化较大,年内分配不均匀,汛期和枯水期界限分明,年头与年尾降水量最少,7—9 月降水集中。流域多年(1952—1995 年)水面蒸发能力在 950~1 300 mm。流域上游的多年(1956—2000 年)平均年径流量为 15.1 亿 m^3,最大值为 26.6 亿 m^3(1964 年),最小值为 7.41 亿 m^3(1986 年)。据 1956~2000 年共 45 年水文资料系列山西省第二次水资源评价成果,汾河上中游 1956—2000 年多年平均天然径流量 132 600 万 m^3,兰村站多年平均天然径流量 38 308 万 m^3。

按不同的水文地质单元,考虑地下水成因类型,结合用水和来水的平衡条件,将流域分成 3 个大区 10 个小区。

1. 盆地水文地质区

盆地水文地质区主要指太原盆地区。盆地南端基岩渐渐抬起,属半封闭性盆地,汾河干流纵贯盆地中间。盆地自新生代以来,沉积了巨厚的第三系和第四系松散沉积地层。地下富水区多在冲、洪积扇轴部和冲积平原干支流的古河道地区,如太原市西张、文峪河河口、汾阳市杏花村等,可采模数在 35 万 m^3/km^2 以上;承压含水层埋深在 150 m 以内,岩性为砂卵石,厚度为 30~90 m,单井日出水量可高达 5 000 m^3;位于洪积扇中部、东西边山河流的古河道地区的可采模数为 15 万~35 万 m^3/km^2;位于盆地内部等地区如榆次区以东、平遥县以西、汾阳市以南为 5 万~15 万 m^3/km^2。盆地内局部地区因超采而形成地下漏斗的有太原市、祁县王封、介休市宋股等地,其中太原市深层水漏斗面积达 301.9 km^2。

盆地水文地质区有 4 处较大泉水出露:玄泉寺、兰村泉、晋祠泉以及洪山泉域。随着自然、人类活动等各种因素对岩溶地下水的影响,泉水流量衰减趋势加重,兰村泉 1988 年断流,晋祠泉 1994 年断流。

2. 山地变质岩、砂页岩水文地质区

山地变质岩、砂页岩水文地质区主要包括汾河上游区域。这个区的地下水属基岩裂隙潜水和承压自流水或脉状承压水,以水平排泄为主,其开采方式主要是采取地下径流。区域内出露古生界、中生界地层,南端为黄土覆盖,构造上系宁武—静乐大向斜,一般富水程度较差。区域内的寒武系、奥陶系石灰岩分布区,主要含水层为中奥陶系石灰岩,其补给径流区富水程度差,但泄水区或地形低处则富水,如宁武雷鸣寺泉和静乐县黑汗沟泉等。

3. 山地碳酸盐类水文地质区

山地碳酸盐类水文地质区分布的面较广,主要在管涔山、芦芽山和云中山轴部之间,汾河水库—兰村间干流河谷及其北侧。这类岩层的每个水文地质单元的各含水层之间有水力联系,但不是统一的含水岩层。其补给或补给径流区有奥陶系石灰岩岩溶裂隙水的上层水位高、下层水位低,寒武系石灰岩岩溶裂隙水的水位比较高的特点,其中以奥陶系石炭岩层富水性最强。奥陶系石灰岩岩溶裂隙水受侵蚀基准面的控制,具有区域水位,有集中排泄的特点,寒武系石灰岩岩溶裂隙水则分散排泄。在平面分布上,受构造控制,在断裂破碎带和深切河谷中常有大型泉水出露。

2.1.1.4　**土壤**

汾河流域土壤主要包括褐土、亚高山草甸土、山地草甸土、棕壤亚类、粗骨土、石质土等。各类土壤特点及主要分布区分述如下:

褐土,又包括褐土亚类、石灰性褐土、潮褐土、褐土性土等,广泛分布于晋中、临汾、运城盆地的阶地、台地、丘陵地带和垣地。成土母质为黄土和红黄土,土层深厚,质地多轻壤,垂直节理发育,土性柔和,耕作层有机质含量 0.65%~1.29%,土体干旱,抗蚀性差。其中,褐土亚类肥力较高,土层深厚,保水保肥性能好,适种作物广,是山西最好的农业土壤。

亚高山草甸土,又称冷潮土、黑毡土,主要分布于管涔山的黄草梁、荷叶坪,海拔 2 700 m 以上的山顶平台,林缘线以上。区域降水量大,气温低,地表有"草丛土丘",冻土地貌明显,有永冻土层。植被以高寒喜湿性矮生蒿草为主,覆盖度 95%以上,为山西优良的天然夏季牧场。土层一般厚 30~50 cm,土壤有机质含量达 9%,潜在养分丰富,是宝贵的自然牧草土壤资源。

山地草甸土,又称草毡土,主要分布在吕梁山、太岳山海拔 1 900 m 以上的山顶平台和缓坡地带,分布最高海拔达 2 700 m。气候冷凉潮湿,地表生长有苔草、兰花棘豆、锈线菊等牧草。表土层有机质含量一般在 8%,最高可达 17%,土壤潜在养分高,牧草生产量比较大,是良好的季节性牧草土壤资源。

棕壤亚类,又称林土,主要分布于管涔、关帝、太岳等中山地带的次生林或残林地区,是针叶林或针阔叶林混交林复被下发育的土壤,多在海拔 1 700~2 400 m 的中山阴坡或半阴坡,垂直分布上限接山地草甸土,下限接淋溶褐土。北部以针叶林为主,南部为针叶林和针阔叶混交林。地表有一层枯叶落叶层,土体淋溶强烈,通体土壤脱钙充分,呈微酸性,腐殖质层较厚,有机质含量 7%~15%,是最好的林业土壤资源。

粗骨土,又称石渣土,广泛分布于流域内的土石和石质山区及部分丘陵地带,是一种初育性土壤,表土层下有一层松散的岩石碎屑,土体中砾石含量在 50%以上,显示粗骨特性。是大块岩石在长期雨淋、暴晒、冷冻下崩裂为小块或变成碎屑而形成的。由于地表草灌植被稀少,受侵蚀较重。这类土壤应因地制宜,乔、灌、草并举。

石质土,又称石砾土,分布于石质山地,表土层较薄,一般小于 10 cm,表土层之下为岩层,农、林难以利用。这类土壤虽土层薄,但肥力较高,是发展牧草的土壤资源。

2.1.2　社会经济

汾河上中游流域为全省政治、经济、文化中心,省会太原市位于汾河流域中游地区。流域涉及 2 市,主要为忻州市和太原市。

汾河上中游流域现状年社会经济指标见表 2-1。

表 2-1 汾河流域各市现状年社会经济指标

行政区	人口/万人		GDP/亿元				耕地面积/万亩		粮食作物播种面积/万亩	粮食产量/万 t
	总人口	其中：城镇人口	第一产业	第二产业	第三产业	小计	总面积	有效灌溉面积		
忻州市	16	5	2	9	8	19	121	6	34	4
太原市	423	357	36	1 036	1 240	2 312	159	78	111	30
合计	439	362	38	1 045	1 248	2 331	280	84	145	34

2.2 流域水库基本概况

目前,汾河上游已建成汾河水库与汾河二库 2 座大型水库,对控制流域洪水、减少洪涝灾害发挥着重要作用,水库群控制范围如图 2-2 所示。

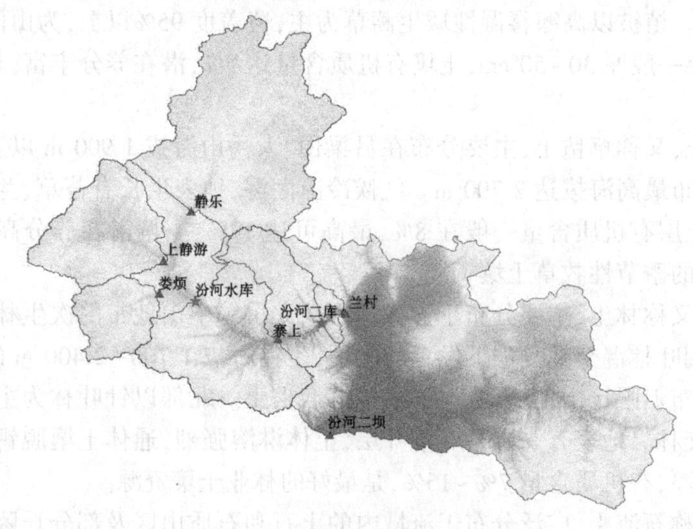

图 2-2 水库群控制范围

汾河水库与汾河二库总计控制流域面积为 7 616 km²,其中汾河水库控制流域面积 5 268 km²,汾河二库控制流域面积 2 348 km²。汾河上游干流长度 197 km,汾河水库以上为 122 km,上游黄土丘陵沟壑及土石山区占全流域的 65%以上,属多泥沙河流。汾河二库距上游汾河水库 80 km,距下游太原市中心 30 km,汾河水库与汾河二库区间流域面积 2 348 km²,河道狭窄多弯曲,两岸山高坡陡,区间流域内寒武系、奥陶系灰岩占一半左右,其余为砂岩、变质岩区。

2.2.1 汾河水库

汾河水库地处娄烦县杜交曲镇下石家庄村北 1 km,上距汾河发源地 122 km,下距省城太原市 83 km,水库控制范围如图 2-3 所示。汾河水库于 1958 年动工兴建,1961 年 6 月投入运行,是一座以防洪、灌溉及城市与工业供水为主,兼顾发电、旅游、养殖等综合效益的水利枢纽工程。水库控制流域面积 5 268 km^2,总库容 7.33 亿 m^3,是目前山西省最大的水库。水库主要建筑物为 2 级,次要建筑物为 3 级。枢纽工程由大坝、溢洪道、泄洪洞、输水洞、水电站和引黄供水洞组成,所有输(泄)水建筑物均位于大坝右岸。

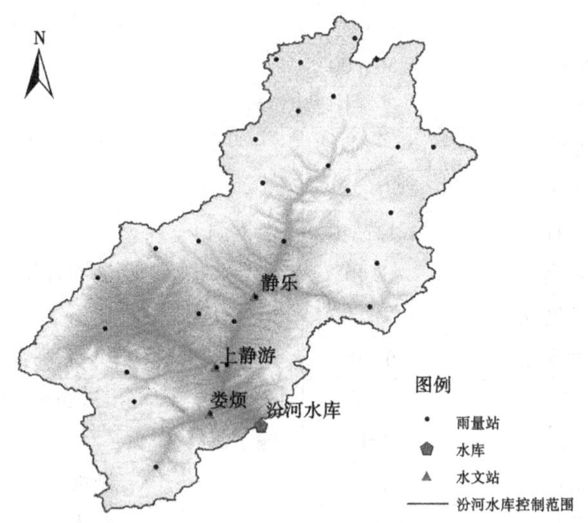

图 2-3　汾河水库控制范围

汾河水库设计总库容 7.33 亿 m^3,设计洪水为 $P=1\%$,校核洪水为 $P=0.05\%$,为多年调节水库。汾河水库为大(2)型水利枢纽工程,主体工程由大坝、泄洪洞、输水洞、溢洪道和水电站等组成。主要技术指标见表 2-2。

表 2-2　汾河水库主要技术指标

基本信息			
水库名称	汾河水库	水库类型	山丘水库
所属流域	黄河流域	建成时间	1961 年
水库地点	太原市娄烦县杜交曲镇	工程等别	Ⅱ
所在河流	汾河	控制流域面积/km^2	5 268
管理单位名称	山西省汾河水库管理局		
水库特性			
总库容/万 m^3	73 300.00	水库调节特性	多年调节
防洪库容/万 m^3	8 100.00	正常蓄水位/m	1 128.00
调洪库容/万 m^3	12 607.00	汛限水位/m	1 126.00
兴利库容/万 m^3	28 100.00	最大泄洪流量/(m^3/s)	5 417.00
死库容/万 m^3	4 494.00		

续表 2-2

洪水标准					
设计洪水	设计频率/%	1	校核洪水	校核频率/%	0.05
	设计洪水位/m	1 128.00		校核洪水位/m	1 130.50
	洪峰流量/(m^3/s)	5 010.00		洪峰流量/(m^3/s)	80.80
	3 d 洪量/万 m^3	2.27		3 d 洪量/万 m^3	130.02
	下泄流量/(m^3/s)	1 563.00		下泄流量/(m^3/s)	2 073.00
主要建筑物					
主坝	坝型	土坝	泄洪洞	进口高程/m	1 086.20
	结构	均质坝		出口高程/m	1 072.20
	坝顶高程/m	1 131.40		总长/m	1 196.10
	最大坝高/m	61.40		断面直径/m	8.0
	坝顶长度/m	1 002.00		泄量/(m^3/s)	782.00
	坝顶宽度/m	6.00	输水洞	进口底高程/m	1 089.40
副坝	坝型	土坝		出口底高程/m	1 071.80
	数量	2 座		总长/m	604.35
	副坝最高/m	31.40		断面直径/m	4.0
	副坝总长/m	442.00		泄量/(m^3/s)	142.50
溢洪道	堰顶高程/m	1 122.00	水电站	进口底高程/m	1 071.60
	堰顶宽度/m	24.00		出口底高程/m	1 067.93
	总长/m	575.00		机组数量/台	2
	闸门/(m×m)	2 扇 7×12		流量/(m^3/s)	29.50
	泄量/(m^3/s)	1 111.50		装机容量/kW	13 000.00

汾河水库水位-库容曲线和水位-泄量曲线如图 2-4、图 2-5 所示。

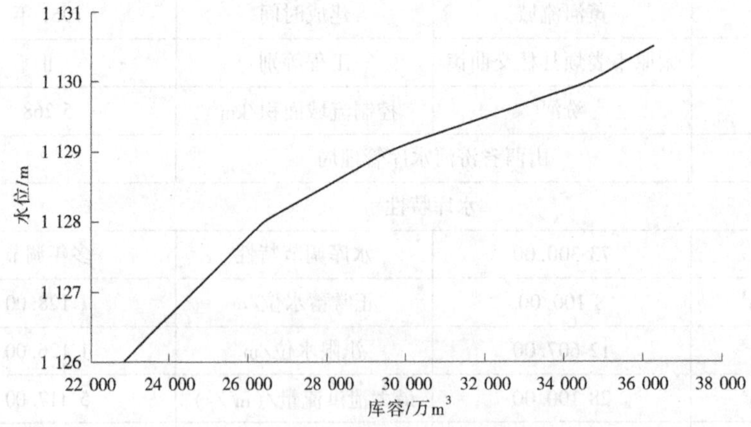

图 2-4 汾河水库水位-库容曲线

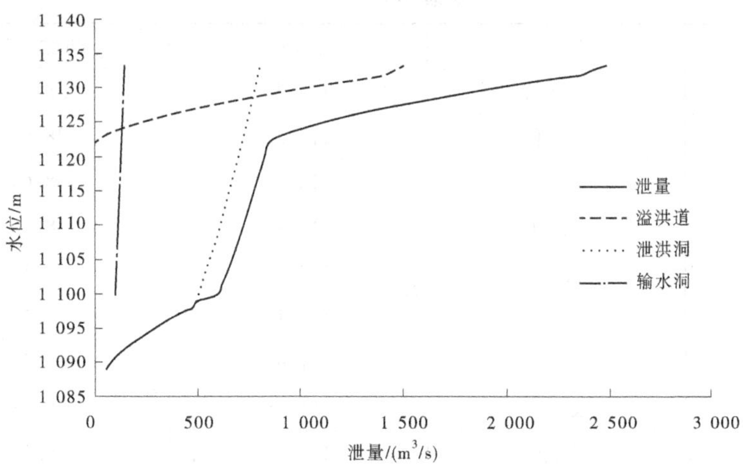

图 2-5　汾河水库水位-泄量曲线

本研究中选取汾河水库上游 29 处雨量站和 3 处水文站,雨量站分布于流域范围内的 6 条支流上,水文站分别为静乐水文站、上静游水文站和娄烦水文站。汾河水库的雨量站分别为米峪镇、盖家庄、草城、普明、阎家沟、娄烦、上静游、河岔、楼子、坪上、西马坊、西大树、静乐、段家寨、康家会、娑婆、堂儿、杜家村、宁化堡、新堡、圪洞子、前马龙、东马坊、怀道、东寨、岔上、宋家崖、海子背和春景洼,各雨量站的地理位置见表 2-3。

表 2-3　汾河二库以上雨量站的地理位置

序号	雨量站	经度/(°)	纬度/(°)
1	草城	111.62	38.17
2	岔上	112.02	38.88
3	盖家庄	111.63	38.10
4	河岔	111.85	38.18
5	楼子	111.78	38.30
6	米峪镇	111.68	37.95
7	坪上	111.68	38.45
8	普明	111.57	38.27
9	上静游	111.82	38.18
10	阎家沟	111.55	38.38
11	宋家崖	111.97	38.88
12	娄烦	111.81	38.07
13	春景洼	112.15	38.93
14	前马龙	112.02	38.77
15	东寨	112.10	38.80
16	海子背	112.20	38.88

续表 2-3

序号	雨量站	经度/(°)	纬度/(°)
17	东马坊	112.33	38.68
18	怀道	112.25	38.68
19	宁化堡	112.09	38.64
20	圪洞子	111.92	38.70
21	堂儿	112.23	38.53
22	杜家村	112.13	38.58
23	新堡	111.93	38.60
24	段家寨	111.98	38.47
25	静乐	111.92	38.34
26	娑婆	112.20	38.42
27	康家会	112.18	38.32
28	西马坊	111.78	38.47
29	西大树	111.87	38.28

2.2.2　汾河二库

2.2.2.1　工程概况

汾河二库位于太原市尖草坪区，库区跨尖草坪区、阳曲县、古交市，距上游汾河水库80 km，距下游兰村14 km，距太原市中心30 km，汾河二库上游区域如图2-6所示。汾河二库水库主体工程于1996年11月开工建设，1999年12月底下闸蓄水，2007年7月通过竣工验收，是汾河干流上一座以防洪为主，兼有供水、发电、旅游和养殖等综合效益的大型水利枢纽工程。水库控制流域面积2 348 km^2，总库容1.33亿m^3。汾河二库水利枢纽主要包括大坝、供水发电洞、引水式电站，主要建筑物为2级。

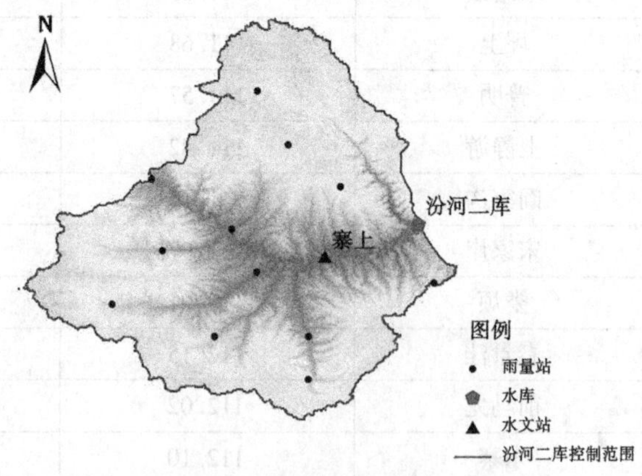

图 2-6　汾河二库上游区域

2.2.2.2　汾河二库基本情况

汾河二库正常蓄水位 905.70 m,汛限水位 900.00 m,最大泄洪能力 3 450.00 m^3/s,总库容 13 300.00 万 m^3,防洪库容 580.00 万 m^3,调洪库容 1 590.00 万 m^3,兴利库容 4 800.00 万 m^3,死库容 6 910.00 万 m^3,控制流域面积 2 348 km^2。水库主要技术指标见表 2-4。

表 2-4　水库主要技术指标

<table>
<tr><td colspan="6">基本信息</td></tr>
<tr><td colspan="2">水库名称</td><td>汾河二库</td><td colspan="2">水库类型</td><td>山丘水库</td></tr>
<tr><td colspan="2">所属流域</td><td>黄河流域</td><td colspan="2">建成时间</td><td>1999 年</td></tr>
<tr><td colspan="2">水库地点</td><td>太原市尖草坪区马头水乡</td><td colspan="2">工程等别</td><td>Ⅱ</td></tr>
<tr><td colspan="2">所在河流</td><td>汾河</td><td colspan="2">控制流域面积/km²</td><td>2 348</td></tr>
<tr><td colspan="2">管理单位名称</td><td colspan="3">山西省汾河二库管理局</td><td></td></tr>
<tr><td colspan="6">水库特性</td></tr>
<tr><td colspan="2">总库容/万 m³</td><td>13 300.00</td><td colspan="2">水库调节特性</td><td>多年调节</td></tr>
<tr><td colspan="2">防洪库容/万 m³</td><td>580.00</td><td colspan="2">正常蓄水位/m</td><td>905.70</td></tr>
<tr><td colspan="2">调洪库容/万 m³</td><td>1 590.00</td><td colspan="2">汛限水位/m</td><td>900.00</td></tr>
<tr><td colspan="2">兴利库容/万 m³</td><td>4 800.00</td><td colspan="2">最大泄洪流量/(m³/s)</td><td>3 450.00</td></tr>
<tr><td colspan="2">死库容/万 m³</td><td>6 910.00</td><td colspan="2"></td><td></td></tr>
<tr><td colspan="6">洪水标准</td></tr>
<tr><td rowspan="5">设计洪水</td><td>设计频率/%</td><td>1</td><td rowspan="5">校核洪水</td><td>校核频率/%</td><td>0.1</td></tr>
<tr><td>设计洪水位/m</td><td>907.32</td><td>校核洪水位/m</td><td>909.92</td></tr>
<tr><td>洪峰流量/(m³/s)</td><td>4 816.00</td><td>洪峰流量/(m³/s)</td><td>7 278.00</td></tr>
<tr><td>3 d 洪量/万 m³</td><td>26 500.00</td><td>3 d 洪量/万 m³</td><td>42 300.00</td></tr>
<tr><td>下泄流量/(m³/s)</td><td>3 450.00</td><td>下泄流量/(m³/s)</td><td>5 168.00</td></tr>
<tr><td colspan="6">主要建筑物</td></tr>
<tr><td rowspan="6">主坝</td><td>坝型</td><td>混凝土坝</td><td rowspan="5">供水
发电洞</td><td>进口底高程/m</td><td>871.00</td></tr>
<tr><td>结构</td><td>重力坝</td><td>出口底高程/m</td><td>859.02</td></tr>
<tr><td>坝顶高程/m</td><td>912.00</td><td>总长/m</td><td>399.47</td></tr>
<tr><td>最大坝高/m</td><td>88.00</td><td>断面/m</td><td></td></tr>
<tr><td>坝顶长度/m</td><td>227.70</td><td>泄量/(m³/s)</td><td>187.00</td></tr>
<tr><td>坝顶宽度/m</td><td>7.50</td><td rowspan="5">水电站</td><td>进口底高程/m</td><td></td></tr>
<tr><td rowspan="4">溢洪道</td><td>堰顶高程/m</td><td>902.00</td><td>出口底高程/m</td><td></td></tr>
<tr><td>堰顶宽度/m</td><td>48.00</td><td>机组数量/座</td><td>3</td></tr>
<tr><td>闸门/(m×m)</td><td>12×6.5</td><td>流量/(m³/s)</td><td>36.50</td></tr>
<tr><td>泄量/(m³/s)</td><td>1 578.00</td><td>装机容量/kW</td><td>3 200.00</td></tr>
</table>

汾河二库水位-库容曲线和水位-泄量曲线如图 2-7、图 2-8 所示。

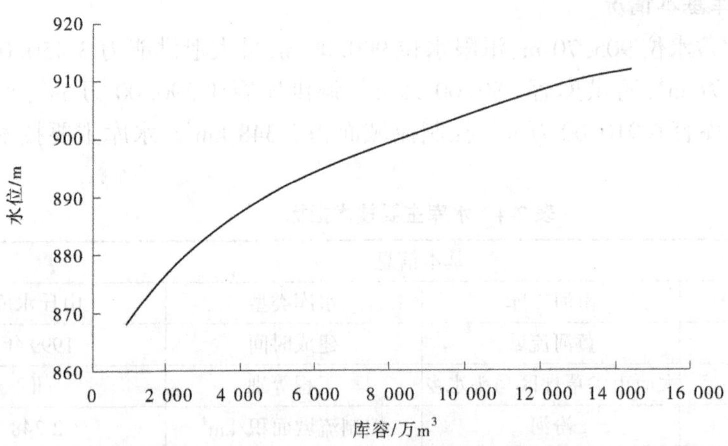

图 2-7 汾河二库水位-库容曲线

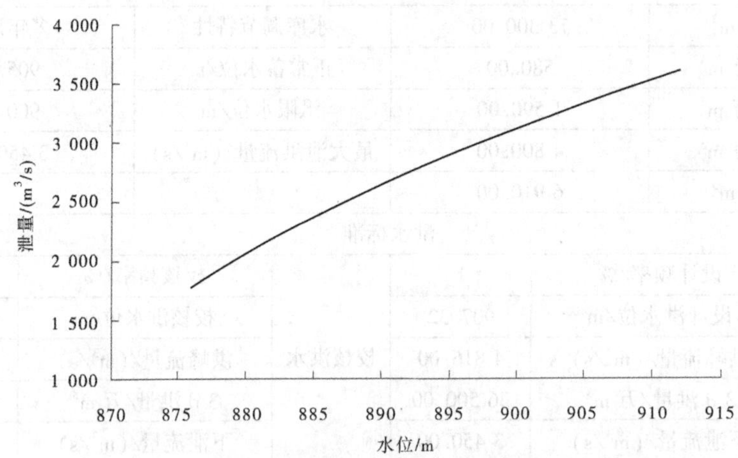

图 2-8 汾河二库水位-泄量曲线

采取汾河二库13处雨量站和1处水文站进行研究,雨量站分布于流域范围内的6条支流上,寨上水文站为入库站,兰村为出库站,汾河二坝为汾河二库下游控制站。汾河水库、汾河二库区间的雨量站分别为汾河水库、白家滩、岔口、常安、邢家社、草庄头、屯村、炉峪口、寨上、水头、阁上、下马城和化客头,各雨量站地理位置见表2-5。

表 2-5 汾河二库以上雨量站的地理位置

序号	雨量站	经度/(°)	纬度/(°)
1	汾河水库	111.93	38.05
2	炉峪口	112.06	37.97
3	白家滩	111.95	37.93
4	岔口	111.87	37.85
5	屯村	112.10	37.90

续表 2-5

序号	雨量站	经度/(°)	纬度/(°)
6	阁上	112.15	38.10
7	下马城	112.10	38.18
8	水头	112.23	38.03
9	寨上	112.21	37.92
10	常安	112.03	37.80
11	邢家社	112.18	37.80
12	化客头	112.38	37.88
13	草庄头	112.18	37.73

2.3 水系基本情况

汾河发源于宁武县东寨镇管涔山脉楼子山下水母洞，与周围的龙眼泉、象顶石支流汇流成河，干流自北向南纵贯太原、临汾两大盆地，至运城新绛县境急转西行，于万荣县荣河镇庙前村附近汇入黄河，沿途汇聚吕梁、太岳山区 50 km^2 以上的一级支流 83 条。汾河按其自然特征，习惯上分为上游、中游、下游 3 段：太原市尖草坪区兰村以上为上游河段，兰村至洪洞石滩为中游河段，石滩至入黄口为下游河段。汾河上游河段水系概况如下。

2.3.1 干流

自河源至兰村烈石口，河道长 217 km，流域面积 7 705 km^2。本段河流属山区性河流，干流绕行于峡谷之中，山峡深 100~200 m，河流弯曲系数 1.96，平均纵坡 4.4‰。其间汇入的主要支流有洪河、鸣水河、万辉沟、西贺沟、界桥沟、西碾河、东碾河、岚河等。山西省最大的水库——汾河水库，位于上游河段中部、距河源 123 km 的娄烦县下石家庄；石家庄上游的支流东碾河和岚河水土流失严重，是汾河水库泥沙的主要来源。汾河水库下游约 80 km 的悬泉寺峡谷段建有汾河二库。

汾河流域兰村以上属山区，干流在兰村出峡谷进入太原盆地。汾河二坝在兰村水文站以下约 60 km 处，汾河二坝站距汾河河口 416 km。区域内水文下垫面分布较复杂，其中变质岩石山区占 0.6%，砂页岩石山区占 12.0%，灰岩石山区占 24.6%，黄土山丘区占 32.9%，黄土平原区占 29.9%。两岸为土质陡坡，左岸近几年来河床淤泥高约 2 m，使断面过水能力降低 2/3，冲淤变化更为严重。

2.3.2 主要支流

汾河上游流域支流面积大于 1 000 km^2 的河流主要有岚河和杨兴河，见表 2-6。

表 2-6　汾河流域支流面积大于 1 000 km² 的河道特征

河名	流域面积/km²	主流河长/km	平均纵坡/‰
岚河	1 148	57.6	3.20
杨兴河	1 398	50.0	12.60

在汾河干流和主要支流上曾先后设立水文观测站 59 处，以进行水位、流量、输沙、降水、蒸发等观测。由于各种原因，部分观测站已撤销，现基于汾河流域共建有 26 个水文站，其中流域内支流上共计建有 17 个水文站，干流上共计建有 9 个水文站，其中汾河上游的水文站分别为：岔上、上静游、静乐、娄烦、汾河水库、寨上、兰村和汾河二坝。各水文测站基本情况见表 2-7。

表 2-7　汾河干流上游主要水文测站基本情况

站名	控制面积/km²	设站时间	站别	备注
岔上	29.4	1958 年 5 月	基本站	
上静游	1 140	1954 年 6 月	基本站	
静乐	2 799	1943 年 4 月	基本站	1945 年 6 月至 1950 年 7 月停测
娄烦	575	1993 年 7 月	基本站	
汾河水库	5 268	1958 年 5 月	基本站	
寨上	6 819	1953 年 7 月	基本站	
兰村	7 705	1943 年 5 月	基本站	1945 年 9 月至 1950 年 3 月停测
汾河二坝	14 030	1964 年 6 月	基本站	原名东穆庄水文站，1968 年 1 月上迁 2 km，改称汾河二坝水文站

2.4　防洪需求分析

2.4.1　各干支流段的防洪形势

2.4.1.1　静乐至汾河水库（静乐、娄烦）

流域内发布暴雨预警，且河道流量超过 2 020 m³/s（$P=5\%$），应启动四级预警，应急响应级别Ⅳ级。静乐县西大树村、东大树村、丰润镇，娄烦县新庄村、河岔村、下静游镇、下石家庄村、杜交曲村沿河受威胁人员撤离。

流域内发布暴雨预警，且河道流量超过 2 690 m³/s（$P=2\%$），应启动三级预警，应急响应级别Ⅲ级。静乐县鱼崖底村、王端庄村、胡家沟、新家堡、杨家崖、神峪沟村、苏坊村、湾子村，娄烦县西六度村、东六度村、峰岭底村沿河受威胁人员撤离。

2.4.1.2　汾河水库

当水库水位超汛限水位，工程发生较大风险，应启动四级预警，应急响应级别Ⅳ级，引黄水不得进入水库,水库管理单位加强巡查和水情观测,提请太原市、娄烦县防汛抗旱办公室做好抢险救援转移准备工作。

当水库水位达到设计洪水位且水位继续上涨,工程发生重大风险,应启动三级预警,应急响应级别Ⅲ级,并将风险报告省防汛抗旱指挥部、太原市政府。

当水库水位超校核洪水位时,应启动二级预警,应急响应级别Ⅱ级。

当水库有漫坝、垮坝风险时,应启动一级预警,应急响应级别Ⅰ级。

2.4.1.3　**汾河二库**

当水库水位超汛限水位,工程发生较大风险,应启动四级预警,应急响应级别Ⅳ级,水库管理单位加强巡查和水情观测,提请太原市、尖草坪区防汛抗旱办公室做好抢险救援准备工作。

当水库水位达到设计洪水位且水位继续上涨,工程发生重大风险,应启动三级预警,应急响应级别Ⅲ级,并将风险报告省防汛抗旱指挥部、太原市政府。

当水库水位超校核洪水位时,应启动二级预警,应急响应级别Ⅱ级。

当水库有漫坝、垮坝风险时,应启动一级预警,应急响应级别Ⅰ级。

2.4.1.4　**汾河二库至汾河二坝段(太原市城区、清徐县)**

当流域内发布暴雨预警,水文站流量超过 2 870 m^3/s($P=2\%$),应启动四级预警,应急响应级别Ⅳ级,汾河二库至汾河二坝段周边人员群众撤离。

当流域内发布暴雨预警,水文站流量超过 4 816 m^3/s($P=1\%$),应启动三级预警,应急响应级别Ⅲ级,太原市城区及清徐县温南社村、东青堆村、南青堆村、桥武村、韩武村、韩武堡村沿河受威胁人员撤离。

当有 3 个以上的三级预警时,应启动二级预警,应急响应级别Ⅱ级;当有 3 个以上的二级预警时,应启动一级预警,应急响应级别Ⅰ级,Ⅰ级和Ⅱ级应急响应启动情况报分管水利的省领导和省应急指挥机构。发生重大水旱灾害时,应当及时向分管水利的省领导报告,提请省领导组织、指挥应急防御工作。

2.4.2　汾河流域防洪总体安排

汾河上游段干流主要防御对象为宁武、静乐、太原市六城区、娄烦、古交、阳曲、清徐等城区及沿河乡镇。

在《汾河流域综合规划》中确定:汾河干流近期(2020 年以前)规划防洪标准为上游段河道防洪标准达到 10~50 年一遇,其中农田耕地段达到 10 年一遇,乡村段达到 20 年一遇,个别县(市)段如古交达到 50 年一遇;其中,太原市达到 50~100 年一遇,其余段达到 20 年一遇。汾河干流远期(2030 年以前)规划防洪标准为上游段河道防洪标准达到 20~50 年一遇,其中所有县城段达到 50 年一遇,其余段达到 20 年一遇;其中,太原市达到 100 年一遇,其余段达到 20 年一遇。

太原市是一座具有 2 500 年历史的文化古城,为全省的政治、经济、教育、科技、文化中心,也是全国重要的能源工业城市。城区面积 1 460 km^2,2021 年全市域常住人口 539.1 万人,国内生产总值 5 121.6 亿元。城区有太原钢铁(集团)有限公司,山西焦煤(集团)有限责任公司,太原第一、第二热电厂及太原煤气化总公司,太原市自来水公司等大、中型企业 103 个。重要交通干线有同蒲铁路、太古岚铁路和太白铁路以及太旧高速公路、东山过境公路、大运路,市内交通主干线有横穿东西的迎泽大街、府东(西)街、漪汾街、北大街、兴华街、南内环街、长风街,纵贯南北的建设路、解放路、新建路、平阳路和滨河东路、滨河西路以及千峰路、和平路等,其中铁路防洪标准为 $P=1\%$,高速、一级公路防洪标准为 $P=1\%$,二级公路防洪标准为 $P=2\%$。

太原市已按照河道行洪 $P=1\%$,相应流量为 3 450 m^3/s 的标准建成了 6 座跨汾河大桥,北沙河从迎春桥至入汾河口长约 7 km 河段有固定堤防,治理标准为 $P=2\%$。南沙河从永祚寺至入汾河长约 6 km 河段,已有固定堤防,其中青年路桥以下至入汾河口长约 2.5 km,河段治理标准为 $P=1\%$。虎峪河从西外环至入汾河口长约 5 km 河段形成固定堤防,治理标准为$P=2\%$,其中从和平路桥至入汾河口约 2 km,河段可通过设计洪水。九院沙河治理年代较早,且因靠城区边缘,治理标准为 $P=5\%\sim10\%$。东堤上兰漫水桥至大留村弯道、太白铁桥到南内环桥,西堤北排洪沟口至南内环桥堤段防洪标准为 $P=1\%$,安全泄量达到 3 450 m^3/s。其余地段防洪标准仅达 $P=2\%\sim5\%$,相应流量 2 000~2 700 m^3/s。

潇河入汾口至汾河二坝坝址河段堤防防洪标准为 $P=1\%$,汾河二坝设计洪水标准为 30 年一遇,校核洪水标准为 $P=1\%$。柳湾汾河大桥防洪标准采用 $P=1\%$设计,河道段堤防标准 $P=5\%$,方山河清徐段沿线河道防洪标准达到 $P=10\%$。

2.5 小　结

本章介绍了汾河流域研究区概况,包括汾河水库、汾河二库的特性资料、基本工况等;研究区所涉水系基本情况、水文测站分布等;介绍了研究区主要干支流段的防洪形势和防洪需求,指明当前流域防洪的迫切形势,为后续章节的研究奠定基础。

第 3 章　流域洪水预报方案

自然界的水文现象过程比较复杂,受众多因素的影响与制约,流域的产汇流过程是一个非常复杂的非线性过程,就目前人们的认知水平和技术手段而言,水文现象的形成机制仍不能被大家完全认知。因此,水文模型成为研究复杂水文现象并进行水文预报的一种重要手段。

流域水文模型是人们在对复杂的水循环过程不断认识的基础上,采用系统理论、物理和数学等众多方法对流域的降雨径流过程进行描述而建立起来的数学模型。流域水文模型融合了计算机学科、数学学科、物理学科和水文学科等众多领域的产物,它是在一定的流域尺度范围内,应用物理、数学和水文学等领域的相关知识,对流域上从降雨开始直到流域出口断面形成流量过程进行模拟,从而达到流域水文响应的目的。随着水资源管理问题的日益突出和计算机技术的迅猛发展,流域水文模型已经发展成为人们了解、认识复杂流域产汇流过程和研究分析流域水文规律的一个重要工具。

3.1　模型选择

世界气象组织(WMO)曾先后两次从世界范围内的不下百种流域水文模型中选出部分具有代表性的模型进行统一标准的检验。水利部水文司、信息中心 1997 年 12 月在武汉组织了全国水文预报知识竞赛,与 WMO 所得结论基本相同。WMO 首先把流域水文模型分为如下三类:

第一类,显式计算土壤含水率的模型;

第二类,隐式计算土壤含水率的模型;

第三类,系统途径模型。

被选中模型中,包括我国水文学者创建主要用于湿润地区的新安江模型(第一类)和美国天气局的 API 模型(第一类)、日本国立防灾研究中心的水箱(Tank)模型(第二类)、美国萨克拉门托河流预报中心的萨克模型(第一类)、意大利 E. 托迪尼和 L. 纳达里提出后经我国学者改进的约束性线性系统(CLS)模型(第三类)。

检验结论如下:

(1)如果流域位于湿润地区,就不必过于挑选模型,因为在这样的流域,简单模型与复杂模型可以取得同样的预报结果。但是,对于干旱和半干旱流域,就要仔细挑选模型,这是因为不同类型的模型,其模拟精度在湿润地区较之在干旱半干旱地区的差异要小些。

(2)对于干旱半干旱地区,一般说来,显式计算土壤含水量的复杂模型要比隐式计算土壤含水率的简单模型效果好;模拟久旱之后的湿润地区流域径流,也是显式计算土壤含水率模型好。这个结论很重要,因为它表明,当用户不仅要将模型用于湿润状况,还要将其用于其他状况时,显式计算土壤含水率的模型就具有较大的价值。总之,在久旱或久旱之后,显式计算土壤含水率的模型一般能较好地模拟河川径流。

(3)像水箱模型那样不直接计算土壤含水率的模型,对于流域大小和自然地理特征、气候条件等都具有更好的适应能力与弹性。

(4)建立模型时,如果资料条件不好,则隐式计算土壤含水率的模型,特别是系统途径(第三类),有可能具有更好地处理这种缺陷的能力,因而较之显式计算土壤含水率的模型可能给出更好的预报结果。

以上结论对指导我们挑选流域水文模型具有现实和指导意义。

本书所研究的汾河水库及汾河二库流域位于由湿润地区向干旱地区过渡的半湿润地区,紧邻半干旱地区。如果说湿润地区的产流方式为蓄满的(流域缺水容量被降雨满足后开始产流,与降雨强度无关),干旱地区的产流方式为超渗的(降雨强度大于流域入渗强度即产流,依赖于土湿和降雨强度),那么介于两类地区之间的半湿润半干旱地区的产流方式,原则上讲应该是介于蓄满和超渗两者之间的第三种产流方式——双超产流方式:超渗产生地面径流,超持(超过田间持水量)产生壤中流和地下径流。

半湿润半干旱地区产流的主要特点如下:

(1)产流存在着3个随机性。降雨强度的空间分布和时程变化是随机的;下垫面吸水(入渗)能力的空间分布和时程演变是随机的;降雨强度和吸水能力的空间、时间组合也是随机的。最终表现为产流场和产流强度的时、空随机变化。

(2)产流方式是双超的。从总体看,该地区植被较差,流域土壤偏于干燥,流域缺水容量较大;降雨强度时、空变化剧烈,洪水以短历时暴雨部分流域面积上超渗产流者居多,但并不排除在一定条件下出现部分流域面积上未超渗而产流或未超持而产流的可能,更多的情况则是超渗、超持同时并存于一体的双超产流方式。

(3)制约流域吸水能力的主要因子,一是下垫面的地质、地貌、植被、土壤岩性即水文学中的产流地类;二是流域土壤中水分的多寡和形态。

(4)制约洪水径流量大小的主要因子是雨量、降雨强度和流域的吸水能力;制约流域产流强度的标志性指标是降雨强度与流域吸水能力之比,即供水度。同样的降雨量,供水度越大,径流系数越大,产流强度越强,径流量也越大。

(5)存在流域产流临界降雨强度。产流临界降雨强度是指在一定流域土湿状态下,产生地面径流所必须达到的最小降雨强度。此类地区流域内所设水文站的观测资料分析表明,流域产流临界降雨强度与流域土壤水分多寡存在着灵敏的依赖关系;降雨强度一旦小于产流临界雨强,坡面流会迅即停止。

(6)根据土壤水分运动的规律,出现壤中流充分而必要的条件是包气带相对弱透水层的存在和土壤重力水的出现。灰岩地区严重漏水不存在相对弱透水层,不会产生壤中流,径流成分单一;非灰岩地区,多数短历时降雨入渗锋面达不到弱透水层,土层中无重力水,也不会产生壤中流。但久雨后土壤水分已较多,再遇大雨或长历时降雨后期,土壤中就有可能出现重力水,壤中流随之出现,甚至在径流中有时占有不可忽视的比例。

WMO的结论和本地区产流机制、特性和预报实践说明,无论是国内学者创建的模型还是从国外引进的模型,不加改造均难以符合本流域产流机制和特性,预报效果不够理想。

20世纪70年代初,我国的水文学者开始研制水文模型。以赵人俊为代表,建立的全国多个流域广泛应用至今的新安江模型是我国最具代表性的水文模型之一。新安江模型是 1973 年赵人俊等在对新安江水库做预报工作中,提出的一个适用于南方湿润地区的降雨径流模型。最初的新安江模型的结构为“两水源模型”(地面径流和地下径流);80 年代初,赵人俊等借鉴 Sacramento 模型和 Tank 模型中用线性水库划分水源的思路,并将其引入新安江模型中,随后,相继提出了新安江“三水源模型”(地面径流、壤中流、地下径流)和新安江“四水源模型”(地面径流、壤中流、快速地下径流、慢速地下径流)。大量实践证明,新安江模型在我国湿润半湿润地区得到了广泛应用,而且效果很好,并得到了 WMO 的认可,但由于半湿润半干旱地区产汇流条件的复杂性,模型模拟效果不太理想,限制了其进一步的应用。

本书首先选择了在我国应用较广的新安江模型,并在原有模型基础上对其进行改进,后应用于研究流域。其次,本书选择了山西省水文水资源勘测局王印杰研制的双超产流模型,它集陕北、新安江、萨克、水箱 4 个模型中符合本流域产流机制的部分,加上拓展的可能损失概念和 Richards 方程入渗新解等科研成果而构成。超渗指降雨强度大于入渗强度时即产生地面径流,超持指土壤水分超过土壤的持水能力即有壤中流和地下径流产生。双超流域产流模型的物理基础是非饱和土壤水分的运动规律,含产流临界降雨强度参数的归一化入渗能力流域曲线则是处理产流场空间分布随机变化的数学工具。最后,本书还选择了在山西省涉水工程中常用的《山西省水文计算手册》中的流域水文模型法。

BP 神经网络是当前最常见的一种分析算法,已广泛应用于各种数据挖掘的技术工具中。本书将 BP 神经网络模型应用到汾河水库和汾河二库流域的洪水预测中,利用计算机的高速计算能力和系统的复杂性,通过调节内部大量节点间的关联,使其具有较强的容错性和学习能力。从理论上讲,用神经网络求解上百个参数问题是一种相对简便、高效的方法。

综上所述,本书选择了改进的新安江模型、双超模型、BP 神经网络模型和《山西省水文计算手册》中的流域水文模型进行流域的水文预报,采用优化算法进行参数率定,对比各种模型在汾河水库和汾河二库流域的模拟效果,检验以上 4 种预报模型在本流域的适用性。

3.1.1　改进新安江模型

改进新安江模型是基于 Horton 理论的某些观点,对新安江模型透水面积上产流量计算的改进。

Horton 理论提出于 1933 年,其基本思想是径流来源于两部分:①当降雨强度大于下渗能力时,产生地面径流;②当下渗水量大于土壤缺水量时,产生地下径流。

在北方半干旱地区水文预报中,Horton 理论的降雨强度大于下渗能力时产流、土壤张力水分饱和时产流这两点基本正确,但饱和径流全为地下径流这一点不正确,因为按照这种观点,植被良好、下渗能力极大的湿润地区没有地面径流,这与实测资料不符,土壤自由水蓄满后饱和径流同样形成地面径流,此外由饱和径流形成的土壤自由水的出流不仅有地下径流还有壤中流。按照 Horton 理论,超渗产流、蓄满产流可解释为产流的两种极端形式。干旱地区降水量少、包气带较厚,下渗水量很难满足土壤缺水量,同时由于干旱地区植被较差,下渗能力小,降雨强度容易超过下渗能力形成径流。湿润地区降水充沛,包气带较薄,下渗水量容易满足土壤缺水量,同时由于湿润地区植被良好,下渗能力很大,降雨强度极难超过下渗能力形成径流。半干旱地区,其下渗能力和张力水容量均介于干旱地区和湿润地区之间,这样降雨强度较大时有可能超过下渗能力形成地面径流,降雨量较多时土壤张力水也可能蓄满形成径流(地面径流、壤中流、地下径流)。新安江模型的改进就是基于上述观点。改进的新安江模型由土壤蒸散发计算、产流计算和汇流计算 3 部分组成,结构见图 3-1。

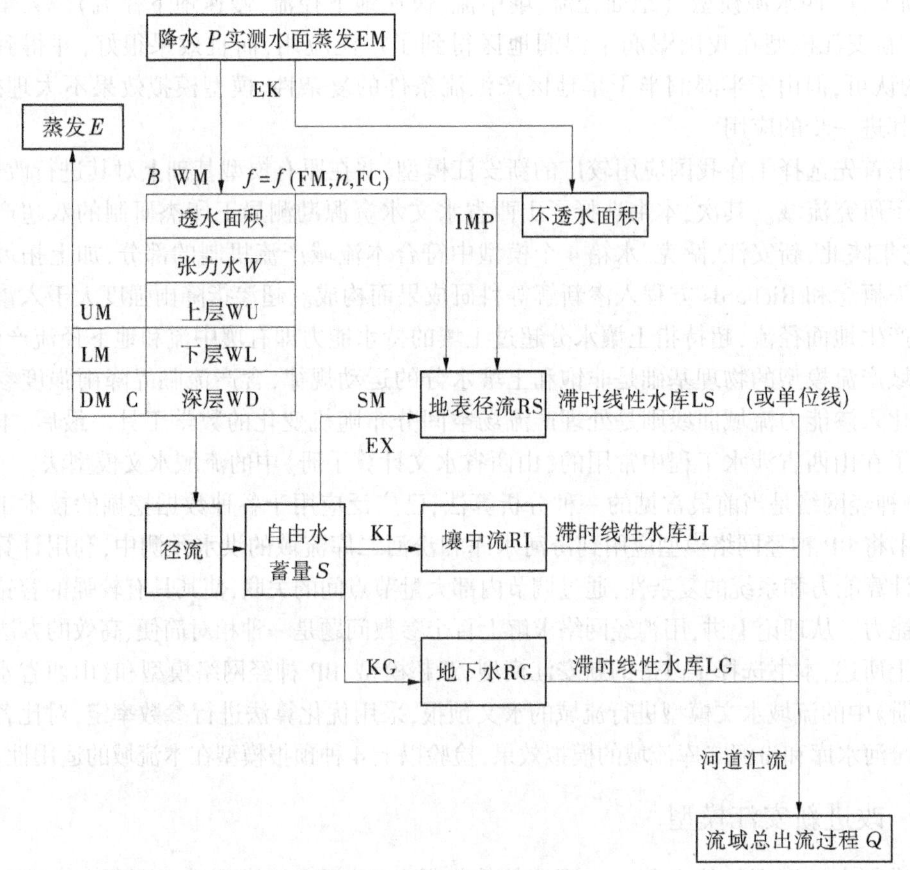

图 3-1 改进新安江模型结构

3.1.1.1 土壤水分蒸发计算方法

土壤蓄水量的计算采用 3 层(上层、下层、深层)模型,即

$$W = WU + WL + WD \tag{3-1}$$

$$WM = WUM + WLM + WDM \tag{3-2}$$

式中:W 为流域土壤张力水蓄量;WU 为上层张力水蓄量;WL 为下层张力水蓄量;WD 为深层张力水蓄量;WM 为流域土壤张力水容量;WUM 为上层张力水容量;WLM 为下层张力水容量;WDM 为深层张力水容量。

土壤水分的补充及蒸发计算按以下规则:下渗水量补充土壤蓄水(土壤蒸发)时,先补充(蒸发)上层,上层蓄满(蒸发耗尽),再补充(蒸发)下层。同理,由下层转至深层。各层土壤水分蒸发计算公式如下:

$$EU = K \times EM \tag{3-3}$$

$$EL = (K \times EM - EU) WL/WLM \tag{3-4}$$

$$ED = C \times (K \times EM - EU) \times EL \tag{3-5}$$

$$E = EU + EL + ED \tag{3-6}$$

式中：C 为参数；K 为蒸发折算系数；EM 为实测水面蒸发；EU 为上层土壤蒸发；EL 为下层土壤蒸发；ED 为深层土壤蒸发。

3.1.1.2　**产流计算原理**

流域被划分为透水面积和不透水面积，分别计算产流量。

不透水面积上的降水扣除蒸发后全部产生地面径流，即

$$Q_1 = \begin{cases} P - E_K \times E_0 & P > E_K \times E_0 \\ 0 & P < E_K \times E_0 \end{cases} \tag{3-7}$$

式中：Q_1 为地面径流；P 为降水；E_K 为蒸发折算系数；E_0 为实测水面蒸发。

在原新安江模型的基础上增加了一条下渗曲线分割降雨，降雨首先满足下渗，超过下渗能力的部分形成地面径流，计算公式如下：

$$\left.\begin{array}{lll} Q_2 = 0 & f_1 = P & P < f \\ Q_2 = P - f & f_1 = f & P > f \end{array}\right\} \tag{3-8}$$

式中：f 为下渗能力；Q_2 为地面径流；f_1 为下渗率。

下渗曲线采用 Horton 公式：

$$f = FM[(WM - W)/WM]n + FC \tag{3-9}$$

式中：FM、n 为待定参数；FC 为稳定下渗率；WM 为土壤蓄水容量；W 为土壤蓄水量。

下渗水量，首先补充土壤的缺水，土壤蓄水容量得到满足后，剩余的下渗水量形成径流（地面径流、壤中流、地下径流）。这部分径流量的计算与原新安江模型相同，只是输入由降雨改为下渗。流域土壤蓄水容量的分布采用 b 次抛物线型，产流量的计算公式为：

$$\left.\begin{array}{l} Q_3 = 0 \quad f_1 \times \Delta t - E < 0 \\ Q_3 = f_1 \times \Delta t - E - (WM - W) \quad f_1 \times \Delta t + a - E > MM \\ Q_3 = f_1 \times \Delta t - E - WM\{(1 - a/MM)(b + 1) - [1 - (f_1 \times \Delta t - E + a)/MM](b + 1) \\ 0 < f_1 \times \Delta t + a - E < MM \end{array}\right\} \tag{3-10}$$

其中：

$$a = WM(1 + b)[1 - (1 - W/WM)1/(1 + b)] \tag{3-11}$$

$$MM = WM(1 + b) \tag{3-12}$$

式中：Q_3 为径流；E 为土壤蒸发；a 为蓄水容量曲线上 W 相应的纵标；MM 为流域上点的最大蓄水容量；Δt 为计算时段长。

土壤蓄水量的计算采用 3 层（上层、下层、深层）模型，即

$$W = WU + WL + WD$$

$$WM = WUM + WLM + WDM$$

各层土壤蓄水量计算公式如下：

$$\left.\begin{array}{l} WU(t+\Delta t) = WU(t) + f_1 \times \Delta t - EU - R_3 \\ WU(t+\Delta t) < WUM \end{array}\right\} \tag{3-13}$$

当 $WU(t+\Delta t) = UM$ 时

$$WL(t+\Delta t) = WL(t) + WU(t) + f_1 \times \Delta t - WUM - EU - EL - R_3 \tag{3-14}$$

当 $WU(t+\Delta t) < WUM$ 时

$$\left.\begin{array}{l} WL(t+\Delta t) = WL(t) - EL \\ WL(t+\Delta t) < WLM \end{array}\right\} \tag{3-15}$$

当 $WL(t+\Delta t) = LM$ 时

$$WD(t+\Delta t) = WU(t) + WL(t) + WD(t) + f_1 \times \Delta t - WUM - WLM - WDM - EU - EL - ED - R_3 \tag{3-16}$$

当 $WL(t+\Delta t) < WLM$ 时

$$\left.\begin{array}{l} WD(t+\Delta t) = WD(t) - ED \\ WD(t+\Delta t) < DM \end{array}\right\} \tag{3-17}$$

3.1.1.3　水源划分和汇流计算原理

1. 水源划分

不透水面积上的径流 Q_1、透水面积上的超渗径流 Q_2 均为地面径流，即

$$Q_{s1} = Q_1 \times IM \tag{3-18}$$

$$Q_{s2} = Q_2(1 - IM) \tag{3-19}$$

式中：Q_{s1}、Q_{s2} 均为地面径流；IM 为不透水面积系数。

只有透水面积上的饱和径流 Q_3 需要划分为地面径流、壤中流和地下径流。径流 Q_3 的划分对原新安江模型的方法做了简化，将流域自由水蓄量模拟为一个水箱。水箱的蓄水量补充于径流 Q_3 消耗于壤中流、地下水的出流，水箱蓄满后溢出地面径流，壤中流、地下水的出流与自由水的蓄量成比例。计算公式如下：

$$\Delta S = Q_3 - Q_i - Q_g \tag{3-20}$$

$$S(t+\Delta t) = S(t) + \Delta S \tag{3-21}$$

$$S < SM \tag{3-22}$$

式中：S 为自由水蓄量；SM 为自由水容量；R_i 为壤中流；R_g 为地下径流。

当 $S+\Delta S > SM$ 时

$$Q_{s3} = (S + \Delta S - SM)(1 - IM) \tag{3-23}$$

当 $S + \Delta S < SM$ 时

$$Q_{s3} = 0 \tag{3-24}$$

$$Q_i = KI \times S(1 - IM) \tag{3-25}$$

式中：KI 为壤中流出流系数。

$$R_g = KG \times S(1 - IM) \tag{3-26}$$

式中：KG 为地下水出流系数。

流域总地面径流：

$$Q_s = Q_{s1} + Q_{s2} + Q_{s3} \tag{3-27}$$

2. 汇流计算

地表水汇流计算采用滞时线性水库法；壤中流、地下径流汇流均用滞时线性水库法计算，公式为

$$W_{qs}(t) = \mathrm{CKS} \times Q_s(t) \tag{3-28}$$

$$R_s(t - L) \times U - Q_s(t) = \mathrm{d}W_{qs}(t)/\mathrm{d}t \tag{3-29}$$

式中：CKS 为流域地面径流调蓄系数；U 为单位转换系数；L 为地面径流滞时；Q_s 为流域地面径流出流过程；W_{qs} 为流域地表水蓄量；R_s 为地面径流量。

对于矩形入流，上式的有限差分形式为

$$Q_s(t + \Delta t) = 2 \times C_1 \times R_s(t + \Delta t - L) \times U + C_2 \times Q_s(t) \tag{3-30}$$

其中

$$C_1 = \Delta t/(2 \times \mathrm{CKS} + \Delta t) \tag{3-31}$$

$$C_2 = (2 \times \mathrm{CKS} - \Delta t) / (2 \times \mathrm{CKS} + \Delta t) \tag{3-32}$$

式(3-30)为地面径流的汇流计算公式，壤中流、地下水的汇流计算公式与其相同。

3.1.2　双超模型

双超模型的重点在于其产流结构，模型中认为：流域上发生降雨，如果降雨强度超过入渗能力，则降雨一部分形成地面径流，另一部分渗入包气带中，按照从上而下的顺序补充包气带各土层的缺水量，上层满足田间持水量后产生侧向流动，形成壤中流，其余的再下渗补充下层土壤缺水量，直至最后一层。各层侧向产生壤中流的比例与流域特性及降水特性有关。

双超模型在地面径流模拟时，提出了“虚构点”的概念，为了区分流域上不同空间点下渗能力的差异，提出并建立了流域下渗能力分配曲线，并且在用曲线计算时，设置了产流临界降雨强度因子，通过临界降雨强度因子有效地把流域下渗能力分配曲线和虚构的入渗曲线有机地联合起来。计算地面径流量时，建立“供水度”的概念，并将其引入入渗能力分配曲线。

双超模型模拟壤中流时，采用串联的 4 层填土容器，并在容器的侧面和底部设有排水孔。各层土壤的蓄水容量用各层充水度来判别。各层充水度 = 各层土壤含水量/各层的田间持水量。如果该层的充水度大于 1，则表示该层容器中有自由水存在，该层底孔和侧孔排水；如果该层的充水度小于 1，则表示该层容器中只有张力水的存在，该层只有侧孔排水。4 层填土容器侧孔排水之和形成壤中流，最下一层容器底孔排水为地下径流。

双超模型中，模拟地面径流、壤中流和地下径流时，采用的方法与其他半干旱半湿润地区的水文模型是完全不同的。双超模型中采用的入渗曲线为 Richards 方程入渗新解；模拟壤中流和地下径流时，并不像其他水文模型一样采用线性的方法简单处理，而是根据非饱和土壤水分运动规律和山坡水文学产生壤中流的机制设计，建立在严格的水量平衡方程的推导基础上。

3.1.2.1　产流模型

简单来说，流域的产流过程就是降雨扣除掉损失的过程，其中损失量涉及流域的截

留、填洼、蒸散发等过程。同样,产流模型的建立也是对实际产流过程的概化,并建立相应的数学表达式进行模拟。对于一个特定的研究流域,其产流方式是在建立产流计算模型前必须论证的,以使建立的产流计算模型既简单又接近于实际。

双超模型的产流结构是模型的重点部分,它是按“三水源”的物理机制进行设计的,模型的产流结构共包括5个组件:①虚构微元入渗;②入渗能力的流域分配;③地面径流;④壤中流和地下径流;⑤土壤蒸发和雨前土湿。

1. 微元下渗曲线(Richards 方程入渗新解)

众所周知,下渗理论是研究流域土壤水分下渗规律以及相关影响因素的理论。根据质量守恒定理可知,单位时间内进入某个土体空间的水量与流出该土体的水量之差,即为单位时段该土体内水量的变化,这一过程可以用式(3-33)表示:

$$\frac{\partial \theta}{\partial t} + \frac{\partial v}{\partial z} = 0 \tag{3-33}$$

式中:θ 为土壤含水量;t 为时间;v 为渗流速度;z 为垂直距离。

式(3-33)为垂向一维水流运动的连续性方程,反映质量守恒。

非饱和土壤中的水,从水动力学平衡角度分析,主要依靠负压克服重力而存在,一般服从达西定律。式(3-34)给出了非饱和土壤水在垂向一维水流情况下的表达式:

$$v = K(\theta) - D(\theta)\frac{\partial \theta}{\partial z} \tag{3-34}$$

式中:$K(\theta)$ 为渗透系数,表示非饱和土壤导水率;$D(\theta)$ 为扩散系数,表示非饱和土壤的扩散率。

联立式(3-33)和式(3-34)求解,可得到非饱和水流下渗的微分方程:

$$\frac{\partial \theta}{\partial t} = \frac{\partial}{\partial z}\left[D(\theta)\frac{\partial \theta}{\partial z}\right] - \frac{\partial}{\partial z}[K(\theta)] \tag{3-35}$$

$$-\frac{\partial z}{\partial t} = \frac{\partial}{\partial \theta}\left[D(\theta)/\frac{\partial z}{\partial \theta}\right] - \frac{\partial}{\partial z}[K(\theta)] \tag{3-36}$$

式(3-35)和式(3-36)又称为 Richards 方程。

在产流过程的入渗计算中,我国最常用的有两种入渗公式,即菲利浦(Philip)和霍顿(Horton)。其中,菲利浦入渗公式为 Richards 方程解析解的近似方程,只适用于下渗时间 t 较小的情况。当 t 很小时,级数收敛;当 $t>1$ 时,截断误差不收敛,有悖于入渗随历时的增加逐渐减小或趋于稳定的规律。霍顿入渗公式是在大量野外试验经验模拟的基础上建立起来的,也可通过一定的简化从 Richards 方程中解出。前面两个入渗公式在求解土壤水分入渗时,都对 $K(\theta)$ 和 $D(\theta)$ 进行了概化,实际应用时又需要考虑增加一些经验关系或者设定一些假设条件,这使 Richards 公式的理论成分减弱,经验性或人为的主观性增强。为解决水分函数 $K(\theta)$ 和 $D(\theta)$ 没有基础公式,不能从土壤特性中对其做出可靠判断的问题,王印杰从土壤微观统计学角度出发,构建了非饱和土壤水分的统计毛管束模型,给出了非饱和土壤导水率 $K(\theta)$ 和扩散率 $D(\theta)$ 随土壤水分 θ 而变化的一般基础性公式:

$$K(B) = K_s(B^{\lambda} - B_{\gamma}^{\lambda}) \tag{3-37}$$

$$D(B) = D_s(B^{\lambda} - B_{\gamma}^{\lambda})/B^{b'c} \tag{3-38}$$

式中：B 为充水度，$B=\theta/n$，其中 n 为土壤孔隙率；$K(B)$ 为用充水度表示的导水率；$D(B)$ 为用充水度表示的扩散率；λ 为非线性指数；c 为土壤孔径级配参数，取值一般为 3～6；b' 为毛细水上升高度修正系数；B_γ 为无效充水度；K_s 为土壤的饱和导水率；D_s 为张力饱和扩散率。

在此基础上，双超产流模型中的下渗曲线为王玉珉（2004）根据 Richards 方程导出的入渗新解：

$$F(t,B_0)=S_r(1-B_0^{c+1})t^{\frac{1}{2}}+2K_s(1-B_0^{2c+1})t \tag{3-39}$$

$$f(t,B_0)=\frac{1}{2}S_r(1-B_0^{c+1})t^{-\frac{1}{2}}+2K_s(1-B_0^{2c+1}) \tag{3-40}$$

式中：S_r 为风干土壤的吸水率；B_0 为渗前土壤的充水度（雨前土湿因子），$B_0=\dfrac{\theta_0}{n}$；θ_0 为渗前土壤的容积含水量；其他参数意义同前。

入渗新解首次将雨前土湿因子直接应用于入渗公式，用于地面径流的计算，这就从理论上校正了菲利浦和霍顿入渗公式中经验和人为主观因素较多的成分，提出了一种新的地面径流划分的思路。

2. 入渗能力的流域分配——归一化分配曲线

N. H. 克劳福德和 R. K. 林斯雷在应用 Stanford 模型过程中，处理流域中点的入渗能力随空间随机变化时，提出了入渗能力的流域分配曲线，并沿用至今。入渗能力的流域分配曲线一般是以时间为参变量的曲线簇，这种曲线簇往往由实测资料绘出，杂乱无章，在实际使用时很不方便，所以应对它们进行归一化处理。一个流域内，受多种因素（如土壤基质、结构、地形条件等）影响，各微元面积的入渗能力也各不相同。如果把流域中各微元的入渗能力规律都绘制于同一个坐标系中，如图 3-2 所示，可以看出，它们是杂乱无章、错综复杂的下渗曲线簇，实际应用时不方便。双超模型中，设定流域充水度为 $\overline{B}_0$ 时，对于任何时间截口 t_1 处，在众多的曲线簇中，必然存在着一个最大的入渗率 $f_m(t_1,\overline{B}_0)$。连接各时间截口的 $f_m(t_1,\overline{B}_0)$ 形成的下渗历时曲线称为虚构微元的下渗能力曲线，记为 $f_m(t_1,\overline{B}_0)$。对于固定的流域而言，这条曲线是唯一的。假设它可以用式（3-41）和式（3-42）模拟，即

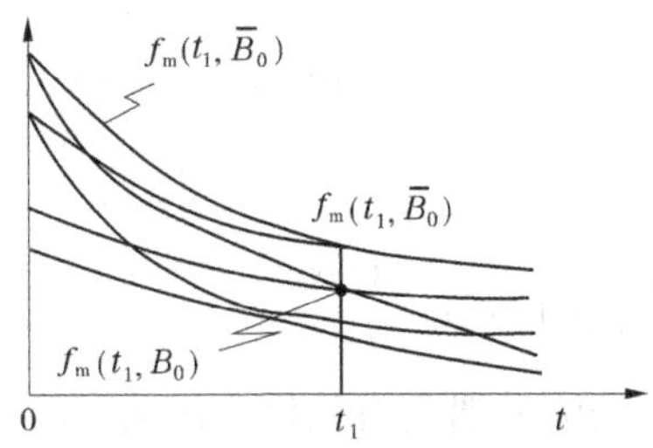

图 3-2　微元入渗能力曲线簇和虚构微元下渗能力曲线

$$F_m(t,\overline{B}_0)=S_r(1-\overline{B}_0^{c+1})t^{\frac{1}{2}}+K_s(1-\overline{B}_0^{2c+1})t \tag{3-41}$$

$$f_m(t,\overline{B}_0)=\frac{1}{2}S_r(1-\overline{B}_0^{c+1})t^{-\frac{1}{2}}+K_s(1-\overline{B}_0^{2c+1}) \tag{3-42}$$

利用虚构微元的下渗能力曲线进行计算时，将其作为流域中各实际微元入渗规律的参考标准，令 $\alpha_i=\dfrac{f_i}{f_m}(i=0,1,2\cdots)$，且 $\alpha_{i+1}>\alpha_i$，显然有：$\alpha_0\geq 0$，$\alpha_i\in(\alpha_0,1)$，$\alpha_m(1)=1$；假定 $\alpha_i(t)$ 在任意时间截口上的分布都是随机的，并且各个 $\alpha_i(t)$ 的统计分布函数相

同,且各个 $\alpha_i(t)$ 相互独立。记随机变量 $\zeta \leqslant \alpha_i$ 的微元面积之和为 $A\zeta \leqslant \alpha_i$,面积指数 $\beta(\alpha) = A(\zeta \leqslant \alpha_i)/A$,$\beta \in (0,1)$。$\beta(\alpha)$ 称为下渗能力归一化流域分配曲线,它为过 $(0,\alpha_0)$ 和(1,1)的单增函数,见图 3-3。

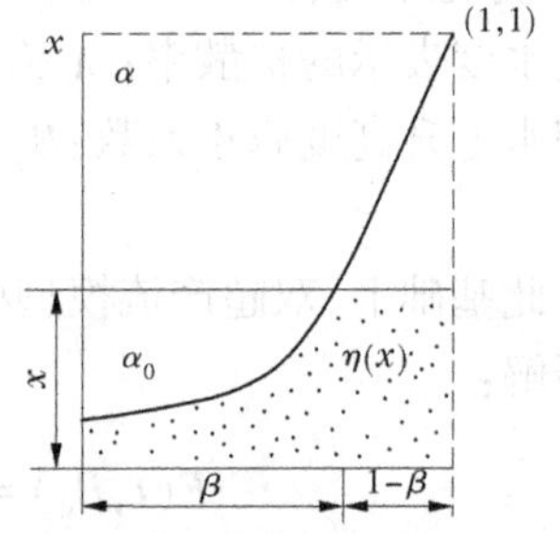

图 3-3 入渗能力归一化流域分配曲线

对于存在产流临界降雨强度的流域,其函数表达式为:

$$\beta(\alpha) = \begin{cases} 0 & \alpha \leqslant \alpha_0 \\ 1 - \left(\dfrac{1-\alpha}{1-\alpha_0}\right)^b & \alpha_0 \leqslant \alpha \leqslant 1 \end{cases} \tag{3-43}$$

式中:α_0 为反映流域产流临界降雨强度的参数;b 为流域归一化分配曲线的指数。

3. 地面径流

双超模型中的有效供水度 x(有效降水)为时段有效降水 $\Delta P'$ 与虚构微元时段入渗量 ΔF_m 之比,用 $x = \Delta P'/\Delta F_m$ 表示。

在实际研究中,如果研究流域中发生有效供水度为 x 的降水时,由图 3-3 可知,流域中在 $[1-\beta(x)]A$ 面积上,全部有效雨量都耗损于土壤入渗补充包气带缺水量,而不产生地面径流;而在流域中的 $\beta(x)A$ 面积上,有效雨量一部分补充包气带缺水量,超过田间持水量后形成壤中流,或者未饱和不产流;另一部分有效雨量则超过入渗能力形成地面径流。对归一化分配曲线 $\beta(x)$ 在 $(0,x)$ 上积分,得到反映入渗量大小的供渗函数 $\eta(x)$:

$$\eta(x) = \begin{cases} x & x \leqslant \alpha_0 \\ \eta(1) - \dfrac{1-\alpha_0}{b+1}\left(\dfrac{1-x}{1-\alpha_0}\right)^{b+1} & \alpha_0 < x \leqslant 1 \\ \eta(1) & x > 1 \end{cases} \tag{3-44}$$

其中,$\eta(1) = \alpha_0 + \dfrac{1-\alpha_0}{b+1}$。

当流域遇到有效供水度为 x 的降水时,流域的时段入渗量 ΔF_0、时段地面径流(净雨)深 ΔR_b 和时段地面径流系数 $\varphi(x)$ 分别为:

$$\Delta F_0 = \eta(x)\Delta F_m(t, \overline{B}_0) \tag{3-45}$$

$$\Delta R_b = \Delta P' - \Delta F_0 \tag{3-46}$$

$$\varphi(x) = 1 - \eta(x)/x \tag{3-47}$$

$$\Delta F_m = \begin{cases} F_m(\Delta t) - F_m(0) & t = \Delta t \\ F_m(t_0 + \Delta t) - F_m(t_0) & t > \Delta t \end{cases} \tag{3-48}$$

此时,计算流域时段地面径流的步骤如下:

(1)由式(3-45)、式(3-46)计算流域雨前充水度和第 1 时段有效雨量 $\Delta P'$。

(2)设定虚构微元的土壤物理参数 S_r、K_s、c 和入渗能力归一化分配曲线参数 b、α_0。

(3)假定降雨开始时刻 $t = t_0 = 0$,用式(3-41)和式(3-48)计算虚构微元第 1 时段可能入渗 ΔF_m。

(4)计算有效供水度 x。

(5)由式(3-44)计算供渗函数 $\eta(x)$，由式(3-45)、式(3-46)得到流域时段入渗量 ΔF_0 和地面径流深 ΔR_b。

(6)利用下式求得虚构微元累积入渗量：

$$F_m(t_0) = \sum_{i=1}^{n} \Delta P'_i(X \leqslant 1) + \sum_{i=1}^{n} \Delta F_{m,i}(X > 1) \tag{3-49}$$

(7)求解下一时段计算 ΔF_m 的起始时刻 t_0：

$$t_0 = \left(\frac{\sqrt{S_0^2 + 4A_0F_m} - S_0}{2A_0} \right)^2 \tag{3-50}$$

式中，$S_0 = \dfrac{1}{2}S_r(1 - \overline{B}_0^{c+1})$，$A_0 = K_s(1 - \overline{B}_0^{2c+1})$。

(8)令 $t = t_0$，用式(3-41)和式(3-48)计算下一时段入渗量 ΔF_m，重复计算步骤(4)～(8)，至降水结束，时段地面径流计算示意如图 3-4 所示。

4. 壤中流

双超模型将包气带依水分而变化的剧烈程度划分为 4 层结构，自上而下分别为：剧变层、渐变层、相对稳定层和稳定层。模型中，采用底部和侧面各开有一个的排水孔，按照串联方式设置 4 层填土容器，模拟壤中流和地下径流。每层容器内的土壤水分形态有两种形式，即张力水和自由水。为简化模型结构，本项目将双超模型在模拟壤中流和地下径流时，将原模型中土壤包气带改为 3 层填土容器，即上层、下层和深层，如图 3-5 所示，且改进双超模型仍为“三水源”结构。

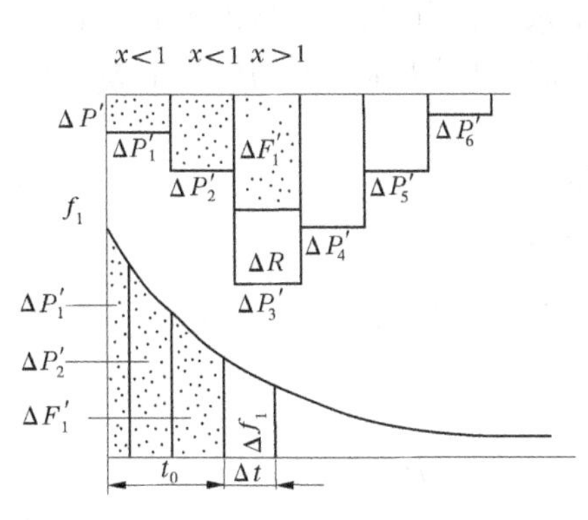

图 3-4　地面径流计算过程示意

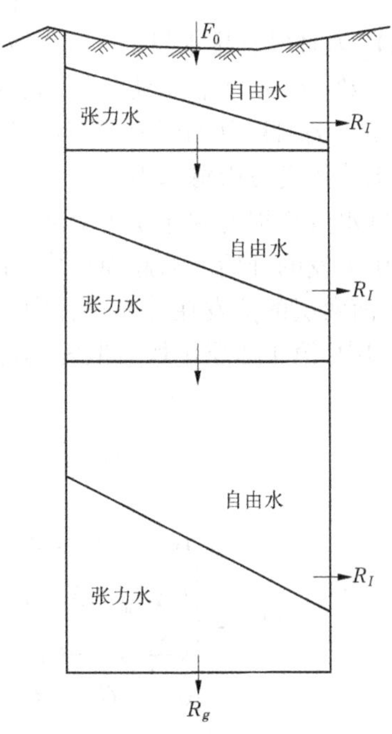

图 3-5　填土容器示意图

根据非饱和土壤水分运动规律，联立求解各层容器水量平衡方程和蓄泄方程，得到计算底、侧孔时段总排水量 ΔY_i 的表达式：

$$\Delta Y_i = \begin{cases} 0 & h_{0,i} + \Delta F_{i-1} - \Delta E_i \quad h_{0,i} \leqslant h_{c,i} \\ (h_{0,i} - h_{c,i})(1 - e^{-a_i\Delta t}) + (\Delta F_{i-1} - \Delta E_i)\left(1 - \dfrac{1 - e^{-a_i\Delta t}}{a_i\Delta t}\right) & h_{0,i} > h_{c,i} \\ (h_{0,i} - h_{c,i} + \Delta F_{i-1} - \Delta E_i)(1 - e^{-a_i\Delta t}) & h_{0,i} \leqslant h_{c,i}, h_{0,i} + \Delta F_{i-1} - \Delta E_i > h_{c,i} \end{cases} \tag{3-51}$$

侧、底孔时段排水量分别为：

$$\Delta R_{I,i} = \delta_i \Delta Y_i \qquad i = 1,2,3 \tag{3-52}$$

$$\Delta F_i = (1 - \delta_i)\Delta Y_i \qquad i = 1,2,3 \tag{3-53}$$

壤中流和地下径流之和分别为：

$$\Delta R_I = \sum_{i=1}^{4} \delta_i \Delta Y_i \tag{3-54}$$

$$\Delta R_g = \Delta F_3 \tag{3-55}$$

排水系数 a_i 的计算公式如下：

$$a_i = \begin{cases} \dfrac{\eta(1)(\lambda_{Sr} + K_s)}{h_{si} - h_{c,i}} & i = 1 \\ a_{i-1}(1 - \delta_{i-1})\dfrac{z_{i-1}}{z_i} & i = 2,3,4 \end{cases} \tag{3-56}$$

$$\lambda \approx [(1 + \Delta t)^{1/2} - 1]/\Delta t \tag{3-57}$$

式中：ΔY_i 为时段总排水量；$h_{c,i}$ 为第 i 层土层的田间持水量；a_i 为第 i 层排水系数；δ_i 为侧排份额系数；Z_i 为容器（土层）的厚度；η 为田间含水量/饱和含水量；ΔE_i 为第 i 层土壤蒸发水深；$h_{0,i}$ 为时段开始时刻容器内的蓄水深。

5. 土壤蒸发与雨前土湿

土壤水分耗损的顺序是先上层后下层，先自由水后张力水；上层自由水的枯竭意味着下层土壤蒸发的开始。双超模型中，土壤蒸发计算时，只考虑最上面两层的土壤蒸散发过程，而下面两层的蒸发在计算过程中忽略不计。

模型中，第 1、2 层土壤蒸散发的计算公式如下：

$$\Delta E_1 = \begin{cases} \Delta E'_m & G_1 > 1 \\ \Delta E'_m G_1 & G_r \leqslant G_1 \leqslant 1 \\ 0 & G_1 \leqslant G_r \end{cases} \tag{3-58}$$

$$\Delta E_2 = \begin{cases} 0 & G_1 > 1 \\ (\Delta E'_m - \Delta E_1)(1 - G_1) & G_1 < 1, G_2 > 1 \\ (\Delta E'_m - \Delta E_1)(1 - G_1)G_2 & G_r < G_1 \leqslant 1, G_2 \leqslant 1 \\ 0 & G_2 \leqslant G_r \end{cases} \tag{3-59}$$

其中，$G_i = h_i/h_{c,i}$，$G_r = h_r/h_c$。

式中：h_i、$h_{c,i}$、$h_{r,i}$ 分别为第 i 层容器蓄水深、持水能力水深和凋萎水深；ΔE_1、ΔE_2 为第 1、2 层土壤蒸发水深；$G_i \leqslant 1$ 表示第 i 层容器内水分只有张力水。

时段末,第 i 层土壤填土容器的平均蓄水深和流域平均充水度分别用式(3-60)、式(3-61)计算:

$$h_{i,t+\Delta t} = h_{i,t} + \Delta F_{i-1} - \Delta Y_i - \Delta E_i \qquad i = 1,2,3,4 \tag{3-60}$$

$$\overline{B}_0 = \sum_{i=1}^{4} h_{i,t+\Delta t} / \sum_{i=1}^{4} n_i Z_i \tag{3-61}$$

式中:n_i、Z_i 分别为第 i 层土壤孔隙率和土层厚度;h_i 为容器蓄水深度,$h_i = Z_i\theta_i$。

双超模型流程见图 3-6。

3.1.2.2　流域汇流模型

双超模型的产流结构可以与任何汇流模型结合。双超模型中的坡地汇流计算时,采用线性水库的方法。计算时,地面径流过程直接进入河网,构成地面径流对河网的总入流 TRS。壤中流流入壤中流蓄水库,这部分水量经过壤中流蓄水库的消退作用,成为壤中流对河网的总入流 TRSS。地下径流进入地下水蓄水库,通过地下水蓄水库的消退作用成为地下水对河网的总入流 TRG。计算公式如下:

$$\mathrm{TRS}(t) = \mathrm{TRS}(t-1)\mathrm{KKS} + \mathrm{RS}(t-\mathrm{LS})(1-\mathrm{KKS})U \tag{3-62}$$

$$\mathrm{TRSS}(t) = \mathrm{TRSS}(t-1)\mathrm{KKSS} + \mathrm{RSS}(t-\mathrm{LSS})(1-\mathrm{KKSS})U \tag{3-63}$$

$$\mathrm{TRG}(t) = \mathrm{TRG}(t-1)\mathrm{KKG} + \mathrm{RG}(t-\mathrm{LG})(1-\mathrm{KKG})U \tag{3-64}$$

$$\mathrm{TR}(t) = \mathrm{TRS}(t) + \mathrm{TRSS}(t) + \mathrm{TRG}(t) \tag{3-65}$$

式中:U 为单位转换系数,$U = \dfrac{F}{3.6\Delta t}$,$F$ 为流域面积,Δt 为计算时段长;TR 为河网总入流。

3.1.3　BP 神经网络预测模型

BP 神经网络是数据挖掘领域机器学习的代表,它是一种基于误差逆向传播的多层前馈神经网络,具有良好的学习和存储能力。该算法采用梯度递减方法,利用误差的逆向传播,不断地调节网络的权重和阈值,从而减少输出量与期望值之间的平方和。BP 神经网络由输入层、隐含层和输出层 3 部分组成,其中输入层负责接收信号,隐含层负责分解处理输入的信号,输出层负责输出结果。在相对复杂的情况下,神经网络还可以通过设置训练次数或误差极限来处理非线性问题,特别适用于利用历史大数据寻找物质本身内在规律类的有关问题,这一特点表明它可用在水文洪水预报中。

近几年,人工智能算法在提高预报精度、延长预报时间等方面取得了不错的效果。由于 BP 神经网络可以很好地描述系统输入与输出间的复杂关系,所以其在洪水预报中应用较为广泛。因此,本书采用 BP 神经网络模型,分析该方法在汾河水库和汾河二库流域水文预报的适用性。

BP 神经网络的计算过程分为正向计算和逆向计算两部分。在正向传播时,样本由输入层经过隐含层计算后传递到输出层,输出值与预设值经过比较后,如果其误差大于设定值,则进行逆向传播;在逆向传播时,则是将输出误差向隐含层和输入层传播,并修正各节点的参数值,此学习过程为正向和逆向传播信号的过程。输出误差在预设值之内或训练次数达到预设训练次数之前重复进行,当网络训练完成后,采用模型训练代码进行预测。因此,基于 BP 神经网络的洪水预报模型流程如图 3-7 所示。

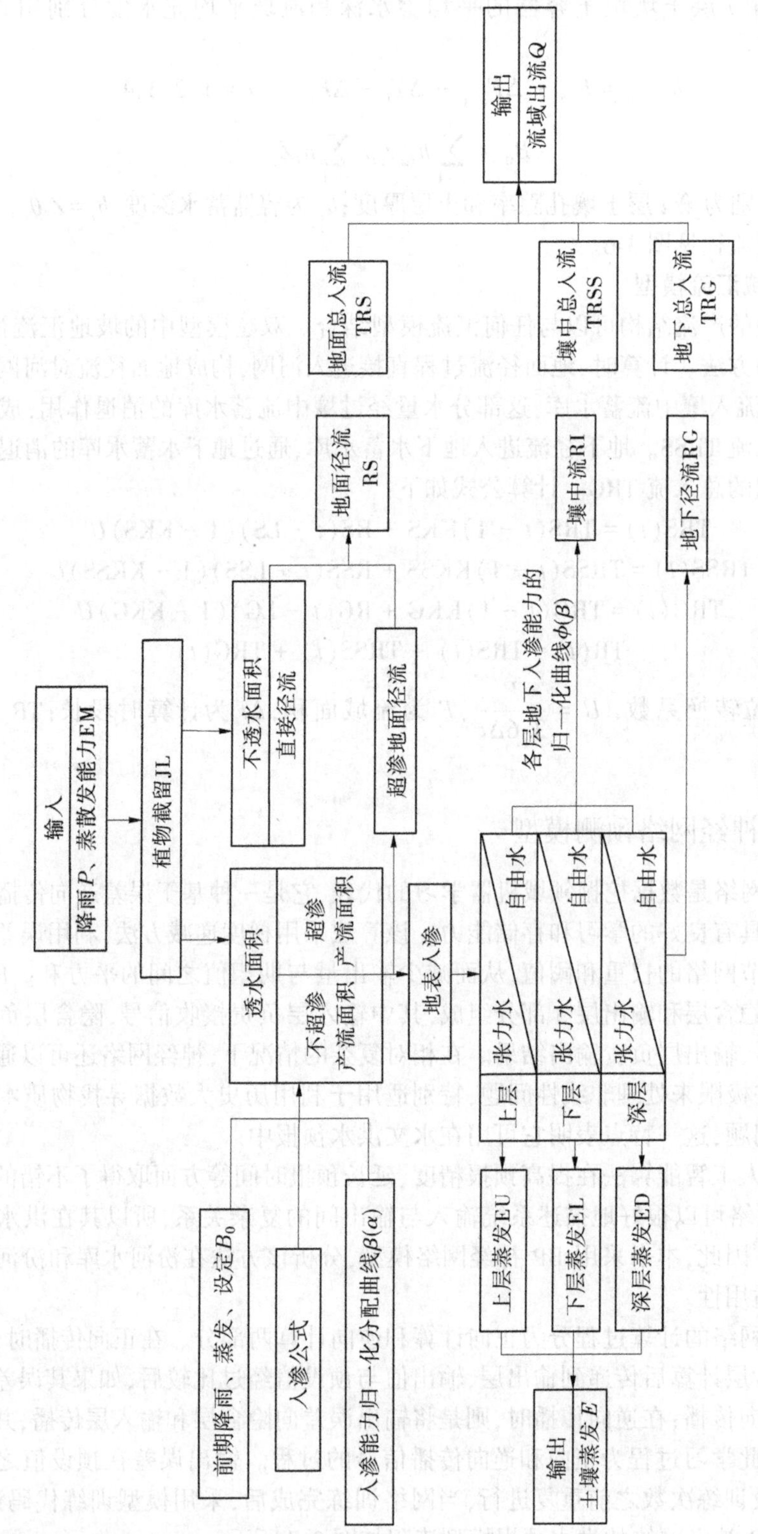
输入
降雨P、蒸散发能力EM
植物截留JL
透水面积
不超渗产流面积
超渗产流面积
不透水面积
直接径流
超渗地面径流
地表入渗
地面径流RS
地面总入流TRS
输出
流域出流Q
前期降雨、蒸发，设定B_0
入渗公式
入渗能力归一化分配曲线$\beta(\alpha)$
上层
张力水
自由水
下层
张力水
自由水
深层
张力水
自由水
上层蒸发EU
下层蒸发EL
深层蒸发ED
输出
土壤蒸发E
各层地下入渗能力的归一化曲线$\phi(\beta)$
壤中流RI
地下径流RG
壤中总入流TRSS
地下总入流TRG

图 3-6 双超模型流程

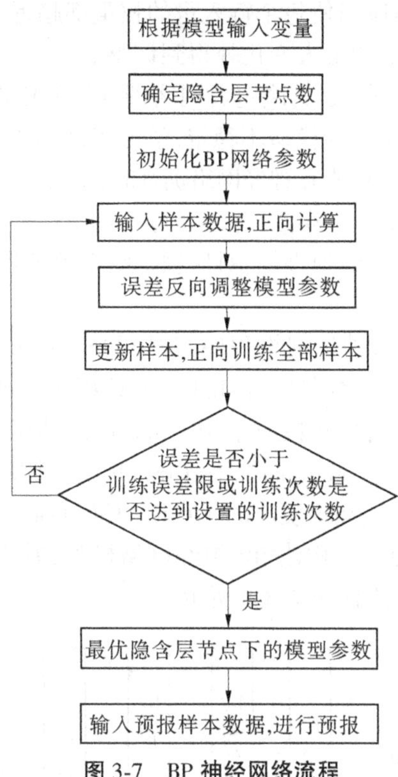

图 3-7　BP 神经网络流程

BP 神经网络分为输入层、隐含层、输出层 3 部分,因此在建立 BP 神经网络的过程中实际是对该 3 部分进行设计,主要考虑的参数有隐含层层数、神经元数、隐含层节点数、各层激活函数、连接权值、学习率、目标误差等。隐含层的层数及隐含层节点数的选择并没有固定的某个方法,通常采用试错法进行参数调整。隐含层神经元数可参考经验公式如下:

$$h = \sqrt{m + p} + a \tag{3-66}$$

$$h = \log_2 m \tag{3-67}$$

式中:h 为隐含层神经元数;m 为输入层层数;p 为输出层层数;a 可为 0~10 之间的任何一个常数。

可以首先通过上述的经验公式确定一个范围,然后分别设置不同的隐含层神经元数进行模型构建,对比误差结果,选择最合适的神经元数。

关于激活函数,常常选用正切 tansig 函数或者对数型 logsig 函数。S 形激活函数必须对训练样本进行标准化的归一化处理,使输入的数据范围为[0,1],同理为使输出数据范围为[0,1],对输出值进行反归一化处理。这样,输入值和输出值都被定义为[0,1],不仅缩小了样本数据的差别,加快了神经网络收敛的速度,而且解决了传统神经网络收敛速度慢的问题。

在非线性系统中,连接权值的初始值将直接影响网络的精度和训练的时间。初始值过高会使输入量在加权后落入 S 形激活函数的饱和区,导致整个调整过程太慢,甚至出现停滞。所以,一个好的初始值应当使每个输入量的权重都趋近于零,才能保证每个节点的连接权值都能在 S 形激活函数的最大变化处得到调整。

学习率是一个重要的内部参数,它决定着网络训练过程中误差反向传播的连接权值。学习率过大,能加快收敛速度但会使模型不稳定;学习率过小,能使训练结果更加趋近实际值,但会增加网络训练的时间。通常在神经网络训练时,学习率在 0.01~0.9 较为合适。

目标误差是人为定的一个允许误差,并不是越小越好。合适的目标误差目前没有行之有效的确定方法,只有通过不断地训练,对比训练结果评定指标参数最终确定一个相对合理的目标误差。

神经网络的实现需要编写神经网络程序,常用的开发环境有 Matlab 神经网络工具箱、Plexi 神经网络开发环境等。本书利用 Matlab 工具箱建立神经网络模型,由于研究对象为具有非线性特征的洪水,所以建模时采用 Sigmoid 激活函数。常见的训练方法有梯度下降法(traingdm)、Levenbery-Marquardt 法(trainlm)、可变学习率和动量法。由于 Levenbery-Marquardt 法集牛顿法和梯度法的优点于一身,且收敛速度较快,因此将此方法用在 BP 神经网络的训练学习中。构建 BP 神经网络模型,并实现模型预测,需要通过神经网络算法实现,其算法具体流程如图 3-8 所示。

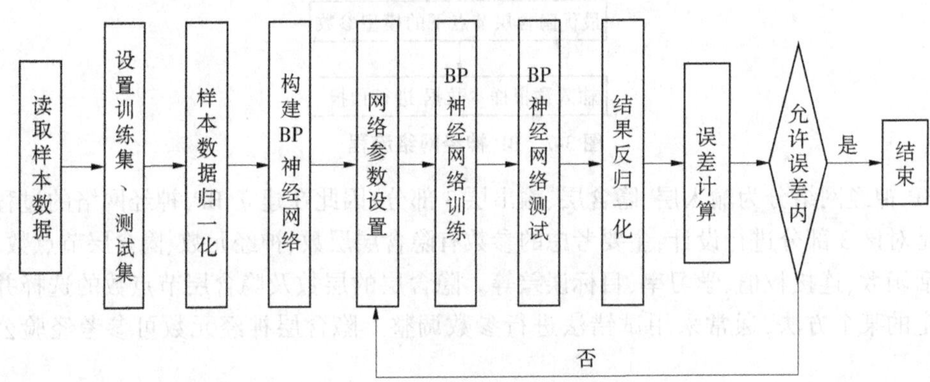

图 3-8 BP 神经网络算法流程

3.1.4 《山西省水文计算手册》——流域水文模型法

山西省在双曲正切模型的实践应用中积累了丰富的经验,也取得了很好的应用效果。因此,本书还选用了《山西省水文计算手册》中根据设计暴雨计算设计洪水方法中的流域水文模型法,流域产流计算采用双曲正切模型,由暴雨资料推求设计洪峰流量的计算,采用地区经验公式。具体计算过程详见《山西省水文计算手册》,此处不再赘述。

3.2 单元划分及方案说明

3.2.1 单元划分

综合考虑流域特性相近、水系完整、暴雨特性差异不大的区域划分单元。充分运用流域内现有的水文雨量站网资料,通过水文比拟、暴雨面积加权等方法,尽可能地使每个单元都有代表性雨量资料。本方案在汾河水库以上流域共划分 4 个单元;汾河水库至汾河二库流域划分 2 个单元,如图 3-9 所示。

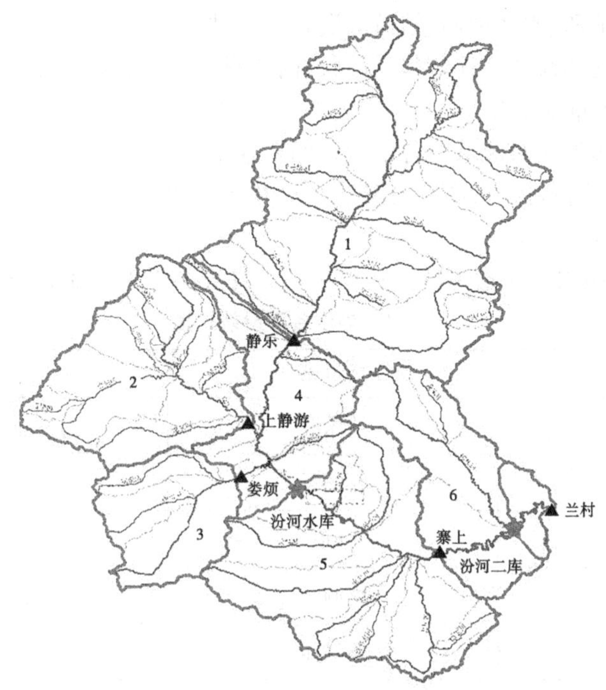

图 3-9　汾河水库、汾河二库流域洪水预报单元示意

3.2.2　方案说明

汾河水库和汾河二库目前有静乐、上静游和娄烦 3 个水文站,流域的洪水预报方案分为 6 个单元。第 1、2、3 单元分别为静乐、上静游和娄烦控制流域,这 3 个单元产汇流计算后,再通过河道流量演算至汾河水库,并与区间单元 4 的产汇流过程叠加至汾河水库。汾河水库的出流通过河道流量演算至寨上水文站,并与第 5 单元的产汇流结果叠加得到寨上水文站的流量过程;然后通过河道流量演算与第 6 单元的产汇流计算结果叠加即为汾河二库站的流量过程。

3.3　资料情况

洪水预报方案所选用的资料,应严格遵守《水文情报预报规范》(GB/T 22482—2008)的要求。

3.3.1　资料的收集

汾河水库、汾河二库洪水预报方案的编制收集了以下资料:

(1)1995—2022 年汾河水库流域内 29 个雨量站、汾河二库流域内 13 个雨量站的降水量摘录资料。

(2)流域内静乐、上静游、娄烦、汾河水库(出站)、寨上、兰村等水文站1995—2022年的洪水摘录资料、水面蒸发量观测资料。

(3)流域内的地质、水文地质、植被等资料及图件。

(4)对各个单元的流域特征值包括河长、河流纵比降、流域面积等在精度为12 m×12 m的DEM上进行了重新量算。

(5)用泰森多边形法对流域内各雨量站面积权重进行了量算。

以上所有水文站和雨量站均为国家基本站网,资料经过分局审查,省局验收,流域汇编,资料具有较高的可靠性。

各单元雨量站按泰森多边形法面积权重划分计算结果见表3-1~表3-6。

表3-1 静乐各雨量站权重

序号	雨量站	权重
1	段家寨	0.099
2	沙婆	0.088
3	怀道	0.070
4	圪洞子	0.046
5	春景洼	0.023
6	西马坊	0.056
7	静乐	0.049
8	新堡	0.069
9	康家会	0.069
10	杜家村	0.057
11	堂儿	0.062
12	宁化堡	0.060
13	东马坊	0.050
14	海子背	0.052
15	东寨	0.055
16	前马龙	0.046
17	宋家崖	0.016
18	岔上	0.033

表 3-2　上静游各雨量站权重

序号	雨量站	权重
1	草城	0. 175
2	上静游	0. 064
3	西马坊	0. 008
4	坪上	0. 140
5	普明	0. 306
6	盖家庄	0. 040
7	楼子	0. 152
8	阎家沟	0. 114

表 3-3　娄烦各雨量站权重

序号	雨量站	权重
1	娄烦	0. 133
2	盖家庄	0. 549
3	米峪镇	0. 318

表 3-4　汾河水库区间各雨量站权重

序号	雨量站	权重
1	河岔	0. 278
2	西大树	0. 151
3	西马坊	0. 089
4	娄烦	0. 211
5	上静游	0. 051
6	静乐	0. 169
7	楼子	0. 051

表 3-5　寨上各雨量站权重

序号	雨量站	权重
1	常安	0. 145
2	邢家社	0. 107
3	水头	0. 004
4	汾河水库	0. 080
5	屯村	0. 075
6	岔口	0. 161
7	白家滩	0. 103
8	炉峪口	0. 101
9	草庄头	0. 085
10	寨上	0. 039
11	阁上	0. 063
12	下马城	0. 037

表 3-6　寨上至汾河二库区间各雨量站权重

序号	雨量站	权重
1	下马城	0. 263
2	水头	0. 307
3	化客头	0. 148
4	寨上	0. 145
5	阁上	0. 136

3. 3. 2　资料的处理

从各水文站观测整编的资料中挑选场次洪水,并对各雨量站原始记录所对应各场次洪水的雨量及前 15 日的雨量按时段 1 h 进行摘录,对于跨时段观测或人工观测资料结合周边自记站的降水过程和强度进行等时段分析处理。

同时,在资料整理过程中,为了模型参数率定科学合理,通过点绘每场暴雨洪水过程线图,分析场次暴雨洪水的雨区分布、径流系数、产流面积、产流规律等特点,保证每场洪水雨洪配套较好,最后选用雨量分布均匀、雨洪配套较好的洪水进行模型参数率定。

3.4　小　结

本章根据研究区的特点,选择了双超模型、改进新安江模型、BP 神经网络模型和《山西省水文计算手册》中的流域水文模型共 4 个模型,用于汾河水库、汾河二库流域的洪水预报;在考虑流域特性相近、水系完整、暴雨特性差异不大的区域进行了研究流域预报单元划分;最后介绍了本书研究的资料收集及处理情况。

第 4 章　预报模型参数优化及模型应用分析

水文模型确定之后，对模型输出起关键作用的就是模型中参数合理选择，这在很大程度上决定了模型模拟精度的高低和预报水平的可靠与否。对于概念性流域水文模型而言，其参数一般都具有明确的物理意义，能够从实际流域获得。但是，由于模型中所需水文要素资料为整个流域的资料，而现在只能收集流域的部分点资料并以此去反映流域面资料，这就会使得由于缺乏实测资料而使实测资料失真，也就是实测资料出现偏差；另外，水文模型中往往有的参数没有明确的物理意义，所以不能也不可能用实测方法获得，因此目前只能采用系统方法，依靠特定流域历史水文资料信息，通过一定的参数优化技术进行模型参数的求解。参数优化的思路是：选用一定的优化算法，在参数的可行空间内搜索到一组最优参数，然后把这组确定的参数代入模型中进行计算，最终将模型模拟计算的结果与流域实测值进行比较，如果二者结果吻合较好，则认为参数优化结果较满意；如果二者相差太大，需重新优化参数甚至调整模型结构。

4.1　参数优化方法

水文模型参数优选中，常用的参数优选方法有手工优选试错法、自动寻优和人机调试方法。手工优选试错法就是在人们的知识经验范围内，从若干参数组合的方案中，挑选拟合成果最佳的一组参数，该方法在选择最优参数时与调参者的主观因素、理论知识和经验水平以及对模型结构的理解程度有很大的关系，缺点是耗时巨大。参数自动优选方法是通过计算机编制最优化程序由机器自动实现，具有省事、成果拟合精度高且标准不因人而异等优点。目前，应用于水文模型中的参数自动寻优的方法数不胜数，主要分为两大类：局部寻优法和全局寻优法。局部寻优的速度较快，对于存在单一最大值（或最小值）的函数可以很快地找到最优值，水文模型的特点是非线性和高维性，这样，局部寻优法得到的最优点大多为局部最优点，而非全局最优点。全局寻优法是以整个参数空间为寻优空间，在确定好目标函数后，在参数空间内多个极值点进行多点寻优。人机调试方法是把人工调试与数学寻优两者结合起来，可以在数学寻优过程中，根据需要设置一些人机对话的控制性语句，并给以必要的人工干预。

对于一个特定的流域，在水文模型的结构、目标函数基本确定以后，参数优化算法的选择对模型模拟结果起着至关重要的作用。国内外水文模型参数自动优选方法的研究中，常用的全局优化算法主要有遗传算法（GA）、粒子群算法（particle swarm optimization，PSO）、模拟退火算法、差分进化算法、蚁群算法等。以上这些全局优化算法在大多数情况下，都可以求得对应目标函数的近似全局最优解，而且一般对所求目标函数和约束没有特别要求，但是各种算法的收敛速度和计算精度存在较大差别。

众多优化算法中，SCE-UA（shuffled complex evolution algorithm）算法结合了单纯形法、

随机搜索方法以及生物竞争进化等方法的特点,可以有效地获得水文模型的参数的全局最优解,在水文模型参数优选中得到了广泛的应用。

SCE-UA 算法也称作"洗牌复形演化算法",其中,"洗牌"指的是洗牌算法,"复形"指的是抽取的多个样本点在优化过程的解空间构成的超四面体,"演化"指的是演化机制,也就是在算法中通过种群的不断演化来更新搜索空间。SCE-UA 是一种全局优化算法,能够搜索全部参数的可行空间,找到全局最优点,目前在国内外流域水文模型参数优选中广泛应用。

SCE-UA 算法的基本思路是将确定性复合形搜索方法和自然界中生物竞争进化原理相结合, CCE 算法(竞争复合形算法)是其核心计算内容。SCE-UA 算法的提出是为解决一些优化算法在水文模型参数自动优选时经常陷入局部最优解而难以获得全局最优解而设计的,它沿用并发展了下山(downhill)单纯形法,采用并行算法,对多个单纯形在解空间内进行搜索,这种方法被证明可以有效地克服 downhill 单纯形法中在局部点不收敛的缺点。SCE-UA 算法中,设置的参数个数较多,除算法中的复合形个数 p 需要根据具体问题确定外,其他参数值都可采用模型中所设置的默认值。

各参数的推荐取值: $m=2n+1$, $q=n+1$, $s=pm$, $\alpha=1$, $\beta=m$ 。其中: n 为待求模型中参数的个数; q 为复合形顶点数; s 为种群数; α、β 分别为父代产生的子代个数和代数。SCE-UA 算法的计算步骤如下:

(1)设置模型参数的个数 n ,在参数可行域 $\Omega \subset R^n$ 内,随机抽取 s 个样本,记为 x_1, x_2,…,x_s ,然后推求每个 x_i 对应的目标函数值 f_i 。缺乏参数的先验信息时,一般选取均匀分布作为先验分布。

(2)把 s 个样本 (x_i,f_i) 按照目标函数值的大小关系,进行升序排列,存放于数组 $D=\{(x_i,f_i),i=1,\cdots,s\}$ 中。

(3)把数组 D 分成 p 个复合形 $C^1,C^2,\cdots,C^p$,每个复合形都包含 m 个样本,其中 $A^k=\{(x_j^k,f_j^k)\mid x_j^k=x_{k+p(j-1)},f_j^k=f_{k+p(j-1)}\}$,$j=1,\cdots,m$, $k=1,\cdots,p$ 。

(4)按照竞争进化算法(CCE)独立进化各个复合形。

(5)将进化后的各复合形混合,再按目标函数值升序排列,重新构造新数组 D 。

(6)若满足收敛条件,则计算结束;否则,返回第(3)步。

SCE-UA 算法流程见图 4-1。

由于本书所选预测模型中 BP 神经网络预测模型和《山西省水文计算手册》中的流域水文模型可以直接计算出径流结果,因此本书用 SCE-UA 算法仅对改进新安江模型、双超模型进行参数优选。本书中,改进新安江模型、双超模型的目标函数均如下:

《水文情报预报规范》(GB/T 22482—2008)中指出,洪水预报精度评定的项目主要包括洪峰、峰现时间、径流深和洪水过程等。本书中,为分析改进新安江模型和双超模型在研究流域的适用性,对改进新安江模型和双超模型进行参数优化,分别选择总体水量误差 F_1、均方误 F_2 以及洪峰流量的均方误 F_3 3 个目标函数作为判别率定模型参数的指标,3 个目标函数对应的计算公式如式(4-1)~式(4-3)所示。

(1)总体水量误差 F_1 用于评价模型中总体流量是否达到平衡, F_1 值越小,模型模拟结果与实测值越接近。

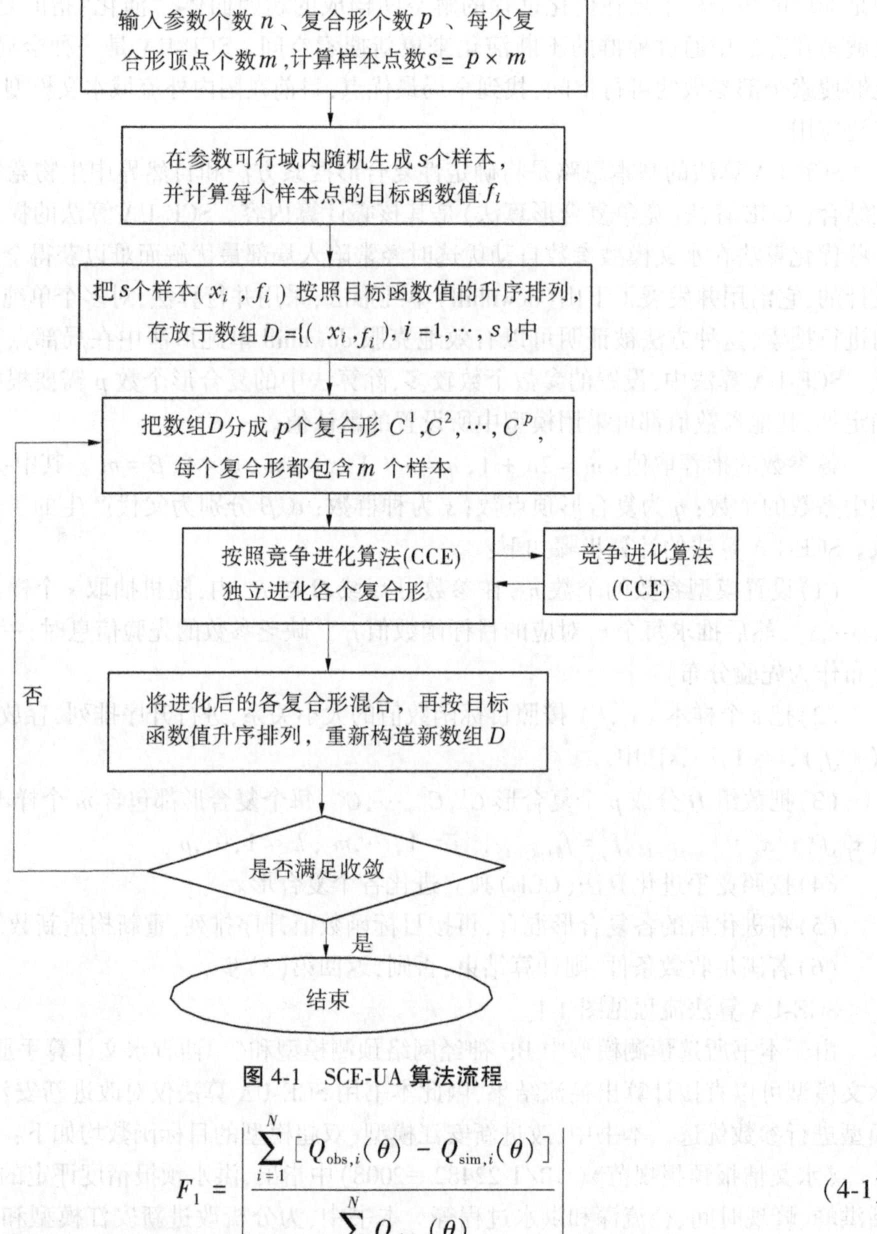

图 4-1　SCE-UA 算法流程

$$F_1 = \left| \frac{\sum_{i=1}^{N} \left[Q_{\mathrm{obs},i}(\theta) - Q_{\mathrm{sim},i}(\theta) \right]}{\sum_{i=1}^{N} Q_{\mathrm{obs},i}(\theta)} \right| \tag{4-1}$$

式中：$Q_{\mathrm{obs},i}$ 为实测流量序列；$Q_{\mathrm{sim},i}$ 为模拟流量序列；N 为流量序列数。

(2)均方误 F_2 用于评价实测流量和模拟流量过程线的吻合程度，F_2 值越小，模型模拟值与实测值越接近，模型模拟结果的可靠性越大，反之不可靠。

$$F_2 = \frac{\sum_{i=1}^{N} |Q_{\text{obs},i}(\theta) - Q_{\text{sim},i}(\theta)|}{\sum_{i=1}^{N} Q_{\text{obs},i}(\theta)} \tag{4-2}$$

(3)洪峰流量的均方误 F_3 用于评价实测洪峰与模拟洪峰的吻合程度，F_3 值越小，模拟值和实测值拟合效果越好。

$$F_3 = \left| \frac{\max Q_{\text{obs},i}(\theta) - \max Q_{\text{sim},i}(\theta)}{\max Q_{\text{obs},i}(\theta)} \right| \tag{4-3}$$

在使用 SCE-UA 算法时，考虑模型参数个数以及模型结构的复杂程度，SCE-UA 算法中的计算参数设置如下：复合形个数=6，样本数=1 000。SCE-UA 算法中，采用以下两种指标判断计算是否终止：①如果计算所得目标函数满足精度要求，则计算停止，本次研究中设置精度要求为 ≤0.000 1；②按循环次数来看，模型中假设循环次数如果大于多少次，则循环终止，本次研究中设置最大循环次数为 100 次。

4.2　参数率定

4.2.1　参数率定步骤

流域模型参数率定大致可以分为以下 3 步：①准备工作，如流域分块，选择雨量和流量站点，资料的录入和处理；②建立子流域输入文件，并确定参数的初值；③采用优化算法，运行程序和成果分析。

由于汾河水库没有入库流量资料，因此参数率定时，对流域内有水文站的控制断面分别采用不同模型进行参数率定，最终选择模拟精度较高的模型模拟的结果，通过河道演进及叠加演算至汾河水库断面。汾河水库以上流域共划分 4 个单元，有 3 个水文站，即静乐、上静游和娄烦，对各水文站分别选取相应的洪水过程，采用不同的模型分别率定参数；同样，汾河二库以上流域划分为 2 个单元，有寨上 1 个水文站，也是选取场次洪水过程，采用不同的模型率定模型参数。

4.2.2　参数意义及取值范围

流域水文模型的参数是模型结构中的重要因素之一，这些参数是特定流域上的气候、自然地理特征对该流域上降雨径流关系的综合反映指标。

4.2.2.1　改进新安江模型

改进新安江模型的参数共有 15 个，其中产流参数有 7 个，汇流参数有 8 个，各参数统计见表 4-1。

表 4-1 改进新安江模型参数统计

项目	序号	参数名称	符号	单位
产流参数	(1)	蒸发折算系数	*K*	—
	(2)	上层张力水容量	WUM	mm
	(3)	下层张力水容量	WLM	mm
	(4)	深层张力水容量	WDM	mm
	(5)	张力水蓄水容量曲线方次	*B*	—
	(6)	不透水面积比例	IMP	—
	(7)	深层蒸散发系数	*C*	—
汇流参数	(8)	自由水蓄水容量	SM	mm
	(9)	表土自由水蓄水容量曲线方次	EX	—
	(10)	自由水蓄水水库对地下水的出流系数	KG	—
	(11)	自由水蓄水水库对壤中流的出流系数	KSS	—
	(12)	壤中流的消退系数	KKSS	—
	(13)	地下水库的消退系数	KKG	—
	(14)	河网蓄水的消退系数	CS	—
	(15)	滞时	*L*	h

表 4-2 给出了改进新安江模型参数优化时参数的取值范围。

表 4-2 改进新安江模型参数取值范围

序号	参数	最小值	最大值	序号	参数	最小值	最大值
(1)	*K*	0.5	1.1	(9)	EX	1	1.5
(2)	WUM	5	50	(10)	KG	0.2	0.4
(3)	WLM	20	100	(11)	KSS	0.4	0.65
(4)	WDM	10	50	(12)	KKSS	0.1	0.95
(5)	*B*	0.1	0.6	(13)	KKG	0.8	1
(6)	IMP	0.01	0.2	(14)	CS	0.01	0.6
(7)	*C*	0.01	0.3	(15)	*L*	0	6
(8)	SM	5	50				

4.2.2.2　双超模型

双超模型的参数共有 22 个，其中产流参数有 14 个，汇流参数有 8 个。

产流参数中：反映入渗能力的参数有 3 个，分别为 S_r、K_s 和 JL；反映入渗能力分配的参数有 2 个，分别为 b 和 α_0；反映壤中流和地下径流的参数有 9 个（双超模型中土层划分为 3 层土壤容器，每层土壤容器的参数均不同），分别为 Z_i、n_i、$\delta_i(i=1,2,3)$；汇流参数包括 8 个，分别为 KKS、KKSS、KKG、CS、L、LS、LSS 和 LG。各参数统计见表 4-3。

表 4-3　双超模型参数统计

项目	参数分类	序号	参数名称	符号	单位
产流参数	虚构微元入渗参数	(1)	风干土壤的吸水率	S_r	mm/h
		(2)	土壤的饱和导水率	K_s	mm/h
		(3)	流域植被平均截留	JL	mm
	入渗能力分配参数	(4)	流域归一化分配曲线的指数	b	—
		(5)	临界雨强因子	α_0	—
	壤中流及土壤蒸散发参数	(6)	侧排份额系数	$\delta_i(i=1,2,3)$	—
		(7)	第 i 层土层厚	$Z_i(i=1,2,3)$	mm
		(8)	第 i 层土壤的孔隙率	$n_i(i=1,2,3)$	—
汇流参数	坡面汇流参数	(9)	地面径流消退系数	KKS	—
		(10)	壤中流消退系数	KKSS	—
		(11)	地下径流消退系数	KKG	—
	河网汇流参数	(12)	河网蓄水消退系数	CS	—
		(13)	滞后时间	L	h
		(14)	地面径流滞后时间	LS	h
		(15)	壤中流滞后时间	LSS	h
		(16)	地下径流滞后时间	LG	h

其中，L、LS、LSS、LG 和 JL 取决于流域中河流的长度和地形条件，这些参数属于经验值，考虑到双超模型参数较多，可以在参数率定之前按经验确定这些参数的取值，所以双超模型中需要率定其余 20 个参数。

表 4-4 给出了双超模型参数优化时参数的取值范围。

表 4-4 双超模型参数取值范围

序号	参数	最小值	最大值	序号	参数	最小值	最大值
(1)	S_r	15	45	(11)	n_1	0.3	0.65
(2)	K_s	1	4.5	(12)	n_2	0.3	0.65
(3)	b	1.5	6	(13)	n_3	0.3	0.65
(4)	α_0	0	0.5	(14)	γ_1	0	10
(5)	δ_1	0	1	(15)	γ_2	0	10
(6)	δ_2	0	1	(16)	γ_3	0	10
(7)	δ_3	0	1	(17)	KKS	0	1
(8)	Z_1	100	500	(18)	KKSS	0	1
(9)	Z_2	100	500	(19)	KKG	0	1
(10)	Z_3	100	500	(20)	CS	0	1

4.3 参数率定结果

经过分析整理 1995—2022 年各水文站和雨量站逐时段资料,考虑流域雨洪的成因关系,共挑选出以下洪水场次:

静乐控制流域 16 场洪水过程,且 $Q>200\ m^3/s$,分别为:19950714、19950903、19960615、19960720、19960801、19960805、19960810、19980623、19980630、19980713、19990712、19990720、20020628、20060713、20170827、20220809。

上静游控制流域 5 场洪水过程,且 $Q>50\ m^3/s$,分别为:19950721、19950904、19960810、19970718、19990818。

娄烦控制流域 7 场洪水过程,且 $Q>45\ m^3/s$,分别为:19950708、19950805、19960801、19960809、19990818、20020627、20170724。

寨上控制流域 10 场洪水过程,且 $Q>50\ m^3/s$,分别为:19950722、19950805、19960714、19980623、19980713、19980716、19990827、20020627、20170727、20220711。

对所选出的次洪过程,分别应用改进新安江模型、双超模型进行各单元的洪水预报,采用 SCE-UA 算法率定各预报单元的参数,为汾河水库和汾河二库流域的洪水预报奠定基础。

4.3.1 改进新安江模型参数率定结果

4.3.1.1 静乐控制流域参数率定结果

静乐控制流域共挑选出 16 场洪水,研究中前 10 场用于率定模型参数,后 6 场用于检验模型,计算时段为 1 h,参数率定结果见表 4-5。

表 4-5　改进新安江模型参数优选结果(静乐控制流域)

序号	参数	结果	序号	参数	结果
(1)	*K*	1.10	(9)	EX	1.46
(2)	WUM	42.91	(10)	KG	0.40
(3)	WLM	45.46	(11)	KSS	0.40
(4)	WDM	20.96	(12)	KKSS	0.93
(5)	*B*	0.29	(13)	KKG	1.00
(6)	IMP	0.14	(14)	CS	0.31
(7)	*C*	0.03	(15)	*L*	3.05
(8)	SM	50.00			

4.3.1.2　上静游控制流域参数率定结果

上静游控制流域共挑选出 5 场洪水,研究中前 3 场用于率定模型参数,后 2 场用于检验模型,计算时段为 1 h,参数率定结果见表 4-6。

表 4-6　改进新安江模型参数优选结果(上静游控制流域)

序号	参数	结果	序号	参数	结果
(1)	*K*	1.10	(9)	EX	1.29
(2)	WUM	38.51	(10)	KG	0.38
(3)	WLM	83.53	(11)	KSS	0.64
(4)	WDM	50.00	(12)	KKSS	0.55
(5)	*B*	0.16	(13)	KKG	1.00
(6)	IMP	0.01	(14)	CS	0.56
(7)	*C*	0.30	(15)	*L*	2.50
(8)	SM	48.27			

4.3.1.3　娄烦控制流域参数率定结果

娄烦控制流域共挑选出 7 场洪水,其中前 5 场用于率定模型参数,后 2 场用于检验模型,计算时段为 1 h,参数率定结果见表 4-7。

表 4-7　改进新安江模型参数优选结果(娄烦控制流域)

序号	参数	结果	序号	参数	结果
(1)	*K*	0.86	(9)	EX	1.23
(2)	WUM	49.77	(10)	KG	0.35
(3)	WLM	99.04	(11)	KSS	0.44
(4)	WDM	44.41	(12)	KKSS	0.95
(5)	*B*	0.10	(13)	KKG	1.00
(6)	IMP	0.03	(14)	CS	0.01
(7)	*C*	0.18	(15)	*L*	2.35
(8)	SM	33.01			

4.3.1.4　寨上控制流域参数率定结果

汾河水库出库以下,寨上控制流域共挑选出 10 场洪水,其中前 6 场用于率定模型参数,后 4 场用于检验模型,计算时段为 1 h,参数率定结果见表 4-8。

表 4-8　改进新安江模型参数优选结果(寨上控制流域)

序号	参数	结果	序号	参数	结果
(1)	*K*	1.00	(9)	EX	1.23
(2)	WUM	38.98	(10)	KG	0.40
(3)	WLM	98.51	(11)	KSS	0.40
(4)	WDM	49.49	(12)	KKSS	0.95
(5)	*B*	0.10	(13)	KKG	1.00
(6)	IMP	0.01	(14)	CS	0.01
(7)	*C*	0.07	(15)	*L*	1.43
(8)	SM	49.65			

4.3.2　双超模型参数率定结果

4.3.2.1　静乐控制流域参数率定结果

双超模型参数优选结果见表 4-9。

表 4-9　双超模型参数优选结果(静乐控制流域)

序号	参数	结果	序号	参数	结果
(1)	S_r	36.78	(11)	n_1	0.33
(2)	K_s	3.65	(12)	n_2	0.42
(3)	b	4.73	(13)	n_3	0.40
(4)	α_0	0.32	(14)	γ_1	4.41
(5)	δ_1	0.39	(15)	γ_2	0.13
(6)	δ_2	1.00	(16)	γ_3	8.38
(7)	δ_3	0.74	(17)	KKS	0.21
(8)	Z_1	241.46	(18)	KKSS	0
(9)	Z_2	408.47	(19)	KKG	1.00
(10)	Z_3	192.55	(20)	CS	0.94

4.3.2.2　上静游控制流域参数率定结果

双超模型参数优选结果见表 4-10。

表 4-10　双超模型参数优选结果(上静游控制流域)

序号	参数	结果	序号	参数	结果
(1)	S_r	45.00	(11)	n_1	0.37
(2)	K_s	3.61	(12)	n_2	0.48
(3)	b	1.50	(13)	n_3	0.47
(4)	α_0	0.50	(14)	γ_1	6.74
(5)	δ_1	0.06	(15)	γ_2	0.16
(6)	δ_2	0.97	(16)	γ_3	5.43
(7)	δ_3	0.94	(17)	KKS	1.00
(8)	Z_1	249.03	(18)	KKSS	0
(9)	Z_2	458.35	(19)	KKG	1.00
(10)	Z_3	341.60	(20)	CS	0

4.3.2.3　娄烦控制流域参数率定结果

双超模型参数优选结果见表 4-11。

表 4-11　双超模型参数优选结果(娄烦控制流域)

序号	参数	结果	序号	参数	结果
(1)	S_r	26.49	(11)	n_1	0.60
(2)	K_s	4.49	(12)	n_2	0.40
(3)	b	3.70	(13)	n_3	0.36
(4)	α_0	0.29	(14)	γ_1	3.46
(5)	δ_1	0.26	(15)	γ_2	9.15
(6)	δ_2	0.33	(16)	γ_3	2.88
(7)	δ_3	0	(17)	KKS	0.59
(8)	Z_1	324.19	(18)	KKSS	0
(9)	Z_2	168.12	(19)	KKG	0.94
(10)	Z_3	354.69	(20)	CS	0

4.3.2.4　寨上控制流域参数率定结果

双超模型参数优选结果见表 4-12。

表 4-12　双超模型参数优选结果(寨上控制流域)

序号	参数	结果	序号	参数	结果
(1)	S_r	27.70	(11)	n_1	0.33
(2)	K_s	3.06	(12)	n_2	0.36
(3)	b	5.01	(13)	n_3	0.44
(4)	α_0	0.49	(14)	γ_1	1.67
(5)	δ_1	0.08	(15)	γ_2	0.08
(6)	δ_2	0.19	(16)	γ_3	1.25
(7)	δ_3	0	(17)	KKS	0.26
(8)	Z_1	332.15	(18)	KKSS	0.97
(9)	Z_2	317.66	(19)	KKG	0.90
(10)	Z_3	449.52	(20)	CS	0.53

4.4　基于 BP 神经网络的洪水预报分析

4.4.1　样本集

与 4.3 节相同,分别选定静乐控制流域 16 场洪水,其中前 10 场洪水样本对神经网络模型进行训练,剩余 6 场洪水用于模型验证;上静游控制流域 5 场洪水,其中前 3 场洪水样本对神经网络模型进行训练,剩余 2 场洪水用于模型验证;娄烦控制流域 7 场洪水,其中前 5 场洪水样本对神经网络模型进行训练,剩余 2 场洪水用于模型验证;寨上控制流域 10 场洪水,其中前 6 场洪水样本对神经网络模型进行训练,剩余 4 场洪水用于模型验证。将逐时段降雨量、蒸发量作为模型数据的输入,水文站逐时段流量数据作为模型数据输出。

4.4.2　参数设定

本次研究 BP 神经网络训练输入参数为汾河水库上游收集到的 29 个雨量站、汾河二库上游 13 个雨量站 1995—2022 年 1 h 尺度降雨数据及蒸发数据,所以对应输入层神经元为 2。输出为各水文控制断面的 1 h 径流数据,所以对应的输出层层数为 1。隐含层神经元数为影响降雨到输出的所有参数,主要包括影响产汇流的参数和河道演进的参数。

神经元数为 a、隐含层网络层数 b 和学习率 c 对 BP 神经网络模型模拟结果有很大的影响,初始定义神经元数目 a 取值范围为 1~30,隐含网络层数 b 取值范围为 1~50,学习率 c 取值范围为 0.001~1,训练次数上限 1 000 次。通过多次训练,当隐含层节点为 20 时,训练效果最好,所以隐含层节点数取值 200;多次训练次数在小于 1 000 时停止训练,因此允许最大训练次数设置为 1 000;学习率为 0.01。考虑到洪水是非线性的,Levenberg-Marquardt 算法集牛顿法和梯度法的优点于一身,且具有较好的收敛性,因此选用该算法作为 BP 神经网络的训练算法。其余参数采用神经网络工具箱中默认的参数。模型训练最终确定输入神经元个数为 2 个,输出神经元个数为 1 个,学习率 c 为 0.01,隐含网络层数 b 为 3 层。

4.4.3　神经网络训练结果

利用 Matlab 工具箱建立神经网络模型,将经过预处理的样本数据通过程序算法对前述场次洪水样本数据进行模型训练。训练界面如图 4-2 所示。

图 4-2 中,Neural Network 为 BP 神经网络简图,输入层节点为 2 个, 隐含层节点为 20,输出层节点为 1 个。Algorithms 中 Training 为此次模型训练的函数,Performanceo 为模型的目标误差指标,本书采用均方根误差。Progress 栏展示了模型训练的进展;Epoch 表示模型训练的最大训练次数;Time 表示模型训练的时间;Performance 表明模型的均方误差;Gradient 和 Validation Checks 表示模型的训练过程,通过观察两者在训练模型时的变化,判断模型的训练精度。若两者变化趋于稳定,而均方误差与目标误差指标差距较大,表明模型训练误差达到局部最值,应重新训练模型。经过训练,选取效果最好的一组,其

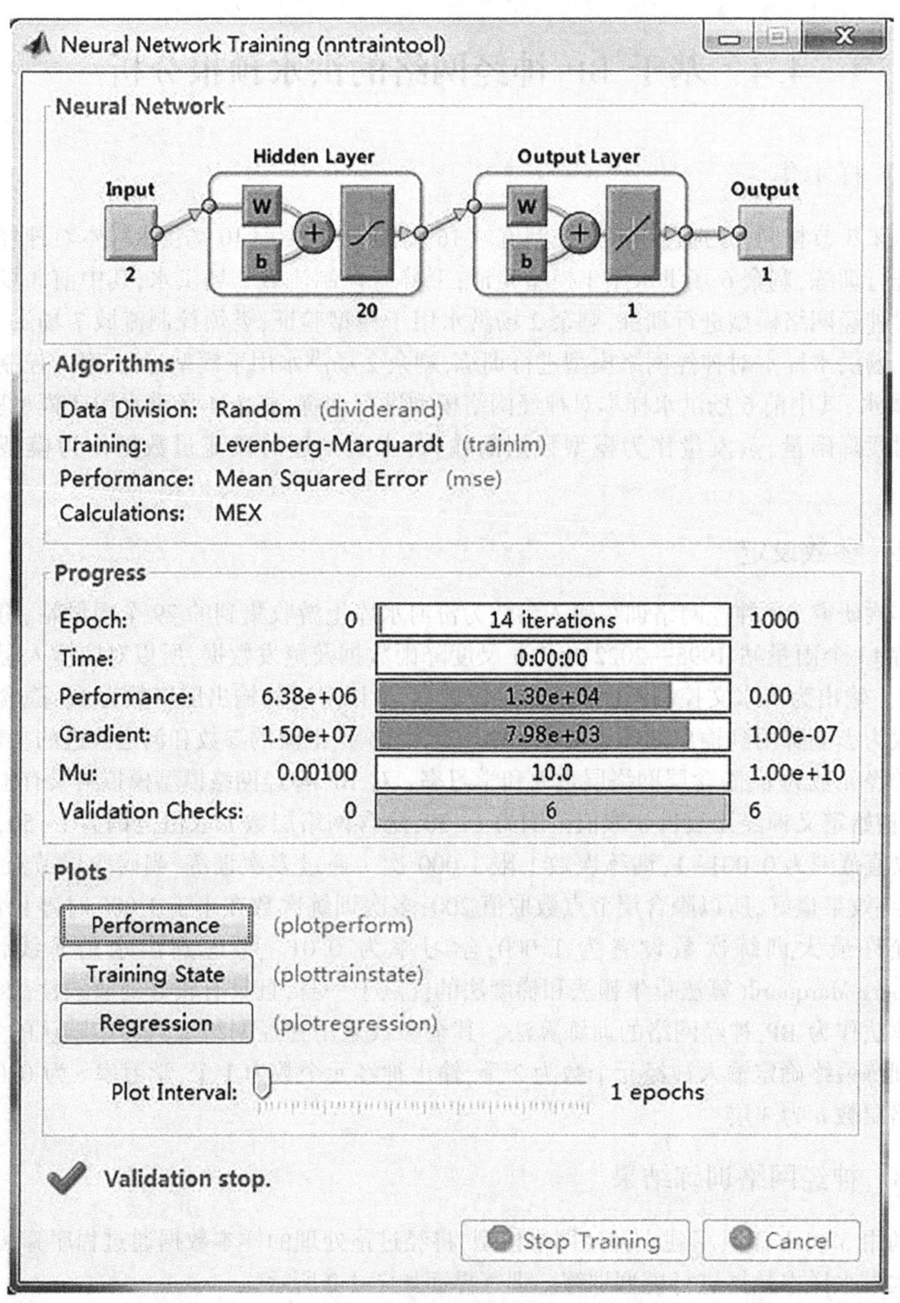

图 4-2　BP 神经网络训练界面(静乐 19990712)

中训练结果如图 4-3 所示。

图 4-3 中,包括训练过后训练集、验证集、测试集和总体结果的数据相关性关系。横坐标表示目标输出,纵坐标表示预测输出和目标输出之间的拟合函数。

R 代表预测输出和目标输出之间的相关性,R 值越接近 1,表示预测和输出数据之间的关系越密切;R 值越接近 0,表示预测和输出数据之间的关系随机性越大。

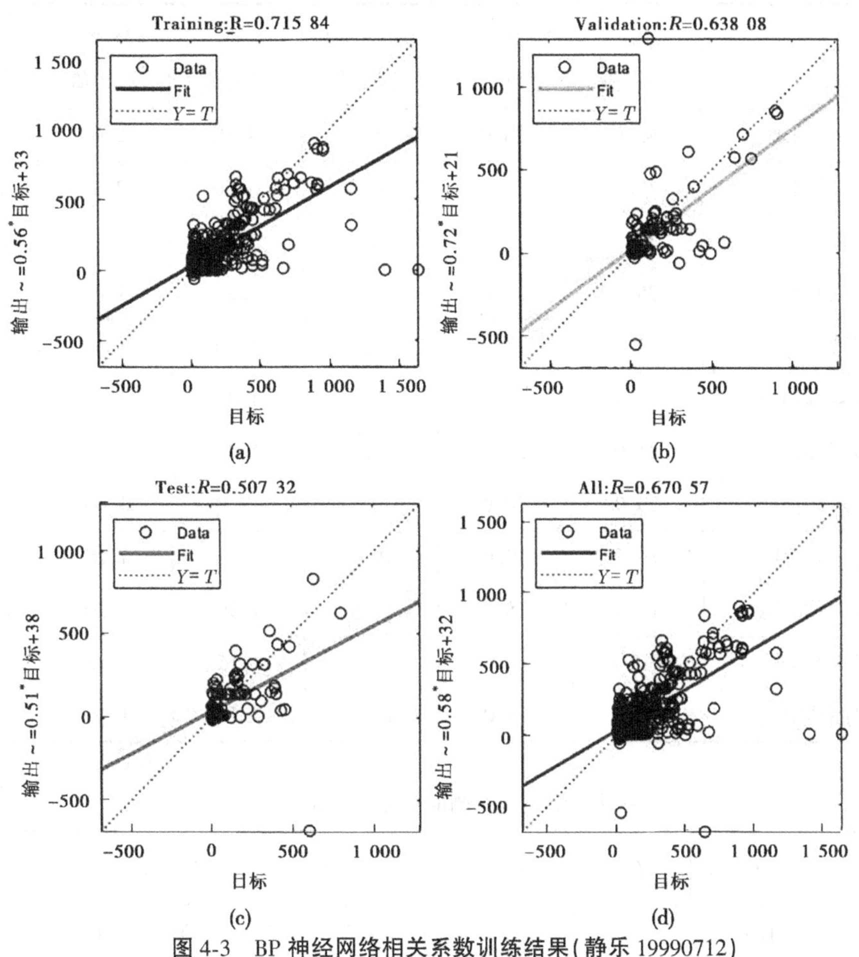

图 4-3　BP 神经网络相关系数训练结果(静乐 19990712)

4.5　流域水文模型法

水文下垫面是径流、泥沙、洪水等水文现象及水文过程发生和演变的载体。在同样的降水条件下,包气带的吸水性能、导水性能、漏水性能及持水性能主导着降水的再分配和径流形成的全过程。水文下垫面因素包含地理位置、地貌特征、地形条件、植被特征、土壤性质等,其中地形条件、地貌和植被是制约水文现象区域分异规律的三大主导因素,也是划分水文下垫面区域界限的主要依据。

考虑到制约产流和汇流的水文下垫面因素,结合山西省实际情况,划分出 12 种影响产流和 6 种影响汇流的水文下垫面因素,并通过有观测记录以来的大量实测暴雨、洪水资料,率定出各种水文下垫面下模型参数的取值范围。

表 4-13、表 4-14 数据为单一水文下垫面因素的模型参数,对于复合水文下垫面影响下的模型参数,可按流域内各单一水文下垫面面积权重来计算。

表 4-13　山西省单地类 S_r 及 K_s 的取值　单位:mm/h

地类	S_r			K_s		
	最大值	最小值	平均值	最大值	最小值	平均值
灰岩森林山地	43.0	28.0	35.5	4.10	2.60	3.35
灰岩灌丛山地	35.0	26.0	30.5	3.50	2.30	2.90
耕种平地	27.0	27.0	27.0	1.90	1.90	1.90
灰岩土石山区	25.0	23.0	24.0	1.80	1.60	1.70
砂页岩森林山地	23.0	23.0	23.0	1.50	1.50	1.50
变质岩森林山地	22.0	22.0	22.0	1.45	1.45	1.45
黄土丘陵阶地	21.0	21.0	21.0	1.40	1.40	1.40
黄土丘陵沟壑区	20.0	20.0	20.0	1.30	1.30	1.30
砂页岩土石山区	19.0	19.0	19.0	1.25	1.25	1.25
砂页岩灌丛山地	18.0	18.0	18.0	1.20	1.20	1.20
变质岩土石山区	17.0	17.0	17.0	1.15	1.15	1.15
变质岩灌丛山地	16.0	16.0	16.0	1.10	1.10	1.10

表 4-14　综合瞬时单位线参数

汇流地类	C_1	β_1	β_2	C_2 一般值	C_2 范围	α
森林山地	1.357	0.047	0.19	2.757	2.050~2.950	0.397
灌丛山地	1.257			1.530	1.200~1.770	
草坡山地	1.046			0.717	0.710~0.950	
黄土丘陵	1.000			0.620	0.580~0.700	

本次研究中,流域产流计算采用双曲正切模型(《山西省水文计算手册》中式 7.3.1.1),为了简化计算,由暴雨资料推求设计洪峰流量的计算,采用地区经验公式(《山西省水文计算手册》中式 7.3.4.1)。

本次研究仅选择静乐水文站作为研究对象,对模型及参数的适应性进行分析。地区经验公式中需要计算流域设计频率 1 h 点雨量,在实际设计洪水研究时,一般认为暴雨与洪峰为同频率。研究中统计了 1994—2022 年共 29 年的年最大流量(见表 4-15),并进行排频计算,图 4-4 为 29 年的频率曲线。

表 4-15　静乐水文站 1994—2022 年最大洪峰流量及其经验频率

年份	流量/(m^3/s)	经验频率/%	年份	流量/(m^3/s)	经验频率/%
1994	457	16.67	2009	35.1	90
1995	948	10	2010	67	70
1996	1 630	3.33	2011	55.3	86.7
1997	197	40	2012	61.9	76.7
1998	698	13.3	2013	74.4	63.3
1999	266	26.7	2014	28	93.3
2000	216	36.7	2015	55.5	83.3
2001	62	73.3	2016	26.4	96.7
2002	421	23.3	2017	230	30
2003	1 340	6.667	2018	150	43.3
2004	86	60	2019	87	56.7
2005	57	80	2020	100	53.3
2006	223	33.3	2021	71.2	66.7
2007	106	50	2022	440	20
2008	132	46.7			

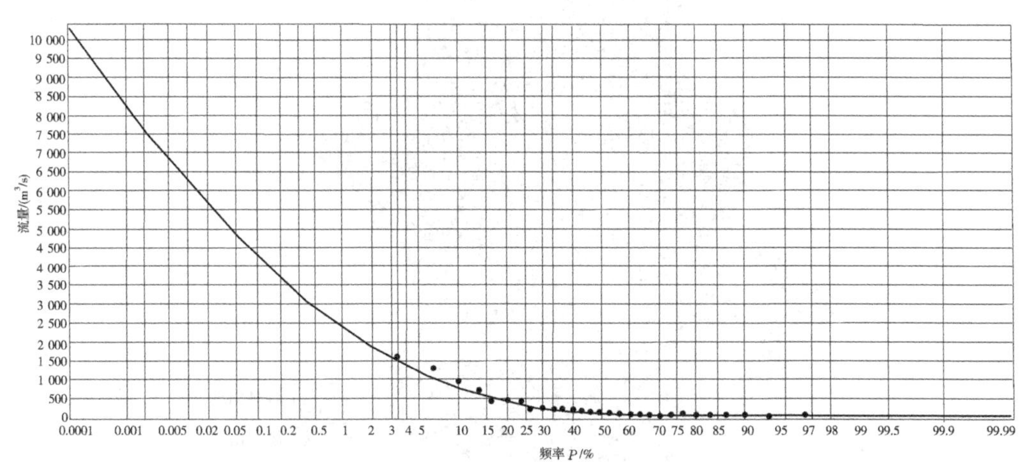

图 4-4　静乐水文站年洪峰频率曲线

静乐水文站产汇流地类面积见图 4-5 和图 4-6。

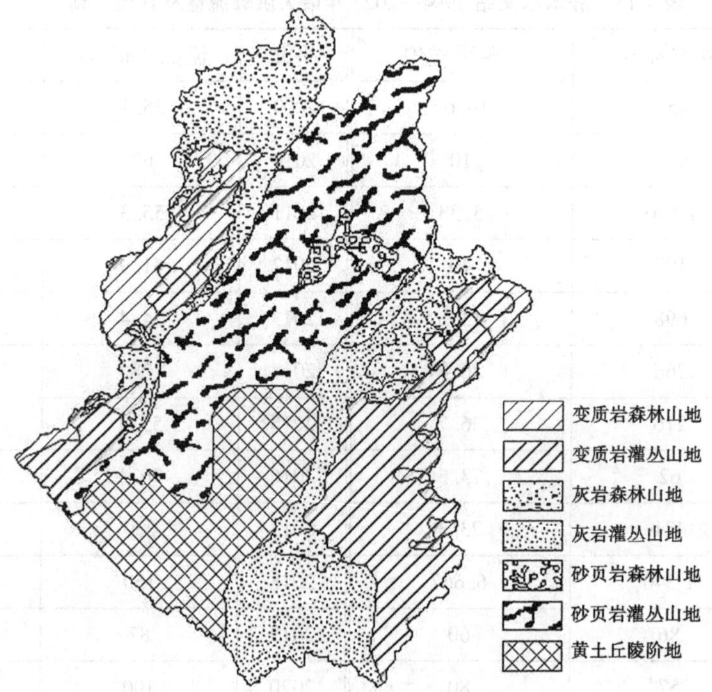

图 4-5　静乐水文站产流地类

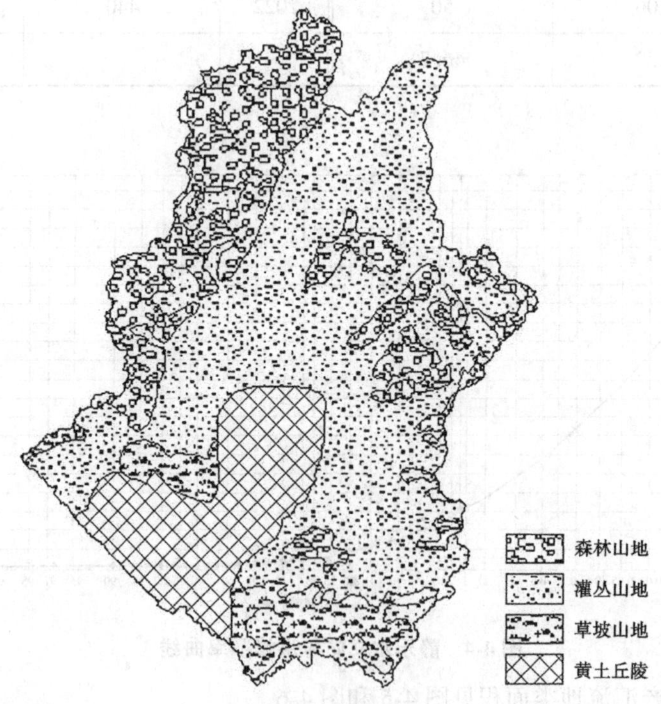

图 4-6　静乐水文站汇流地类

根据流域内不同下垫面产汇流的地类等情况，通过计算，得到静乐水文站的参数：

$S_r=17.74$，$K_s=1.45$，$C_1=1.23$，$C_2=1.64$，$\beta_1=0.047$，$\beta_2=0.19$，$\alpha=0.397$，$A=2\ 799\ km^2$，$L=39.96\ km$，$J=3.279‰$。

采用地区经验公式由暴雨资料推求洪峰流量时，C_p 为与频率 P 和地类有关的经验参数，且 C_p 的取值范围仅在频率 $P<20\%$时可在《山西省水文计算手册》上查取获得，因此研究时仅对静乐地区频率 $P<20\%$年洪峰流量相应的实测暴雨进行计算分析。具体参数见表 4-16。

表 4-16　静乐水文站地区经验公式参数

序号	洪号	实测洪峰/(m^3/s)	C_p	面积 A/km^2	面积指数 N
1	19950903	948	0.292	2 799	0.625
2	19960615	488	0.095		
3	19960801	223	0.110		
4	19960805	468	0.260		
5	19960810	1 630	0.130		
6	19980630	698	0.115		
7	19980713	361	0.105		
8	20170827	230	0.100		
9	20220809	440	0.090		

4.6　河道流量演进分析

河道流量演算是在圣维南(Saint-Venant)方程组简化的基础上，利用上断面的流量过程演算下断面的流量过程。目前，河道流量演算常用水文学方法和水力学方法。

水文学方法着眼于洪流的宏观统计特征，联合求解水量平衡方程和蓄泄方程，得出各个断面洪水要素的时变规律。河道流量演算就是使用某个事先拟定的方法(模型)，把进入特定河段上断面的入流过程 $I(t)$，演算为河段内任意断面处的洪水过程 $Q(t)$，特别是要演算为河段下断面的出流过程 $O(t)$。常用的水文学方法有特征河长法、马斯京根法和滞后演算法等。水力学方法模型则从微观出发，根据质量守恒定律和能量守恒定律，建立洪流运动的连续方程和动力方程，从中求解洪流沿河槽运动的宏观规律，直接求解圣维南方程组或其简化方程组。常用的水力学方法有扩散法、特征线法、直接差分法等，水力学方法无疑是一种概念明确、严谨的方法；但需充足可靠的资料，且计算麻烦，目前很少应用于水文预报中。本书采用马斯京根法和流量衰减分析法进行河道流量演进分析。

4.6.1 方法简介

4.6.1.1 马斯京根法

马斯京根法是由 G. T. 麦卡锡于 1938 年提出的,因首先被应用于美国的马斯京根河而得名。在河段流量演算中,我国广泛应用此法。

马斯京根流量演算方程为:

$$Q_{下,2} = C_0Q_{上,2} + C_1Q_{上,1} + C_2Q_{下,1} \tag{4-4}$$

如果已知河段入流量 $Q_{上,1}$、初始条件 $Q_{下,1}$ 和 $C_i(i = 0,1,2)$,根据式(4-4)进行逐时段演算,可以得出河段出流过程 $Q_{下,t}$ 。

式(4-4)中:

$$\left.\begin{aligned} C_0 &= \frac{0.5\Delta t - Kx}{K - Kx + 0.5\Delta t} \\ C_1 &= \frac{0.5\Delta t + Kx}{K - Kx + 0.5\Delta t} \\ C_2 &= \frac{K - Kx - 0.5\Delta t}{K - Kx + 0.5\Delta t} \end{aligned}\right\} \tag{4-5}$$

式中, $C_0 + C_1 + C_2 = 1$。

对于一个河段,确定参数 K、x 及选定演算时段后,可以求出 C_0、C_1 和 C_2。关于参数 K、x 的确定,一般采用试算法由实测资料连续演算求解。针对某一次洪水,假定不同的 x 值,按式(4-6)计算 Q' ,作 S-Q'关系曲线,选择其中能使二者关系成为单一直线的 x 值,K 值则等于该直线的斜率。取多次洪水作相同的计算和分析,可以确定该河段的 K、x 值。

$$Q' = xQ_{上} + (1 - x)Q_{下} \tag{4-6}$$

4.6.1.2 流量衰减分析

由于资料的有限性,研究流域内的水文站分布较少,若用水文站的洪峰流量值来代替在河道不同位置的洪峰流量显然不可靠,而河道节点的设计洪峰流量也是防洪工程一个必不可缺少的基础数据,所以需要确定一个合理的洪峰流量相对衰减率,以便将水文站的洪峰流量合理地还原或推算至各防洪工程位置处,从而给防洪工程的设计提供可靠的依据。

因此,本次研究中采用简化方法分析河道洪水的演进规律,即选取研究流域内位于同一河段上、下游的两个水文站,整理并统计不同量级、上下游洪水过程关系良好的洪水传播时间、洪峰衰减规律,取多场洪水的平均值以反映整个河段的洪水传播特征。

4.6.2 基础资料

现有收集到的资料中,仅有静乐水文站和河岔水文站(河岔水文站控制流域面积 3 225 km^2,2019 年停测)处于汾河干流的上、下游,且二者同期资料比较长。因此,本次研究中挑选出 1995—2019 年两站的流量关系较好(洪水选取时,主要选取河段上、下游站的洪水过程相互对应,且区间没有降水的场次洪水过程)的 9 场洪水进行分析,洪号分别为：19960615、19960720、19960801、19960810、19970720、19980623、19980630、20020628、20030730，9 场洪水过程中，最大流量 1 630 m^3/s，最小流量 223 m^3/s，选取洪水基本覆盖了近年洪水发生的区间。

考虑到上静游、娄烦以及寨上距离该河段较近，因此可采用水文比拟法，采用静乐至河岔的河道演算参数估算上述站点间的洪水传播。

4.6.3　计算结果

4.6.3.1　马斯京根法计算结果

结合所选静乐至河岔 9 场洪水过程，在 Matlab 软件中，对 9 场洪水分别采用试算法进行了参数 K、x 的率定，表 4-17 汇总了 9 场洪水采用马斯京根法率定的参数结果。经过分析，可知该河段参数 K、x 的平均取值为参数 K=3.2 h、x=0.33。

表 4-17　马斯京根参数计算结果

序号	洪号	K	x
1	19960615	4.38	0.50
2	19960720	3.00	0.40
3	19960801	2.33	0.12
4	19960810	2.67	0.13
5	19970720	2.65	0.50
6	19980623	3.53	0.50
7	19980630	3.16	0.50
8	20020628	4.78	0.50
9	20030730	2.29	0.12
平均值		3.20	0.33

确定好马斯京根参数 K、x 后，就可以由上游河段的入流量推求下游河段的出流量。

4.6.3.2　流量衰减分析法计算结果

统计及计算所选静乐至河岔 9 场洪水过程，该河段各次洪水过程的洪峰衰减量、相对衰减率以及平均衰减率和平均洪峰传播滞时（峰峰平均间隔）如表 4-18 所示。

表 4-18　衰减分析法计算结果

序号	洪号	实测洪峰/(m^3/s)		洪峰衰减量/(m^3/s)	相对衰减率	河长/km	平均衰减率/(%/km)	峰峰平均间隔/h
		静乐	河岔					
1	19960615	488	460	28	0.06	20.546	1.25	2
2	19960720	508	419	89	0.18			
3	19960801	223	206	17	0.08			
4	19960810	1 630	735	895	0.55			
5	19970720	266	205	61	0.23			
6	19980623	440	372	68	0.15			
7	19980630	698	442	256	0.37			
8	20020628	421	233	188	0.45			
9	20030730	1 340	693	647	0.48			

4.6.3.3　结果比较

表 4-19 给出了马斯京根法和流量衰减分析法计算 9 场实测洪水洪峰的计算结果。

表 4-19　衰减率和马斯京根计算洪峰结果对比

序号	洪号	实测洪峰/(m^3/s)		计算洪峰/(m^3/s)		相对误差	
		静乐	河岔	衰减分析法	马斯京根法	衰减分析法	马斯京根法
1	19960615	488	460	366	369	0.2	0.2
2	19960720	508	419	381	486	0.09	0.16
3	19960801	223	206	167	212	0.19	0.03
4	19960810	1 630	735	1 223	1 087	0.66	0.48
5	19970720	266	205	200	149	0.03	0.27
6	19980623	440	372	330	312	0.11	0.16
7	19980630	698	442	524	379	0.18	0.14
8	20020628	421	233	316	264	0.36	0.13
9	20030730	1 340	693	1 005	997	0.45	0.44
平均误差						0.25	0.22

从表 4-19 可以看出，在所选静乐至河岔河段 9 场洪水中，马斯京根法和流量衰减分析法计算的洪峰相对误差分别为 0.22 和 0.25，二者比较接近。本书研究中其他河段没有实测上、下游洪水关系资料，因此为了简化计算，其他河段采用流量衰减分析法计算洪水传播过程，且考虑到其他河段距离研究河段较近，按照水文比拟法，上静游至汾河水库、

娄烦至汾河水库以及河岔至汾河水库的洪峰衰减率也取 1.25%/km,洪水滞时按各水文站至汾河水库的距离远近、比降及有关参考文献,参照静乐至河岔段的滞时大致估算得出,结果见表 4-20。

表 4-20　汾河水库和汾河二库流域各河道流量参数取值

站点		河长/km	比降/‰	滞时/h	洪峰衰减率/(%/km)
静乐	河岔	20.546	3.504	2	1.25
静乐	汾河水库	39.956	3.279	4	
上静游	汾河水库	19.476	5.751	2	
娄烦	汾河水库	14.446	5.192	2	
汾河水库	寨上	34.505	1.159	3	
寨上	汾河二库	25.448	3.851	3	
汾河二库	兰村	13.752	8.360	1	
兰村	汾河二坝	57.06	0.999	12	

4.7　模型预报结果

前面章节已采用改进新安江模型、双超模型、BP 神经网络预测模型、《山西省水文计算手册》流域水文模型进行了模型参数的分析计算,由于汾河水库入库未设流量站,不能获取水库的实测入库流量资料,因此此次预报结果未预报至汾河水库断面。根据前面各模型率定或计算所得参数,采用 4 种预报模型对检验期的洪水进行了预报。预报结果见表 4-21~表 4-24。

表 4-21　改进新安江模型洪水性能指标

水文站	洪号	洪峰/(m^3/s)		峰值相对误差/%	峰现时间(月-日 T 时:分)		峰现时间误差	确定性系数
		实测	模拟		实测	模拟		
静乐	19990712	238	125.86	0.47	07-12T21:00	07-12T21:00	0	0.64
	19990720	266	284.3	0.07	07-20T17:00	07-20T19:00	2	0.72
	20020628	421	338.6	0.20	06-28T22:00	06-28T21:00	-1	0.61
	20060713	223	214.6	0.04	07-13T23:00	07-13T23:00	0	0.63
	20170827	230	272.1	0.18	08-27T14:00	08-27T20:00	6	0.58
	20220809	440	338.6	0.23	08-09T16:00	08-9T15:00	-1	0.67

续表 4-21

水文站	洪号	洪峰/(m^3/s)		峰值相对误差/%	峰现时间(月-日 T 时:分)		峰现时间误差	确定性系数
		实测	模拟		实测	模拟		
上静游	19970718	65.5	51.6	0.21	07-18T14:00	07-18T15:00	1	0.74
	19990818	130	139.51	0.07	08-18T04:00	08-18T04:00	0	0.65
娄烦	20020627	99.1	108.04	0.09	06-27T16:00	06-27T16:00	0	0.64
	20170724	119	83.2	0.30	07-24T08:00	07-24T08:00	0	0.52
寨上	19990827	92.6	112.3	0.21	08-27T20:00	08-27T18:00	−2	0.70
	20020627	76.8	62.7	0.18	06-27T20:00	06-27T21:00	1	0.73
	20170727	255	172.8	0.32	07-27T03:00	07-27T05:00	2	0.61
	20220711	94.9	83.43	0.12	07-11T19:00	07-11T20:00	1	0.71

表 4-22　双超模型洪水性能指标

水文站	洪号	洪峰/(m^3/s)		峰值相对误差/%	峰现时间(月-日 T 时:分)		峰现时间误差	确定性系数
		实测	模拟		实测	模拟		
静乐	19990712	238	220	0.08	07-12T21:00	07-12T21:00	0	0.76
	19990720	266	302	0.14	07-20T17:00	07-20T20:00	3	0.68
	20020628	421	285.3	0.32	06-28T22:00	06-28T20:00	−2	0.57
	20060713	223	265.87	0.19	07-13T23:00	07-13T22:00	−1	0.82
	20170827	230	191.4	0.17	08-27T14:00	08-27T22:00	8	0.76
	20220809	440	287.3	0.35	08-09T16:00	08-09T18:00	2	0.65
上静游	19970718	65.5	70.1	0.07	07-18T14:00	07-18T15:00	1	0.74
	19990818	130	148.9	0.15	08-18T04:00	08-18T03:00	−1	0.68
娄烦	20020627	99.1	66.4	0.33	06-27T16:00	06-27T17:00	1	0.64
	20170724	119	124.4	0.05	07-24T08:00	07-24T09:00	1	0.74
寨上	19990827	92.6	75.3	0.19	08-27T20:00	08-27T18:00	−2	0.62
	20020627	76.8	94.8	0.23	06-27T20:00	06-27T19:00	−1	0.71
	20170727	255	193.05	0.24	07-27T03:00	07-27T03:00	0	0.86
	20220711	95	118.7	0.25	07-11T19:00	07-11T20:00	1	0.72

表 4-23　BP 神经网络模型洪水性能指标

水文站	洪号	洪峰/(m^3/s)		峰值相对误差/%	峰现时间(月-日 T 时:分)		峰现时间误差/h
		实测	模拟		实测	模拟	
静乐	19990712	238	145.86	0.39	07-12T21:00	07-12T22:00	1
	19990720	266	511.4	0.92	07-20T17:00	07-20T17:00	0
	20020628	421	54.2	0.87	06-28T22:00	06-28T22:00	0
	20060713	223	144.08	0.35	07-13T23:00	07-14T17:00	18
	20170827	230	295.6	0.29	08-27T14:00	08-27T21:00	7
	20220809	440	668.96	0.52	08-09T16:00	08-09T14:00	-2
上静游	19970718	65.5	43.79	0.33	07-18T14:00	07-18T16:00	2
	19990818	130	44.73	0.66	08-18T04:00	08-18T03:00	-1
娄烦	20020627	99.1	193	0.95	06-27T16:00	06-27T17:00	1
	20170724	119	181.68	0.53	07-24T08:00	07-24T05:00	-3
寨上	19990827	92.6	623.38	5.73	08-27T20:00	08-27T15:00	-5
	20020627	76.8	423.45	4.51	06-27T20:00	06-27T17:00	-3
	20170727	255	230.59	0.10	07-27T03:00	07-27T06:00	3
	20220711	95	169.92	0.79	07-11T19:00	07-12T00:00	5

表 4-24　《山西省水文计算手册》流域水文模型静乐站流计算结果

水文站	洪号	洪峰/(m^3/s)		峰值相对误差/%	径流深/mm		径流深误差/h
		实测	模拟		实测	模拟	
静乐	19950903	948	1 591.69	68	14.98	8.04	6.94
	19960615	488	448.94	8	2.46	2.09	0.37
	19960801	223	407.92	83	2.97	2.5	0.47
	19960805	468	1 237.22	164	9.82	3.32	6.5
	19960810	1 630	930.05	43	13.41	5.22	8.19
	19980630	698	584.97	16	3.05	5.51	-2.46
	19980713	361	434.17	20	2.71	3.31	-0.6
	20170827	230	383.96	67	4.06	0.93	3.13
	20220809	440	391.64	11	4.5	7.14	-2.64

从表 4-21～表 4-24 验证期的各站预报结果来看，双超模型预报在研究流域的预报结果总体优于其他模型，改进新安江模型其次，《山西省水文计算手册》中的流域水文模型法和 BP 神经网络预测模型效果较差。

图 4-7～图 4-18 给出了改进新安江模型、双超模型和 BP 神经网络预测模型在各预报单元的预报过程。

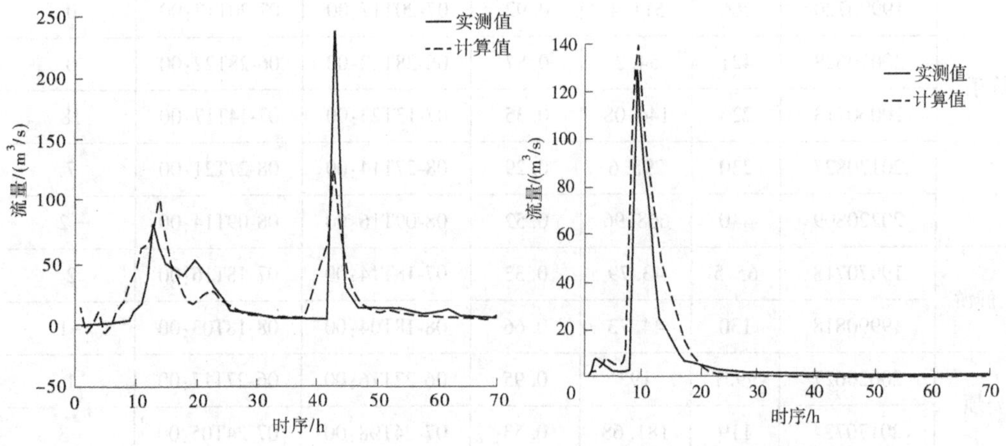

图 4-7 改进新安江模型预报过程（静乐 19990712）

图 4-8 改进新安江模型预报过程（上静游 19990818）

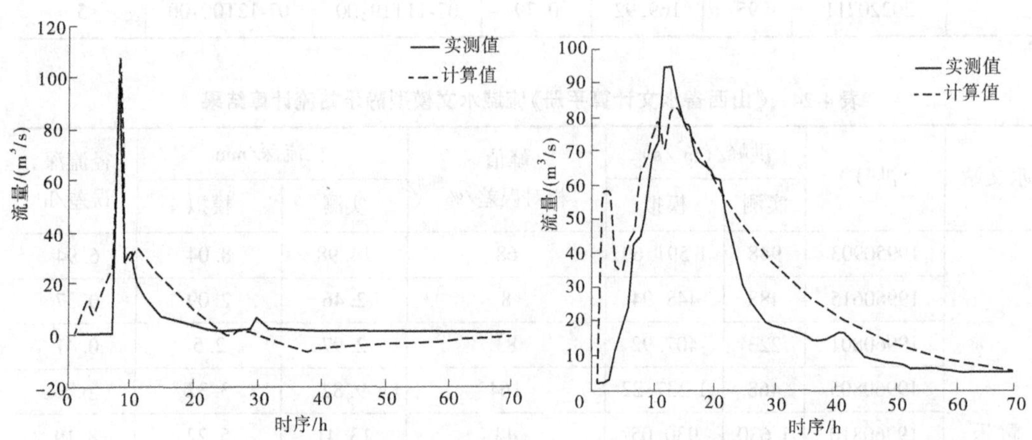

图 4-9 改进新安江模型预报过程（娄烦 20020627）

图 4-10 改进新安江模型预报过程（寨上 20220711）

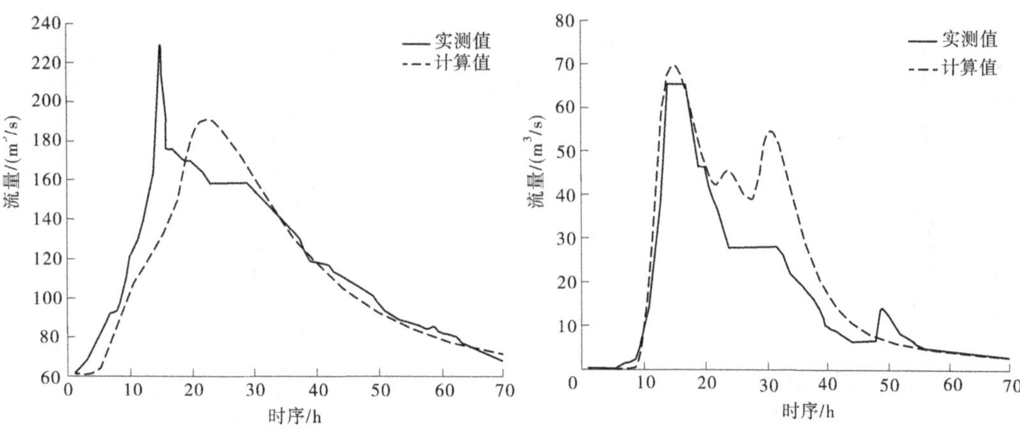

图 4-11　双超模型预报过程(静乐 20170827)

图 4-12　双超模型预报过程(上静游 19970718)

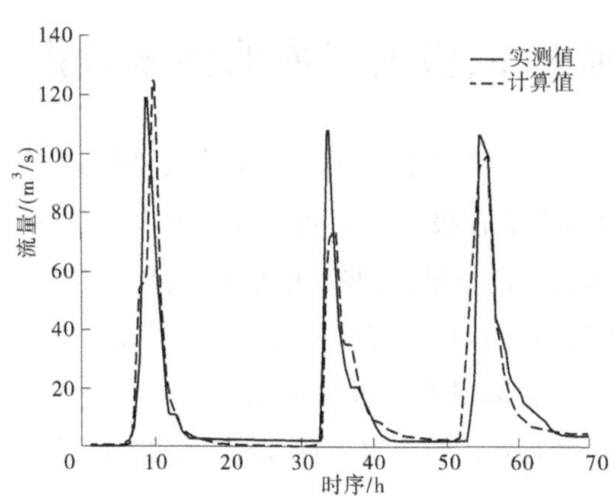

图 4-13　双超模型预报过程(娄烦 20170724)(三峰)

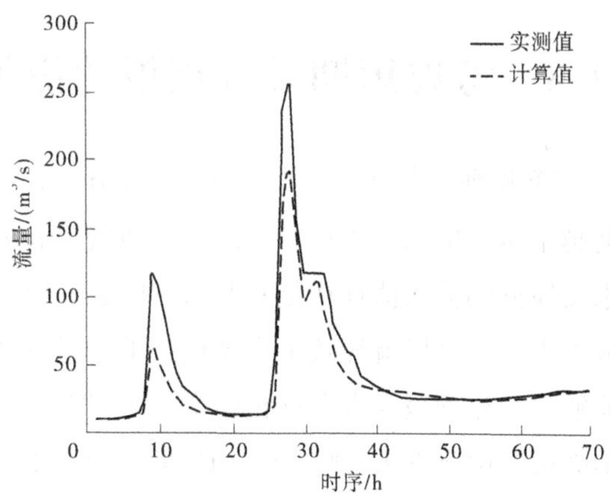

图 4-14　双超模型预报过程(寨上 20170727)

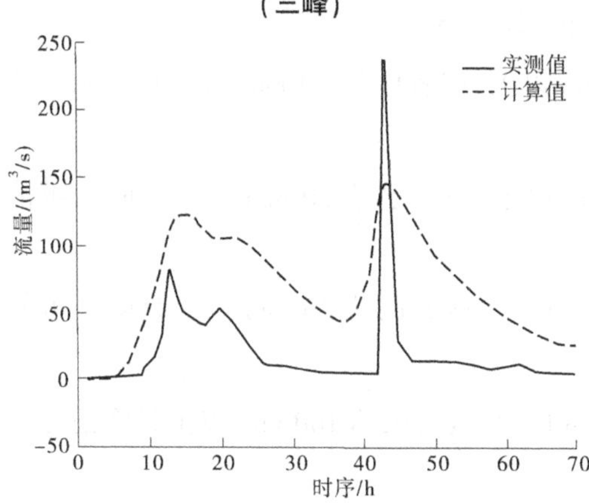

图 4-15　BP 神经网络模型预报过程(静乐 19990712)

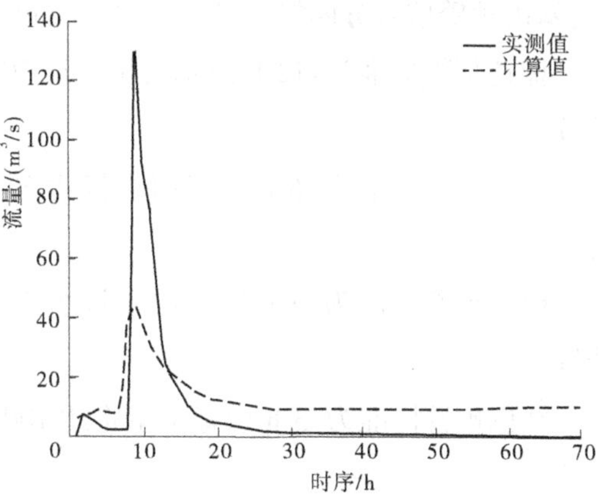

图 4-16　BP 神经网络模型预报过程(上静游 19990818)

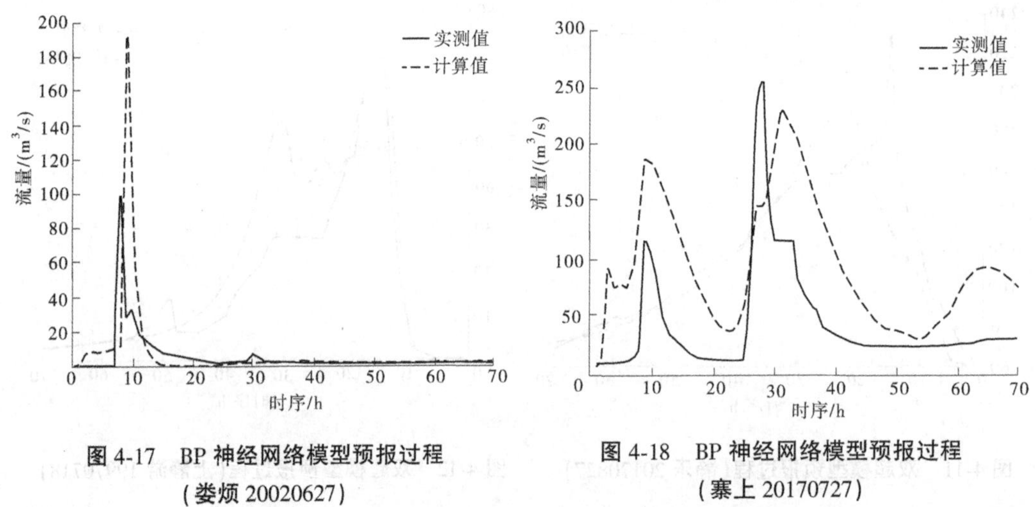

图 4-17　BP 神经网络模型预报过程（娄烦 20020627）

图 4-18　BP 神经网络模型预报过程（寨上 20170727）

4.8　考虑短期天气预报的汾河水库、汾河二库的洪水预报

降水预报作为水文预报的输入部分，对水文预报精度及预见期长度有着重要影响，当前越来越多的水文工作者不断尝试将气象预报与水文预报结合起来预报洪水。在以往，水文模型的输入值往往是实测值，如实测降雨或者实测流量，这些数据基本来自于观测站或者雷达。这样就导致了水文模型的预见期不长，留给决策部门的反应时间不长。如果能够将气象预报与水文预报结合起来，那么将大大提高洪水预报的预见期。水库管理者不必再等雨降下来，测到了数据，再去预报洪水，而是在雨没有降之前，就用气象部门预测的可能降雨来输入水文模型进行模拟。

目前，我国的暴雨预警信号是气象部门通过气象监测在暴雨到来之前做出的预警信号，暴雨预警信号分四级，分别以蓝色、黄色、橙色、红色表示。

蓝色预警标准为：12 h 内降雨量将达 50 mm 以上，或者已达 50 mm 以上且降雨可能持续。

黄色预警标准为：6 h 内降雨量将达 50 mm 以上，或者已达 50 mm 以上且降雨可能持续。

橙色预警标准为：3 h 内降雨量将达 50 mm 以上，或者已达 50 mm 以上且降雨可能持续。

红色预警标准为：3 h 内降雨量将达 100 mm 以上，或者已达 100 mm 以上且降雨可能持续。

本书对汾河水库、汾河二库以上流域分别同时发生上述四级暴雨预警的情况（例如：两个水库同时发布暴雨蓝色预警时，则两个水库控制流域同时发生 12 h 50 mm 的降雨量,50 mm 降雨量按《山西省水文计算手册》中设计暴雨的时程分配的中区主雨日雨型进行分配。其他级别暴雨预警与此类似)进行预报。

选用前述 4 种预报模型中预报效果较好的双超模型进行不同等级暴雨洪水预报,预报结果如图 4-19、图 4-20 所示。

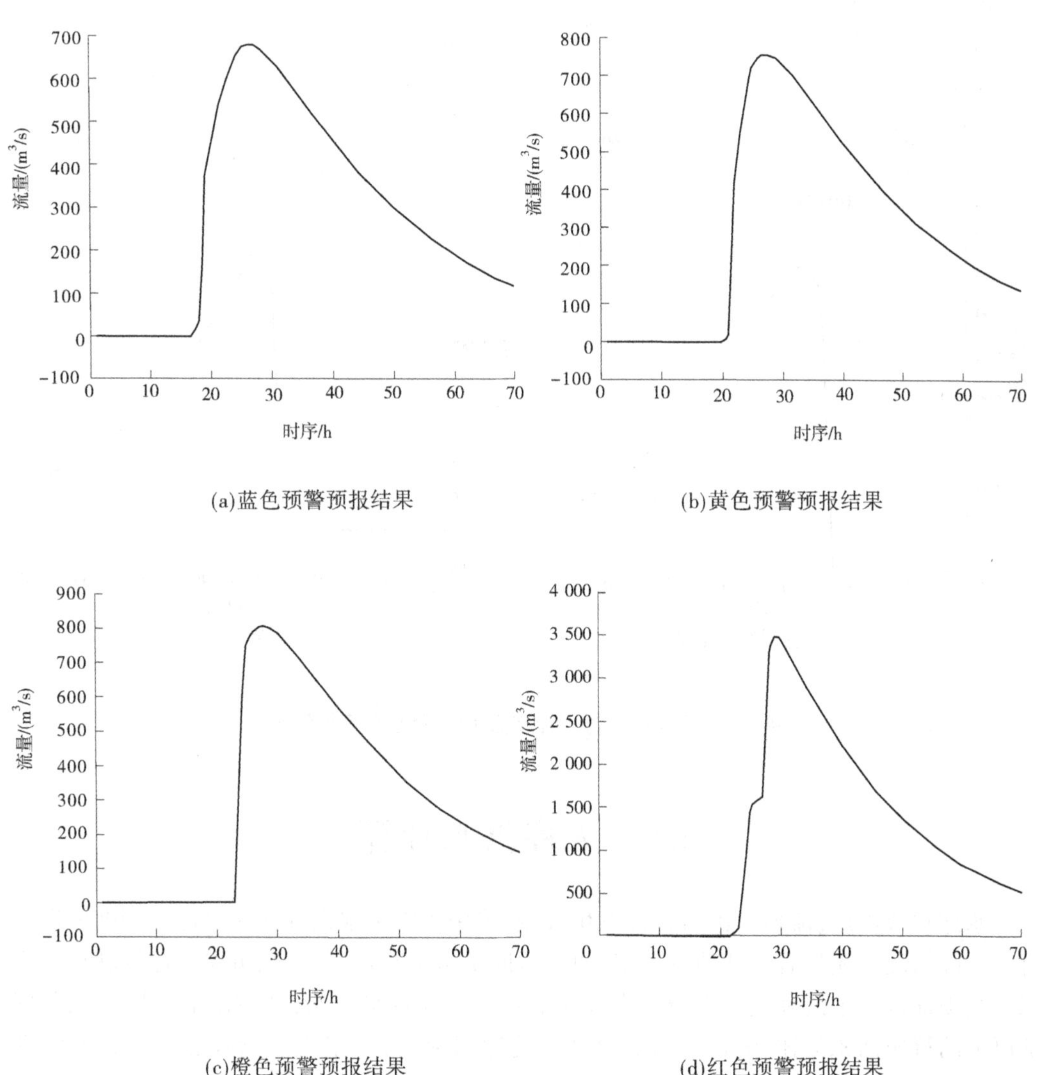

图 4-19　汾河水库发生各级暴雨预警水文预报结果

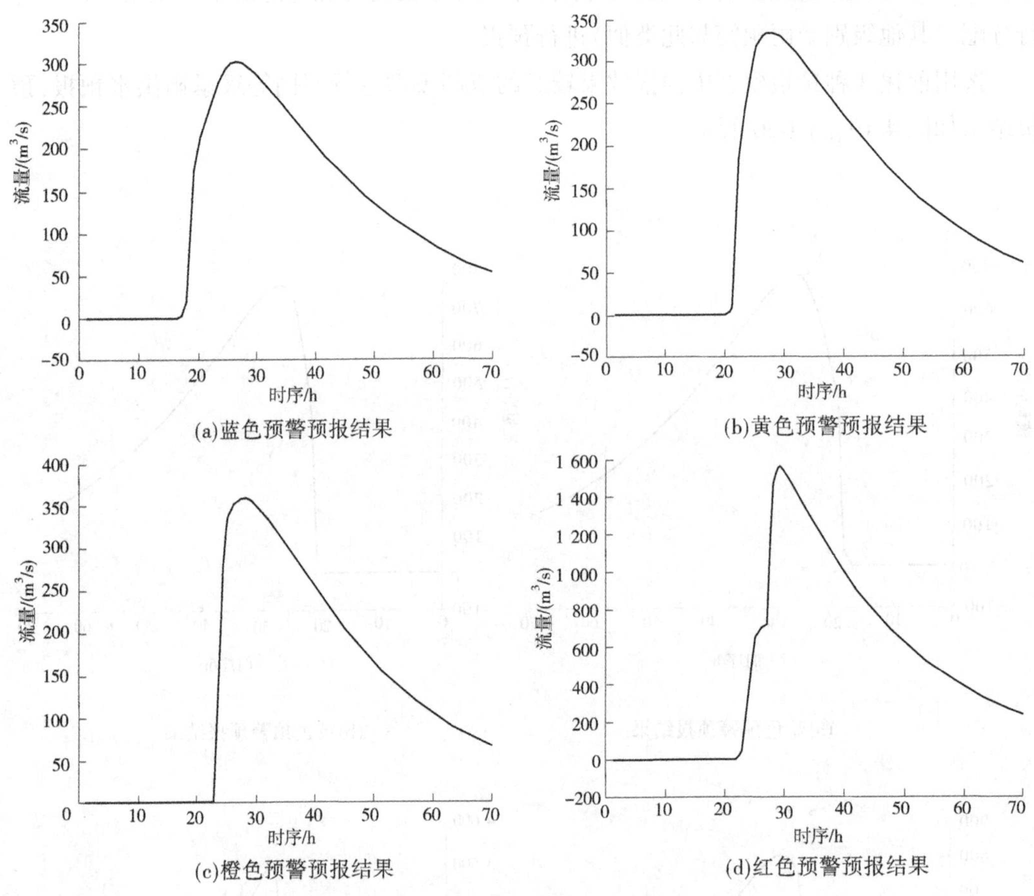

图 4-20 汾河二库发生各级暴雨预警水文预报结果

4.9 入库洪水计算

水库建成以后,流域产汇流条件发生改变,采用入库洪水系列作为设计和调度依据更符合实际情况。流量叠加法概念明确,只要区间洪水估算得当,一般可得到比较满意的成果。当坝址以上干流和主要支流在水库回水末端附近有水文站,其控制的流域面积占坝址以上的流域面积的比例较大,资料又较为完整可靠时,可采用流量叠加法计算入库洪水。考虑到现有资料及水库的实际情况,本书选用流量叠加法计算汾河水库和汾河二库的入库洪水。本节主要推求汾河水库和汾河二库的入库洪水计算,为水库群联合防洪调度提供数据基础。

汾河水库控制流域面积为 5 268 km^2,上静游、娄烦、静乐 3 个水文站的控制流域面积占汾河水库控制流域面积的 85.31%,如表 4-25 所示。

表 4-25　各水文站控制流域面积

水文站	控制流域面积/km^2	占比/%
静乐	2 799	53. 13
上静游	1 140	21. 64
娄烦	555	10. 54
合计	4 494	85. 31

首先分别推算各个干支流的洪水，然后分别演进到入库断面，各分区入库洪水同时刻叠加即为集中的入库洪水，公式如下：

$$Q_{入}(t) = \sum Q_{回水末端}(t) + \sum Q_{区间陆面}(t) + Q_{区间水面}(t) \tag{4-7}$$

式中：$Q_{入}(t)$为集中总入库流量过程，m^3/s；$\sum Q_{回水末端}(t)$为干支流入库断面的洪水过程，m^3/s；$\sum Q_{区间陆面}(t)$为区间陆面入库过程，m^3/s；$Q_{区间水面}(t)$为库面的洪水过程，m^3/s。

由表 4-21～表 4-24 的 4 个预报模型的结果，已分析得出双超模型在研究流域预报精度较高，因此在入库洪水预报时，干支流断面的洪水可以采用双超模型预报结果，然后分别通过洪水演进到入库断面；区间陆面洪水由双超模型进行产汇流预报，直接汇入水库断面；汾河水库的库面面积相对较小，汾河水库由陆地面积改变为水面面积仅约 20. 8 km^2（死库容与兴利库容和的一半，所对应的水库集水面积），水库库面占流域平均对产流变化影响甚微，所以在入库洪水计算中，库面洪水不予考虑。汾河二库入库洪水推求与汾河水库相同。

目前，由于汾河水库入库站未设流量站，无法获知真实的入库流量，不能验证预报结果的准确性及合理性。在后续水库群联合防洪调度时，需要对实际入库洪水进行调节，本书选择了 4 场实际洪水推求入库洪水，洪号分别为 19960809、20160719、20211006 和 20220809。4 场洪水的选择主要考虑洪水发生的量级较大、不同年份、雨洪关系数据较好、近几年有代表性的洪水场次。

4 场入库洪水的计算过程为：干流和主要支流的入库断面洪水采用水文站实测资料，并通过洪水演进到入库断面；汾河水库和汾河二库区间洪水根据区间雨量站的降雨资料按率定好参数的双超模型，进行产汇流计算到入库断面；库面洪水忽略。

4. 10　小　结

通过 4 种模型在汾河水库和汾河二库的应用效果来看，可以得出如下结论：

（1）在参数优化时，无论是双超模型还是改进新安江模型，都可以获得较好的模拟结果。这说明只要模型结构及优化算法选择恰当，利用计算机自动寻优都可以获得较好的模拟效果。

（2）双超模型在研究流域预报总体优于其他模型，改进新安江模型次之，BP 神经网络预测模型和《山西省水文计算手册》中的流域水文模型法效果较差。

(3)在收集到的1995—2022年的资料中,发生场次洪水的资料较少,场次洪水数据过少会直接影响模型参数率定的结果,导致后期检验期预报精度不高;此外,有部分场次洪水的降雨和径流对应关系不密切,导致模型模拟精度偏低。

(4)半干旱半湿润地区产汇流条件比湿润地区更为复杂,流域水文模型是对复杂水文现象概化的一种数学模型,继续深入研究半干旱半湿润地区水文现象的本质,是提高此类地区预报精度的基本途径。

第 5 章　汾河水库防洪优化调度方式研究

水库调洪计算是水库防洪调度、洪水资源充分利用的重要依据。在水库调蓄洪水的过程中，入库洪水、下泄洪水、拦蓄洪水的库容、水库水位的变化（泄洪建筑物形式和尺寸）等之间存在密切的关系，水库调洪计算的目的就是定量地找出它们之间的关系，主要是在给定泄洪建筑物、确定防洪限制水位（或其他的起调水位）条件下，用已知入库洪水过程、泄洪建筑物的泄洪能力曲线及水位-库容曲线等资料，按规定的调洪规则，推求水库的泄流过程、水库水位过程及相应的最大下泄流量及最高调洪水位。

调度方法分为常规调度（原调度）和优化调度（新调度）两类，前者将调洪演算的结果作为依据，形成相应的调度规则对未来洪水进行调度；后者在常规调度的基础上考虑各项指标建立目标函数，在满足约束条件的前提下寻求能够同时保证兴利与防洪效益的最优调度策略，其结果往往受目标函数的影响产生变动。

5.1　入库洪水过程

5.1.1　设计洪水过程

本书选择 1967 年典型洪水，据设计洪水计算规范，按 $P=33\%$、$P=20\%$、$P=10\%$、$P=5\%$、$P=2\%$、$P=1\%$、$P=0.5\%$、$P=0.1\%$和 $P=0.05\%$等设计频率放大上游设计洪水，以 2 h 为调度时段，汾河水库入库设计洪水过程见表 5-1。

5.1.2　实测洪水过程

本书选取降雨量较大的 19960809、20160719、20211004 和 20220808 实测洪水进行水库调度，以 2 h 为调度时段，具体实测洪水过程见表 5-2。

5.1.3　天气预报洪水过程

本书天气预报洪水过程根据蓝色、黄色、橙色和红色预报暴雨，采用预报效果较好的双超模型进行不同等级的暴雨洪水预报，预报结果见第 4 章 4.8 节。

表 5-1　汾河水库入库设计洪水过程

单位:m^3/s

序号	时间（月-日 T 时）	PMP	0.01%	0.02%	0.05%	0.10%	0.20%	0.33%	0.50%	1.00%	2.00%	5.00%	10.00%	20.00%	33.00%	67 型
1	08-08T18	1 210	1 300	1 150	959	866	820	740	685	539	440	245	178	116	77	111
2	08-08T20	1 300	1 400	1 230	1 028	928	870	800	730	578	471	263	191	124	83	119
3	08-08T22	1 355	1 460	1 290	1 080	975	910	830	765	608	495	276	201	130	87	125
4	08-09T00	1 355	1 460	1 290	1 080	975	910	830	765	608	495	276	201	130	87	125
5	08-09T02	1 300	1 400	1 230	1 028	928	870	800	730	578	471	263	191	124	83	119
6	08-09T04	1 210	1 300	1 150	959	866	820	740	685	539	440	245	178	116	77	111
7	08-09T06	1 130	1 230	1 080	899	811	770	700	645	505	412	230	167	108	72	104
8	08-09T08	1 010	1 100	960	804	725	700	630	580	452	368	199	145	94	63	93
9	08-09T10	940	1 020	890	742	671	640	590	540	418	341	178	130	84	57	86
10	08-09T12	860	950	820	683	616	600	540	500	384	313	158	115	75	51	79
11	08-09T14	760	860	720	605	546	530	490	450	340	280	135	99	65	44	70
12	08-09T16	820	920	770	648	585	570	520	480	365	297	140	102	67	46	75
13	08-09T18	1140	1 250	1 080	907	819	780	700	650	510	416	183	136	91	65	105
14	08-09T20	1 270	1 370	1 200	1 011	913	850	787	720	569	463	196	146	98	70	117
15	08-09T22	1 150	1 250	1 100	916	827	780	710	660	515	420	170	128	86	61	106
16	08-10T00	675	770	650	536	484	480	440	400	301	264	95	72	48	35	62
17	08-10T02	570	670	550	449	406	410	370	345	253	206	76	58	39	28	52
18	08-10T04	560	660	530	441	398	400	370	340	248	202	72	54	37	27	51
19	08-10T06	560	660	530	441	398	400	370	340	248	202	68	52	35	26	51
20	08-10T08	760	700	580	500	500	450	450	370	300	277	90	68	46	33	70

续表 5-1

序号	时间（月-日 T 时）	PMP	0.01%	0.02%	0.05%	0.10%	0.20%	0.33%	0.50%	1.00%	2.00%	5.00%	10.00%	20.00%	33.00%	67 型
21	08-10T10	836	700	640	559	500	500	450	420	320	285	171	128	86	61	140
22	08-10T12	1 015	760	800	600	563	500	500	420	350	300	198	148	99	69	170
23	08-10T14	1 049	1 060	1 000	850	781	687	600	600	486	420	262	194	128	87	136
24	08-10T16	3 580	2 950	2 500	2 300	2 050	1 840	1 670	1 540	1 200	1 130	902	695	432	285	855
25	08-10T18	14 000	11 800	10 800	9 400	8 325	8 320	6 580	5 580	5 010	4 080	2 870	2 010	1 260	770	2 350
26	08-10T20	8 620	7 150	7 000	5 650	5 000	4 500	4 000	3 700	3 100	2 733	2 042	1 446	915	554	2 055
27	08-10T22	6 120	5 100	5 000	4 000	3 350	3 190	2 840	2 630	2 100	1 942	1 393	989	628	381	1 460
28	08-11T00	5 520	4 600	4 000	3 600	3 200	2 860	2 560	2 370	1 900	1 750	1 203	857	546	332	1 316
29	08-11T02	3 750	3 100	3 000	2 400	2 150	1 930	1 740	1 610	1 300	1 190	782	560	358	218	895
30	08-11T04	2 920	2 400	2 200	1 850	1 650	1 500	1 350	1 250	1 000	926	580	417	268	163	696
31	08-11T06	2 670	2 200	1 900	1 700	1 500	1 360	1 240	1 150	950	880	547	395	255	159	638
32	08-11T08	2 420	2 000	1 600	1 550	1 350	1 220	1 120	1 040	920	850	508	369	240	151	577
33	08-11T10	2 125	1 740	1 500	1 400	1 300	1 150	1 000	900	900	800	452	330	215	138	500
34	08-11T12	2 000	1 700	1 400	1 350	1 250	1 100	1 000	850	850	760	427	313	205	133	460
35	08-11T14	1 900	1 650	1 400	1 350	1 200	1 100	980	800	830	720	415	305	201	132	436
36	08-11T16	1 875	1 650	1 350	1 300	1 200	1 100	930	800	800	680	406	300	199	132	417
37	08-11T18	1 850	1 600	1 350	1 300	1 100	1 050	880	800	780	650	475	354	238	167	397
38	08-11T20	1 825	1 550	1 300	1 250	1 100	1 050	830	780	750	630	460	345	232	165	376
39	08-11T22	1 800	1 500	1 300	1 250	1 050	1 000	780	750	720	620	440	335	220	162	356
40	08-12T00	1 775	1 450	1 280	1 250	1 050	900	730	700	690	583	426	325	219	158	335

续表 5-1

序号	时间（月-日 T 时）	PMP	0.01%	0.02%	0.05%	0.10%	0.20%	0.33%	0.50%	1.00%	2.00%	5.00%	10.00%	20.00%	33.00%	67 型
41	08-12T02	1 750	1 350	1 250	1 200	1 000	850	680	700	651	550	413	313	213	155	316
42	08-12T04	1 725	1 250	1 200	1 150	900	800	630	650	612	517	397	303	205	151	297
43	08-12T06	1 700	1 180	1 170	1 050	900	820	580	650	575	486	390	295	201	146	279
44	08-12T08	1 650	1 100	1 150	1 000	800	700	580	600	523	442	371	280	198	137	254
45	08-12T10	1 400	900	1 050	900	760	600	550	550	500	376	329	247	167	120	216
46	08-12T12	1 300	880	950	850	760	550	520	500	450	345	314	235	158	114	198
47	08-12T14	1 200	860	850	800	760	550	520	470	470	326	308	230	155	110	187
48	08-12T16	1 200	850	840	800	760	550	520	470	410	315	309	231	155	110	181
49	08-12T18	1 200	850	840	800	760	550	520	470	410	300	321	236	155	105	176
50	08-12T20	1 200	850	820	775	760	550	520	470	410	300	323	236	155	105	171
51	08-12T22	1 200	850	820	775	760	550	520	470	410	300	323	235	154	104	165
52	08-13T00	1 200	850	820	775	760	550	520	470	410	300	323	235	154	103	160
53	08-13T02	1 200	850	810	775	760	550	520	470	410	300	321	233	152	102	154
54	08-13T04	1 200	850	805	775	760	550	520	470	410	300	318	231	150	100	148
55	08-13T06	1 200	850	800	775	700	550	520	470	410	300	310	225	146	97	140
56	08-13T08	1 200	850	795	750	700	550	520	470	410	300	296	215	139	93	134
57	08-13T10	1 200	850	790	750	700	550	520	470	410	300	268	194	126	84	121
58	08-13T12	1 200	850	780	750	700	550	520	470	410	300	261	180	121	82	118
59	08-13T14	1 200	850	775	750	700	550	520	470	410	300	250	181	118	78	113
60	08-13T16	1 200	850	770	750	700	550	520	470	410	300	248	180	117	78	112
61	08-13T18	1 200	850	770	750	700	550	520	470	410	300	248	180	117	78	112
62	08-13T20	1 200	850	770	750	700	550	520	470	410	300	248	180	117	78	112

表 5-2　汾河水库实测洪水过程　　单位：m^3/s

时段序号	19960809	20160719	20211004	20220808
0	0	0	0	0
1	30.00	0.42	87.06	14.61
2	130.73	2.38	98.81	15.60
3	1 015.59	2.81	133.43	16.51
4	1 049.95	3.07	142.98	18.19
5	1 163.14	3.22	146.94	18.35
6	646.25	4.30	153.25	21.18
7	438.04	29.53	162.05	56.92
8	360.87	88.38	158.11	2 124.12
9	335.54	241.89	161.42	308.33
10	303.32	101.93	162.29	152.32
11	282.97	70.68	161.55	158.13
12	265.42	59.75	160.78	386.41
13	255.17	54.40	160.32	381.44
14	245.36	49.19	165.98	267.36
15	231.51	46.17	171.84	240.84
16	222.17	47.02	180.14	270.53
17	207.64	61.80	204.83	828.44
18	190.03	88.44	234.02	841.58
19	178.39	86.35	255.19	351.55
20	172.70	84.21	264.01	295.81
21	167.97	79.68	269.29	269.66
22	161.98	70.91	269.28	252.97
23	155.28	65.15	261.78	242.23
24	148.93	58.76	256.80	234.88
25	142.04	53.02	247.65	225.51
26	134.80	47.73	244.85	218.33
27	121.70	43.09	243.32	211.79
28	115.69		235.14	210.32

续表 5-2

时段序号	19960809	20160719	20211004	20220808
29	110.16		225.41	212.19
30	106.00		211.66	181.67
31	103.28		198.76	170.84
32	100.39		186.74	162.62
33	96.91		174.78	156.31
34	93.78		164.41	162.45
35	87.82		154.51	110.35
36	84.77		144.61	81.99
37			135.14	
38			126.52	
39			118.39	
40			111.45	
41			104.09	
42			98.44	
43			92.24	
44			86.55	
45			80.86	
46			76.03	
47			71.47	
48			67.86	
49			65.05	
50			61.43	
51			58.53	
52			55.29	
53			53.30	
54			51.24	
55			48.12	

5.2　防洪调度模型

5.2.1　目标函数

本次调度主要考虑防洪任务，结合汾河水库防洪调度的实际情况，采用确保大坝安全条件下水库泄流量最小为主要目标，同时将下游的防洪要求作为约束条件。防洪优化调度的目标函数为

$$\min \text{obj} = \min \sum_{t=1}^{T} [q(t)]^2 \tag{5-1}$$

式中：$q(t)$ 为 t 时刻水库的泄流量，m^3/s。

5.2.2　约束条件

水量平衡：

$$V_t = V_{t-1} + \left[\frac{1}{2}(Q_t + Q_{t-1}) - \frac{1}{2}(q_t + q_{t-1})\right]\Delta t \tag{5-2}$$

水库水位：

$$Z_{\min} \leqslant Z_t \leqslant Z_{\max} \tag{5-3}$$

下泄能力：

$$q_t \leqslant q_{\max}(Z_t) \tag{5-4}$$

蓄水水位与库容关系：

$$z_t = z(V_t) \tag{5-5}$$

非负约束：计算过程中所有变量不存在负值情况。

式中：V_{t-1}、V_t 分别为时段 t 的初、末蓄水量；Q_{t-1} 和 Q_t 分别为时段 t 初、末入库流量；q_{t-1} 和 q_t 分别为时段 t 水库初、末出库流量；Δt 为计算时段长度；Z_t、$Z_{\min}$ 和 $Z_{\max}$ 分别为水库时段 t 的蓄水位、最小允许蓄水位和最大允许蓄水位；q_t 和 $q_{\max}(z_t)$ 分别为 t 时段的下泄流量和该水位对应 Z_t 的最大下泄能力。

5.2.3　优化算法

粒子群算法因使用简单、可调参数少、易实现，受到很多专家学者的关注。但是随着智能控制优化理论的进步，标准粒子群算法的缺陷也逐渐暴露出来，如收敛速度慢、易陷入局部最优、无法处理离散问题（离散问题必须进行连续化处理）等。而遗传算法却具有全局搜索能力优、精度较高、收敛快的优点，用遗传算法对粒子群算法进行优化后，正好可以扬长避短，继承两种算法的优点，规避了其缺点。本书主要研究的是将两种算法进行融合，产生新的粒子群-遗传算法，并应用于汾河水库的调度研究。粒子群-遗传算法流程如图 5-1 所示。

融合后的粒子群-遗传算法在收敛速度方面得到了改善，也不宜陷入局部最优，兼具了粒子群算法和遗传算法的优点。

Shi 和 Eberhar 研究了惯性因子 w 对优化性能的影响，发现较大的 w 值有利于跳出局

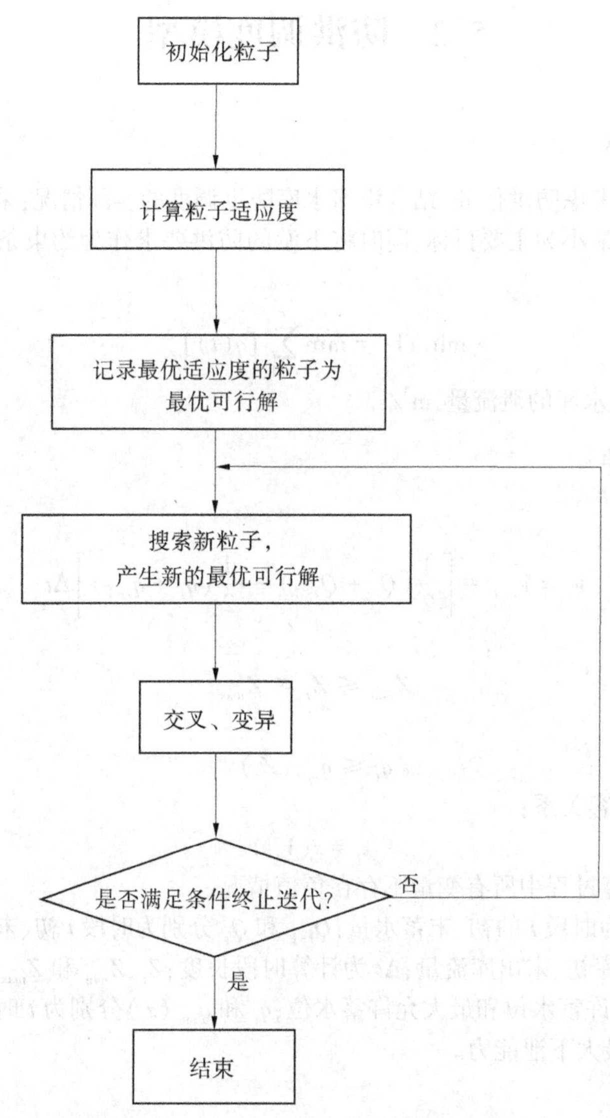

图 5-1　粒子群-遗传算法求解过程

部最优点，而较小的 w 值有利于算法收敛。假设一种极端状态 $w=0$，则由式(5-6)可以看出，粒子速度只取决于粒子当前的 pbest 和 gbest，速度本身没有记忆。

$$V_{id}^{k+1}=wV_{id}^{k}+c_1r_1(\text{pbest}_{id}^{k}-x_{id}^{k})+c_2r_2(\text{gbest}_{id}^{k}-x_{id}^{k}) \tag{5-6}$$

式中：V_{id}^{k+1} 为第 i 个粒子在第 $k+1$ 时刻飞行速度矢量的第 d 维的分量；V_{id}^{k} 为第 i 个粒子在第 k 时刻飞行速度矢量的第 d 维的分量、c_1、c_2 为学习因子；r_1、r_2 为[0,1]之间的随机数；pbest 为第 i 个粒子在第 k 时刻的最优解；gbest 为整个种群在第 k 时刻的最优解；χ_{id}^{k} 为第 i 个粒子在第 k 时刻位置在第 d 维的分量。

那么如果一个粒子位于全局最好位置，它将一直保持静止，而其他粒子则飞向它本身最好位置 pbest 和群体最好位置 gbest 的加权中心。这种条件下，整个群体就很快收敛到当前群体所找到的这个最优位置,更像一个局部算法。如果 $w \neq 0$,粒子就有记忆上次飞行速度的能力,则粒子有扩展搜索空间的趋势。由此可以看出,较大的 w 值有利于全局的搜索,而较小的 w 值有利于算法的收敛,从而针对不同问题,调整 w 值就可调整局部和全局搜索能力。在水库防洪优化调度方案寻优过程当中,往往希望先在全局空间中搜索到一个含有最优解的区域,然后使其收敛,这样可以快速精确地寻得最优方案。因此,PSO 的惯性权重模型在应用中先将 w 的初始值定为最大值,并使其随着迭代次数的增加线性递减至最小值,以达到期望的优化目标。惯性因子 w 由式(5-7)来确定:

$$w = w_{max} - \frac{w_{max} - w_{min}}{iter_{max}} \times iter \tag{5-7}$$

式中:w_{max}、w_{min} 分别为 w 的最大值和最小值;iter、$iter_{max}$ 分别为当前迭代次数和最大迭代次数。

因此,在粒子群-遗传算法中加入惯性权重模型,其具体操作步骤如下:

(1)初始化粒子群。设置种群数量、迭代次数、空间大小、最大最小速度、学习因子、最大最小惯性权重值及初始惯性权重值等参数。本书所用的初始参数为:种群数量=50;迭代次数=200;$w_{max}=0.9$;$w_{min}=0.4$;学习因子 $c_1=c_2=0.2$。

(2)选取合适的适应度函数,并对选定的初始粒子群计算其适应度,适应度值反映粒子适应环境的程度。

(3)在初始种群中,适应度值最低的记录为暂时的最优可行解。

(4)在迭代次数内,不断搜索新的粒子并计算适应度值,若出现适应度值优于之前记录的粒子,则把新的粒子记为最优可行解。

(5)根据迭代次数计算惯性因子 w,并计算每个粒子的最新速度和位置。

(6)每次迭代都按照粒子群算法进行搜索,在搜索完毕后,对粒子进行交叉变异的操作,并记录交叉变异后的全局最优解。

(7)比对迭代终止条件(一般达到迭代次数即满足迭代条件),若不满足终止迭代条件,则跳到之前的步骤继续搜索,并且迭代次数加 1;若满足终止迭代条件,则终止迭代,输出记录的最新全局最优解为最终最优解。

5.3　汾河水库防洪调度规则

5.3.1　汾河水库原防洪调度规则

在除险加固前,据山西省防汛抗旱指挥部《关于汾河水库 2018 年汛期调度运用计划的批复》(晋汛〔2018〕23 号):

(1)水库水位在 1 125.00~1 125.91 m 时,水库泄洪,下泄流量不超过 750 m^3/s。

(2)水库水位在 1 125.91~1 127.21 m 时,下泄流量控制在 750~1 563 m^3/s。

(3)水库水位在 1 127.21~1 129.76 m 时,下泄流量控制在 1 563~2 073 m^3/s。

(4)水库水位超过 1 129.76 m 时,水库泄水设施全部敞泄。洪水过后应尽快将水位降至汛限水位以下运行。

在除险加固后,据山西省防汛抗旱指挥部《关于汾河水库 2018 年汛期调度运用计划的批复》(晋汛〔2018〕23 号):

(1)水库水位在 1 126.00~1 126.56 m 时,水库泄洪,下泄流量不超过 750 m^3/s。

(2)水库水位在 1 126.56~1 127.82 m 时,下泄流量控制在 750~1 563 m^3/s。

(3)水库水位在 1 127.82~1 130.25 m 时,下泄流量控制在 1 563~2 073 m^3/s。

(4)水库水位超过 1 130.25 m 时,水库泄水设施全部敞泄。洪水过后应尽快将水位降至汛限水位以下运行。

水库现行防洪标准为:$P=1\%$设计,$P=0.05\%$校核。

洪水过后应尽快将水位降至汛限水位以下运行。汛期水库调度权限按照相关规定执行。

5.3.2　汾河水库新调度规则

根据汾河水库和汾河景区 2021 年度防汛泄洪预案中寨上和兰村的泄量梯度方案,反推至汾河水库出库和汾河二库出库的流量控制值,如表 5-3 所示,作为优化调度规则中均匀下泄的泄量控制参考,以实现兼顾下游防洪压力小和水库易操作的防洪目的。

表 5-3　由水文站控制断面的泄流梯度推算至水库出库处的流量　单位:m^3/s

梯度序号	寨上水文站	汾河水库出库
1	330	580
2	500	879
3	800	1 407
4	1 000	1 758
5	1 500	2 638
6	2 500	4 396
7	3 000	5 275

水库优化调度规则以设计洪水的原调度和 Matlab 调度结果为基础,并有效结合了洪水预报系统的当日洪量,根据汾河水库实际洪水来水情况、水库特征曲线及水量平衡原则,结合水库水位-库容及水位-泄量曲线以及泄量梯度表(见表 5-3),在水库及建筑物安全、河道控制断面安全的基础上,以下泄流量最小和下泄均匀为目标函数,借助 VB 程序和粒子群-遗传优化方法得到水库新调度结果,制定水库容易操作且下游防洪压力小的汾河水库新调度规则,如表 5-4 和表 5-5 所示。

表 5-4　汾河水库新调度规则(除险加固前,汛限水位:1 125.00 m)

频率	汛限水位/m	判别条件		控洪流量/(m³/s)
		水库水位/m	入库流量/(m³/s)	
P=0.05%	1 125.00	Z<1 125.00	<1 000	580
			≥1 000	879
			≥1 200	敞泄
		1 125.00≤Z<1 125.91	<1 200	879
			≥1 200	敞泄
		1 125.91≤Z<1 127.21	<600	430
			≥600	敞泄
		1 127.21≤Z<1 129.76		敞泄
		Z≥1 129.76		1 889.68
P=0.1%	1 125.00	Z<1 125.00	<800	580
			≥800	879
			≥1 200	敞泄
		1 125.00≤Z<1 125.91	<1 200	879
			≥1 200	敞泄
		1 125.91≤Z<1 127.21	<600	430
			≥600	敞泄
		1 127.21≤Z<1 129.76		敞泄
		Z≥1 129.76		1 889.68
P=1%	1 125.00	Z<1 125.00	<200	100
			≥200	480
			≥800	879
			≥1 200	敞泄
		1 125.00≤Z<1 125.91	<650	480
			≥650	879
			≥1 200	敞泄
		1 125.91≤Z<1 127.21	<600	430
			≥600	敞泄
		1 127.21≤Z<1 129.76		敞泄
		Z≥1 129.76		1 889.68

续表 5-4

频率	汛限水位/m	判别条件		控洪流量/(m^3/s)
		水库水位/m	入库流量/(m^3/s)	
P=2%	1 125.00	Z<1 125.00	<200	100
			≥200	380
			≥500	879
			≥1 000	敞泄
		1 125.00≤Z<1 125.91	<500	380
			≥500	879
			≥1 000	敞泄
		1 125.91≤Z<1 127.21	<600	879
			≥600	敞泄
		1 127.21≤Z<1 129.76		敞泄
		Z≥1 129.76		1 889.68
P=5%	1 125.00	Z<1 125.00	<50	100
			≥50	200
			≥300	500
			≥500	879
		1 125.00≤Z<1 125.91 m	<300	200
			≥300	500
			≥700	敞泄
		1 125.91≤Z<1 127.21		敞泄
		1 127.21≤Z<1 129.76		敞泄
		Z≥1 129.76		1 889.68
P=10%	1 125.00	Z<1 125.00	<50	50
			≥50	150
			≥300	500
			≥500	879
		1 125.00≤Z<1 125.91	<300	150
			≥300	500
			≥500	879
		1 125.91≤Z<1 127.21		敞泄
		1 127.21≤Z<1 129.76		敞泄
		Z≥1 129.76		1 889.68

续表 5-4

频率	汛限水位/m	判别条件		控洪流量/(m³/s)
		水库水位/m	入库流量/(m³/s)	
P=20%	1 125.00	Z<1 125.00	<180	100
			≥180	380
		1 125.00≤Z<1 125.91	<180	100
			≥180	380
		1 125.91≤Z<1 127.21		敞泄
		1 127.21≤Z<1 129.76		敞泄
		Z≥1 129.76		1 889.68

表 5-5　汾河水库新调度规则(除险加固后,汛限水位:1 126.00 m)

频率	汛限水位/m	判别条件		控洪流量/(m³/s)
		水库水位/m	入库流量/(m³/s)	
P=0.05%	1 126.00	Z<1 126.00	<600	580
			≥600	879
			≥1 200	敞泄
		1 126.00≤Z<1 126.56	<1 200	879
			≥1 200	敞泄
		1 126.56≤Z<1 127.82	<600	430
			≥600	敞泄
		1 127.82≤Z<1 130.25		敞泄
		Z≥1 130.25		1 988
P=0.1%	1 126.00	Z<1 126.00	<300	200
			≥300	580
			≥500	750
			≥1 000	敞泄
		1 126.00≤Z<1 126.56	<1 000	750
			≥1 000	敞泄
		1 126.56≤Z<1 127.82	<600	430
			≥600	敞泄
		1 127.82≤Z<1 130.25		敞泄
		Z≥1 130.25		1 988

续表 5-5

频率	汛限水位/m	判别条件		控洪流量/（m^3/s）
		水库水位/m	入库流量/（m^3/s）	
$P=1\%$	1 126.00	$Z<1\ 126.00$	<300	200
			≥300	430
		$1\ 126.00\leq Z<1\ 126.56$	<620	430
			≥620	敞泄
		$1\ 126.56\leq Z<1\ 127.82$	<600	430
			≥600	敞泄
		$1\ 127.82\leq Z<1\ 130.25$		敞泄
		$Z\geq 1\ 130.25$		1 988
$P=2\%$	1 126.00	$Z<1\ 126.00$	<300	200
			≥300	330
		$1\ 126.00\leq Z<1\ 126.56$	<500	330
			≥500	879
			≥800	1 300
		$1\ 126.56\leq Z<1\ 127.82$	<300	330
			≥300	580
			≥500	879
			≥800	1 300
		$1\ 127.82\leq Z<1\ 130.25$		1 531.94
		$Z\geq 1\ 130.25$		1 998
$P=5\%$	1 126.00	$Z<1\ 126.00$	<580	280
			≥580	580
		$1\ 126.00\leq Z<1\ 126.56$	<300	200
			≥300	580
			≥500	879
		$1\ 126.56\leq Z<1\ 127.82$	<300	300
			≥300	580
			≥500	879
		$1\ 127.82\leq Z<1\ 130.25$		1 407
		$Z\geq 1\ 130.25$		1 998

续表 5-5

频率	汛限水位/m	判别条件		控洪流量/(m^3/s)
		水库水位/m	入库流量/(m^3/s)	
$P=10\%$	1 126.00	$Z<1\ 126.00$m	<300	150
			≥300	500
		$1\ 126.00\leqslant Z<1\ 126.56$	<300	150
			≥300	500
			≥500	700
		$1\ 126.56\leqslant Z<1\ 127.82$		700
		$1\ 127.82\leqslant Z<1\ 130.25$		敞泄
		$Z\geqslant 1\ 130.25$		1 998
$P=20\%$	1 126.00	$Z<1\ 126.00$	<580	100
			≥580	580
		$1\ 126.00\leqslant Z<1\ 126.56$	<150	100
			≥150	230
			≥300	580
		$1\ 126.56\leqslant Z<1\ 127.82$		879
		$1\ 127.82\leqslant Z<1\ 130.25$		敞泄
		$Z\geqslant 1\ 130.25$		1 988

5.4　设计洪水汾河水库防洪调度

对汾河水库 5 种不同频率的设计洪水按原调度方案和新调度方案进行调度演算，获得各调度方案的调洪结果，分别绘制各调度过程的水库下泄流量和水库水位变化过程图，对各频率下的调度方案结果进行比较与分析。

5.4.1　除险加固前

5.4.1.1　$P=0.05\%$设计洪水

在遭遇 $P=0.05\%$设计洪水时，新调度方案可小幅度提高洪水削峰率和降低调洪过程中水库最高水位，洪水对水库安全的影响由一级风险转为二级风险。在汾河水库除险加固前，汾河水库遭遇 $P=0.05\%$设计洪水时的汛期汛限水位为 1 125.00 m，调度方案如图 5-2 和图 5-3 所示，原调度方案将洪峰流量削减了 7 485.59 m^3/s，削峰率为 79.63%，下泄流量平方和减小了 48.71%，最高调洪水库水位为 1 129.89 m，属于一级风险；新调度方案将洪峰流量削减了 7 528.70 m^3/s，削峰率为 80.09%，下泄流量平方和减小了 49.00%，最高调洪水库水位为 1 129.67 m，属于二级风险。与原调度方案相比，新调度方案将调洪过程中的水库水位降低了 0.22 m,下泄流量洪峰进一步削减 43.11 m³/s,出库流量平方和进一步减小 0.53%。

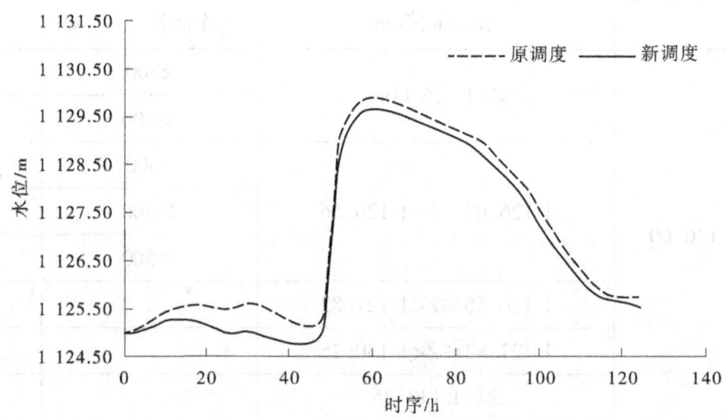

图 5-2　$P=0.05\%$设计洪水不同调度方案汾河水库水位变化过程(除险加固前)

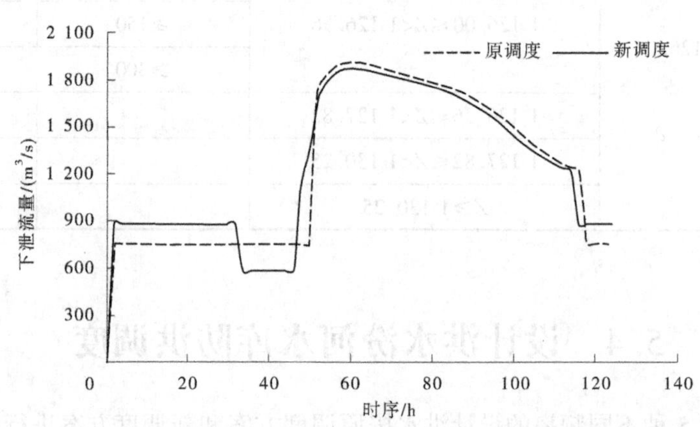

图 5-3　$P=0.05\%$设计洪水不同调度方案汾河水库下泄流量变化过程(除险加固前)

5.4.1.2　$P=0.1\%$设计洪水

在遭遇 $P=0.1\%$设计洪水时,新调度方案可小幅度提高洪水削峰率和降低调洪过程中水库最高水位,洪水对水库安全的影响均为二级风险。各调洪结果如图 5-4 和图 5-5 所示,当发生 $P=0.1\%$设计洪水时,原调度方案将洪峰流量削减了 6 496.53 m³/s,削峰率为 78.04%,下泄流量平方和减小了 45.72%;优化调度方案将洪峰流量削减了 6 544.13 m³/s,削峰率为 78.61%,下泄流量平方和减小了 46.43%;与原调度方案相比,新调度方案将调洪过程中的水库水位降低了 0.24 m,下泄流量洪峰进一步削减了 47.60 m³/s,出库流量平方和进一步减小了 1.29%。

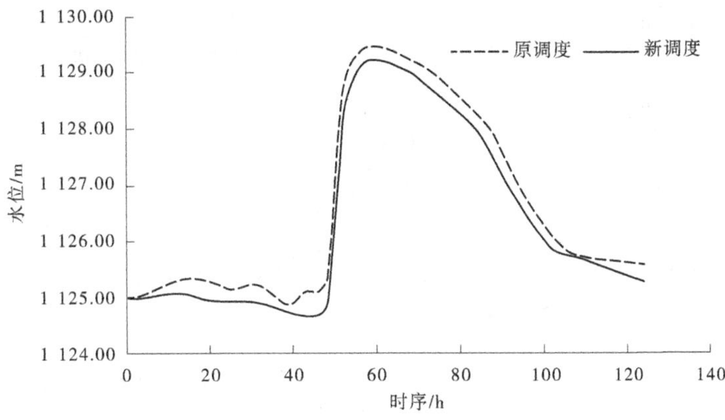

图 5-4　$P=0.1\%$设计洪水不同调度方案汾河水库水位变化过程(除险加固前)

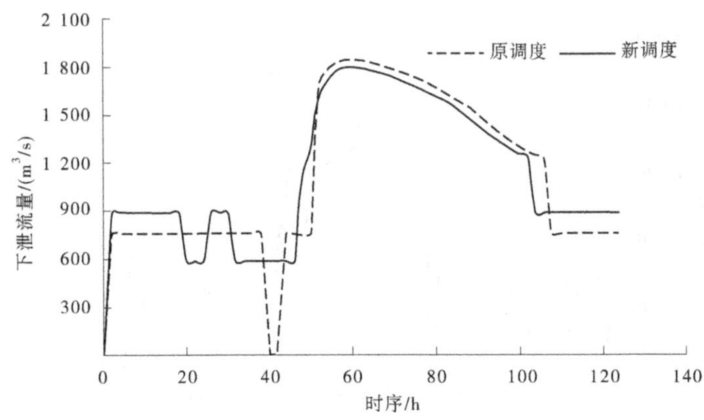

图 5-5　$P=0.1\%$设计洪水不同调度方案汾河水库下泄流量变化过程(除险加固前)

5.4.1.3　$P=1\%$设计洪水

在遭遇 $P=1\%$设计洪水时,新调度方案可小幅度提高洪水削峰率和降低调洪过程中水库最高水位,洪水对水库安全的影响由二级风险降为三级风险。不同调度方案的调洪结果如图 5-6 和图 5-7 所示,当发生 $P=1\%$设计洪水时,原调度方案将洪峰流量削减了 3 454.74 m^3/s,削峰率为 68.96%,下泄流量平方和减小了 27.53%,最高调洪水库水位为 1 127.96 m,属于二级风险;新调度方案将洪峰流量削减了 3 459.28 m^3/s,削峰率为 71.84%,下泄流量平方和减小了 41.53%,最高调洪水库水位为 1 127.09 m,属于三级风险;与原调度方案相比,新调度方案将调洪过程中的水库水位降低了 0.87 m,下泄流量洪峰进一步削减了 144.54 m^3/s,出库流量平方和再次减小了 19.32%。

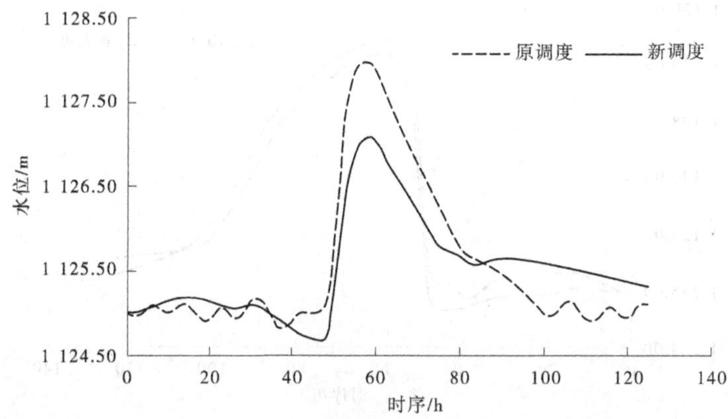

图 5-6 $P=1\%$设计洪水不同调度方案汾河水库水位变化过程(除险加固前)

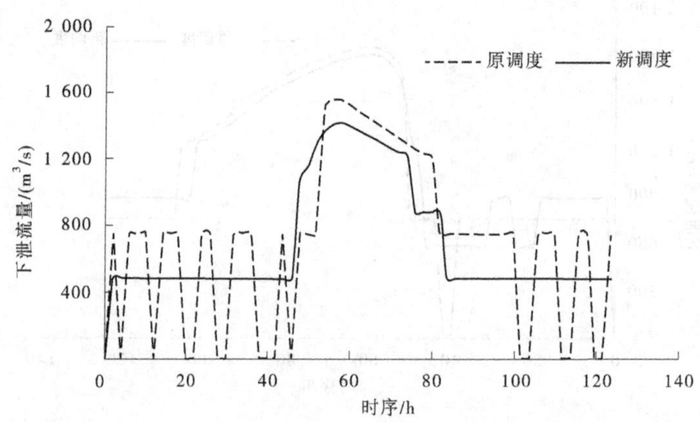

图 5-7 $P=1\%$设计洪水不同调度方案汾河水库下泄流量变化过程(除险加固前)

5.4.1.4 $P=2\%$设计洪水

与遭遇 $P=1\%$洪水的调度方案类似,在遭遇 $P=2\%$设计洪水时,新调度方案可明显提高洪水削峰率和降低调洪过程中水库最高水位,洪水对水库安全的影响由二级风险降为三级风险。由图 5-8 和图 5-9 可知,当发生 $P=2\%$设计洪水时,原调度方案将洪峰流量削减了 2 638.12 m^3/s,削峰率为 64.66%,下泄流量平方和减小了 19.49%,最高调洪水库水位为 1 127.28 m,属于二级风险;新调度方案将洪峰流量削减了 2 731.98 m^3/s,削峰率为 66.96%,下泄流量平方和减小了 34.34%,最高调洪水库水位为 1 126.69 m,属于三级风险;与原调度方案相比,新调度方案将调洪过程中的水库水位降低了 0.59 m,下泄流量洪峰进一步削减了 93.86 m^3/s,出库流量平方和再次减小了 18.11%。

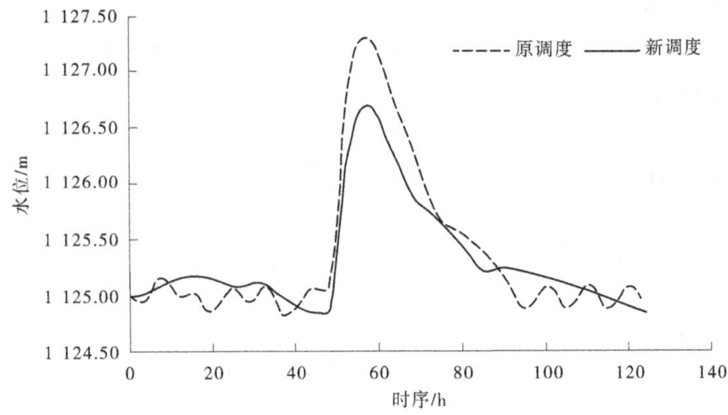

图 5-8　$P=2\%$设计洪水不同调度方案汾河水库水位变化过程(除险加固前)

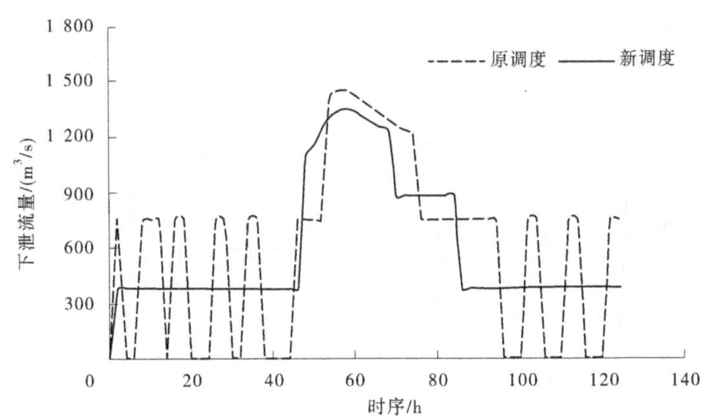

图 5-9　$P=2\%$设计洪水不同调度方案汾河水库下泄流量变化过程(除险加固前)

5.4.1.5　$P=5\%$设计洪水

新调度方案在遭遇 $P=5\%$设计洪水时的削峰效果和下游防洪压力优于原调度方案，洪水对水库安全的影响由三级风险降为四级风险。图 5-10 和图 5-11 显示，当发生 $P=5\%$设计洪水时，原调度方案将洪峰流量削减了 1 576.57 m^3/s，削峰率为 54.93%，下泄流量平方和减小了 0.50%，最高调洪水库水位为 1 126.33 m，属于三级风险；新调度方案将洪峰流量削减了 1 652.30 m^3/s，削峰率为 57.57%，下泄流量平方和减小了 33.62%，最高调洪水库水位为 1 125.81 m，属于四级风险；与原调度方案相比，新调度方案将调洪过程中的水库水位降低了 0.52 m，下泄流量洪峰进一步削减了 75.73 m^3/s，出库流量平方和再次减小了 33.29%。

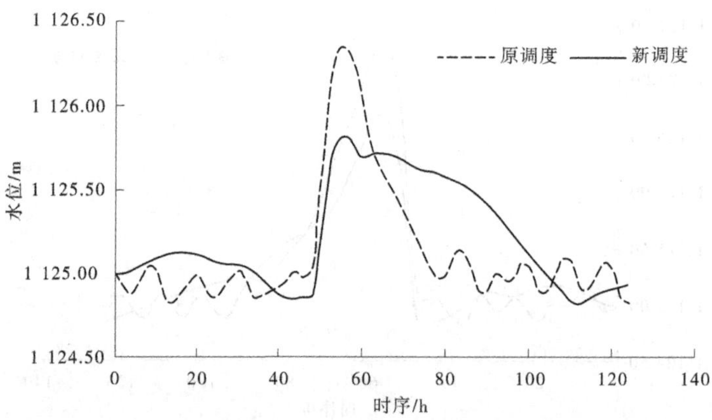

图 5-10　$P=5\%$设计洪水不同调度方案汾河水库水位变化过程(除险加固前)

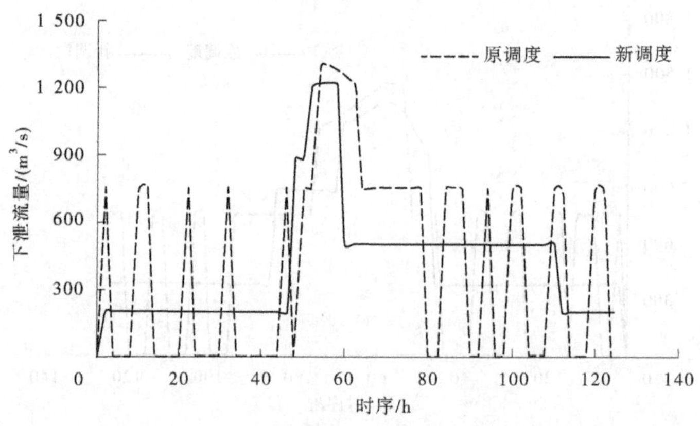

图 5-11　$P=5\%$设计洪水不同调度方案汾河水库下泄流量变化过程(除险加固前)

5.4.1.6　$P=10\%$设计洪水

汾河水库遭遇$P=10\%$设计洪水时,新调度方案可明显提高洪水削峰率和降低调洪过程中水库最高水位,洪水对水库安全的影响由三级风险降为四级风险。由图 5-12 和图 5-13 可知,新调度方案的最大出库流量明显低于原调度方案,原调度方案将洪峰流量削减了 787.08 m^3/s,削峰率为 39.16%,下泄流量平方和增加了 24.11%,最高调洪水库水位为 1 125.94 m,属于三级风险;新调度方案将洪峰流量削减了 1 131.00 m^3/s,削峰率为 56.27%,下泄流量平方和减小了 23.87%,最高调洪水库水位为 1 125.39 m,属于四级风险;与原调度方案相比,新调度方案将调洪过程中的水库水位降低了 0.55 m,下泄流量洪峰进一步削减了 343.92 m^3/s,出库流量平方和减小了 38.66%。

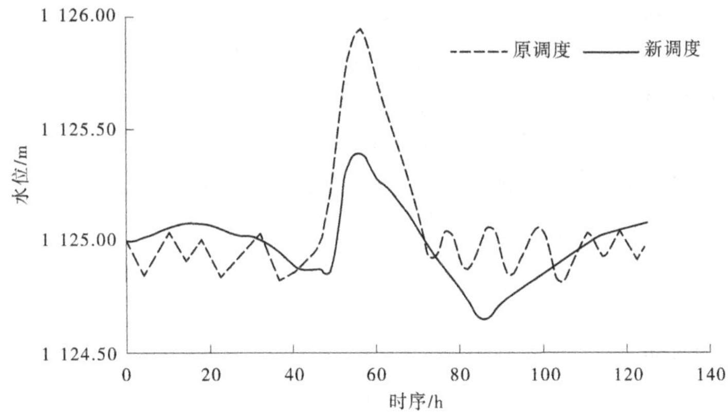

图 5-12　$P=10\%$设计洪水不同调度方案汾河水库水位变化过程(除险加固前)

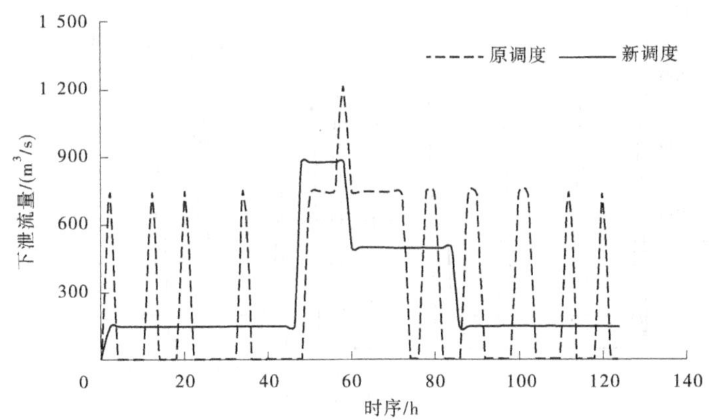

图 5-13　$P=10\%$设计洪水不同调度方案汾河水库下泄流量变化过程(除险加固前)

5.4.1.7　$P=20\%$设计洪水

汾河水库遭遇 $P=20\%$设计洪水时,新调度方案可明显提高洪水削峰率和降低调洪过程中水库最高水位,洪水对水库安全的影响均为四级风险。调度方案如图 5-14 和图 5-15 所示,原调度方案和新调度方案均减小了下泄流量,新调度方案效果更为明显。原调度方案将洪峰流量削减了 510.00 m^3/s,削峰率为 40.48%,下泄流量平方和增加了 89.97%;新调度方案将洪峰流量削减了 880.00 m^3/s,削峰率为 69.84%,下泄流量平方和减小了 27.34%。与原调度方案相比,新调度方案将调洪过程中的水库水位略有增加,但是均属于四级风险,下泄流量洪峰进一步削减了 370.00 m^3/s,出库流量平方和减小了 61.75%。

新调度方案的削减下泄流量、降低水库水位和下泄流量平方和效果均较好。由表 5-6 可知,新调度方案均能在降低调洪水库水位、削减下泄流量峰值和降低下泄流量平方和方面取得一定成效,即新调度方案在大坝安全和下游防洪安全方面均得以提高,有利于缓减汾河水库及下游的防洪压力,同时也减少了汾河水库的防洪弃水量。

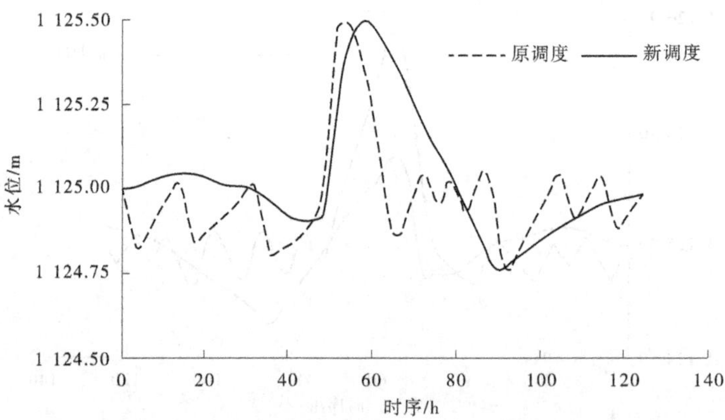

图 5-14 $P=20\%$设计洪水不同调度方案汾河水库水位变化过程(除险加固前)

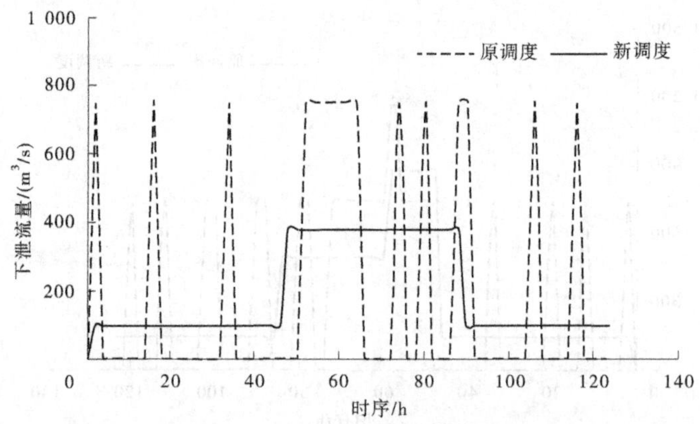

图 5-15 $P=20\%$设计洪水不同调度方案汾河水库下泄流量变化过程(除险加固前)

表 5-6 不同频率设计洪水汾河水库调度方案(除险加固后,汛限水位:1 125.00 m)

频率	调度方案	入库洪峰流量/(m³/s)	最大下泄流量/(m³/s)	最高水位/m	风险等级	下泄流量平方和/(m³/s)²
$P=0.05\%$	原调度	9 400	1 914.41	1 129.89	一级	1.1×10^8
	新调度	9 400	1 871.30	1 129.67	二级	1.1×10^8
$P=0.1\%$	原调度	8 325	1 828.47	1 129.44	二级	9.1×10^7
	新调度	8 325	1 780.87	1 129.20	二级	9.0×10^7
$P=1\%$	原调度	5 010	1 555.26	1 127.96	二级	4.6×10^7
	新调度	5 010	1 410.72	1 127.09	三级	3.7×10^7
$P=2\%$	原调度	4 080	1 441.88	1 127.28	二级	3.7×10^7
	新调度	4 080	1 348.02	1 126.69	三级	3.0×10^7

续表 5-6

频率	调度方案	入库洪峰流量/(m^3/s)	最大下泄流量/(m^3/s)	最高水位/m	风险等级	下泄流量平方和/$(m^3/s)^2$
$P=5\%$	原调度	2 870	1 293.43	1 126.33	三级	2.3×10^7
	新调度	2 870	1 217.70	1 125.81	四级	1.5×10^7
$P=10\%$	原调度	2 010	1 222.92	1 125.94	三级	1.4×10^7
	新调度	2 010	879.00	1 125.39	四级	8.9×10^6
$P=20\%$	原调度	1 260	750.00	1 125.49	四级	9.0×10^6
	新调度	1 260	380.00	1 125.49	四级	3.4×10^6

5.4.2　除险加固后

5.4.2.1　$P=0.05\%$设计洪水

在遭遇 $P=0.05\%$设计洪水时,新调度方案可小幅度提高洪水削峰率和降低调洪过程中水库最高水位,洪水对水库安全的影响由一级风险降为二级风险。在汾河水库除险加固后,汾河水库遭遇 $P=0.05\%$设计洪水时的汛期汛限水位为 1 126.00 m,调度方案如图 5-16 和图 5-17 所示,原调度方案将洪峰流量削减了 7 369.40 m^3/s,削峰率为 78.40%,下泄流量平方和减小了 47.66%,最高调洪水库水位为 1 130.46 m,属于一级风险;新调度方案将洪峰流量削减了 7 472.71 m^3/s,削峰率为 79.50%,下泄流量平方和减小了 46.35%,最高调洪水库水位为 1 129.96 m,属于二级风险。与原调度方案相比,新调度方案将调洪过程中的水库水位降低了 0.50 m,下泄流量洪峰进一步削减 103.31 m^3/s,出库流量平方和略有增加。

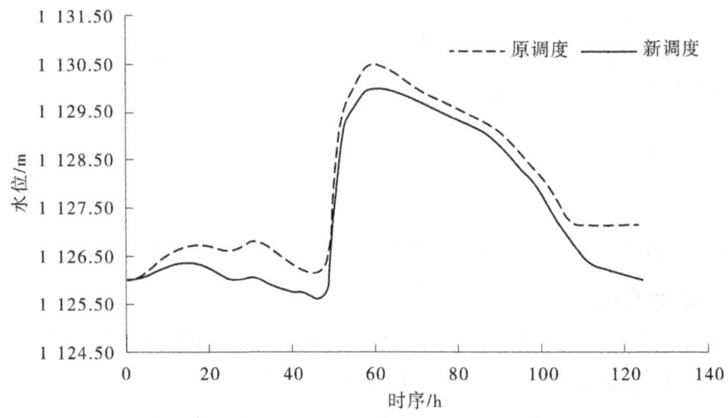

图 5-16　$P=0.05\%$设计洪水不同调度方案汾河水库水位变化过程(除险加固后)

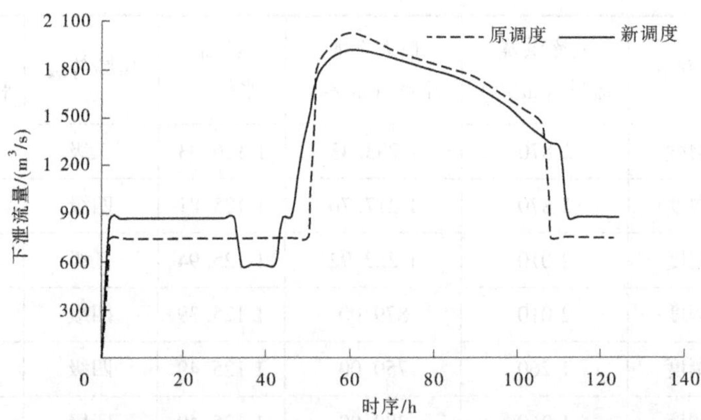

图 5-17　P=0.05%设计洪水不同调度方案汾河水库下泄流量变化过程(除险加固后)

5.4.2.2　P=0.1%设计洪水

在遭遇 P=0.1%设计洪水时,新调度方案可小幅度提高洪水削峰率和降低调洪过程中水库最高水位,洪水对水库安全的影响均为二级风险。各调洪结果如图 5-18 和图 5-19 所示,当发生 P=0.1%设计洪水时,与原调度规则相比,原调度方案将洪峰流量削减了 6 470.19 m^3/s,削峰率为 77.72%,下泄流量平方和减小了 44.32%;新调度方案将洪峰流量削减了 6 482.64 m^3/s,削峰率为 77.87%,下泄流量平方和减小了 44.61%;与原调度方案相比,新调度方案将调洪过程中的水库水位降低了 0.32 m,下泄流量洪峰进一步削减 12.45 m^3/s,出库流量平方和进一步减小 0.54%。

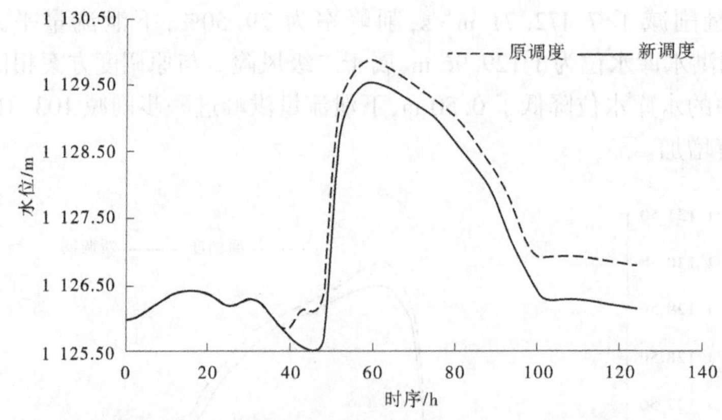

图 5-18　P=0.1%设计洪水不同调度方案汾河水库水位变化过程(除险加固后)

5.4.2.3　P=1%设计洪水

在遭遇 P=1%设计洪水时,新调度方案可小幅度提高洪水削峰率和降低调洪过程中水库最高水位,洪水对水库安全的影响均为二级风险。不同调度方案的调洪结果如图 5-20 和图 5-21 所示,当发生 P=1%设计洪水时,原调度方案将洪峰流量削减了 3 329.10 m^3/s,削峰率为 66.45%,下泄流量平方和减小了 26.41%,最高调洪水库水位为 1 128.66 m,属于二级风险;新调度方案将洪峰流量削减了 34 578.06 m^3/s,削峰率为 69.42%,下泄流量平

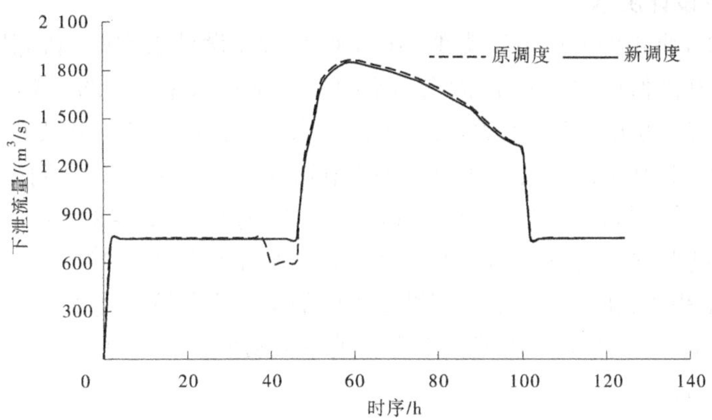

图 5-19　P=0.1%设计洪水不同调度方案汾河水库下泄流量变化过程(除险加固后)

方和减小了 31.82%,最高调洪水库水位为 1 128.26 m,属于二级风险;与原调度方案相比,新调度方案将调洪过程中的水库水位降低了 0.40 m,下泄流量洪峰进一步削减了 148.96 m^3/s,出库流量平方和进一步减小了 7.35%。

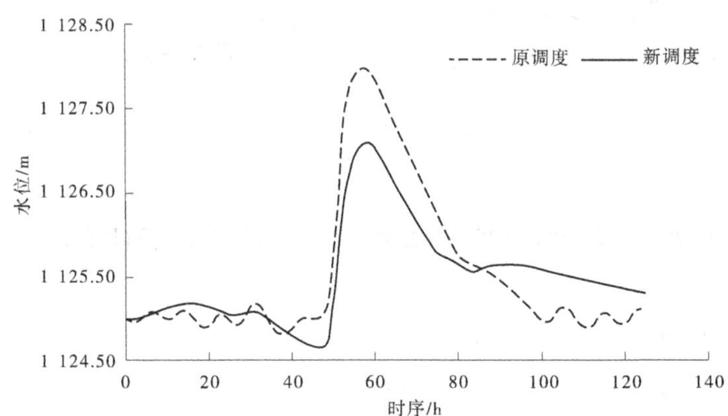

图 5-20　P=1%设计洪水不同调度方案汾河水库水位变化过程(除险加固后)

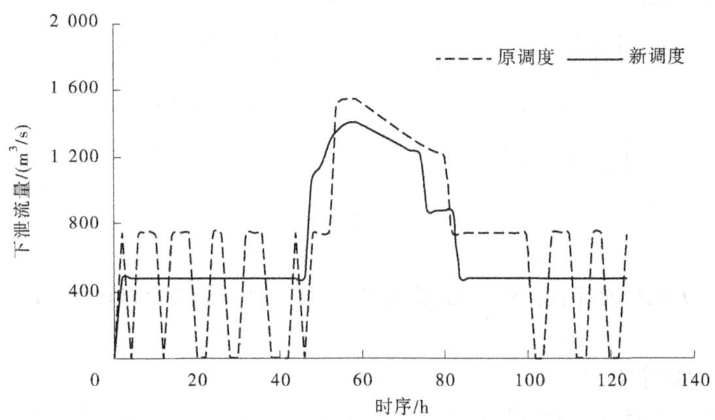

图 5-21　P=1%设计洪水不同调度方案汾河水库下泄流量变化过程(除险加固后)

5.4.2.4　$P=2\%$设计洪水

与遭遇 $P=1\%$洪水的调度方案类似，在遭遇 $P=2\%$设计洪水时，新调度方案可明显提高洪水削峰率和降低调洪过程中水库最高水位，洪水对水库安全的影响均为二级风险。由图 5-22 和图 5-23 可知，当发生 $P=2\%$设计洪水时，原调度方案将洪峰流量削减了 2 470.93 m^3/s，削峰率为 60.56%，下泄流量平方和减小了 17.69%，最高调洪水库水位为 1 128.26 m，属于二级风险；新调度方案将洪峰流量削减了 2 548.06 m^3/s，削峰率为 62.45%，下泄流量平方和减小了 27.72%，最高调洪水库水位为 1 128.11 m，属于二级风险；与原调度方案相比，新调度方案将调洪过程中的水库水位降低了 0.15 m，下泄流量洪峰进一步削减了 77.13 m^3/s，出库流量平方和进一步减小了 12.19%。

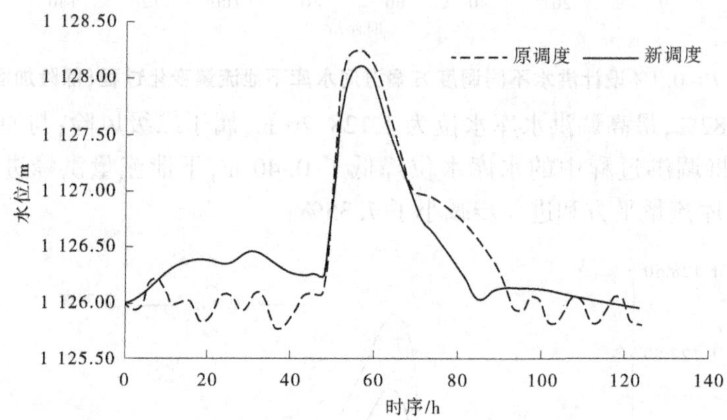

图 5-22　$P=2\%$设计洪水不同调度方案汾河水库水位变化过程(除险加固后)

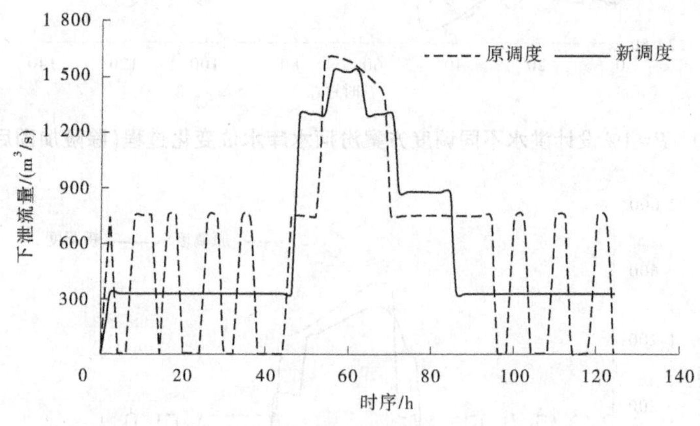

图 5-23　$P=2\%$设计洪水不同调度方案汾河水库下泄流量变化过程(除险加固后)

5.4.2.5　$P=5\%$设计洪水

新调度方案在遭遇 $P=5\%$设计洪水时的削峰效果和下游防洪压力优于原调度方案，洪水对水库安全的影响均为三级风险。图 5-24 和图 5-25 显示，当发生 $P=5\%$设计洪水时，原调度方案将洪峰流量削减了1 378.29 m^3/s，削峰率为48.02%，下泄流量平方和减小了2.05%，最高调洪水库水位为1 127.58 m，属于三级风险；新调度方案将洪峰流量削减了1 991.00 m^3/s，削峰率为69.37%，下泄流量平方和减小了39.66%，最高调洪水库水位为1 127.25 m，属于三级风险；与原调度方案相比，新调度方案将调洪过程中的水库水位降低了0.33 m，下泄流量洪峰进一步削减了612.71 m^3/s，出库流量平方和进一步减小了38.40%。

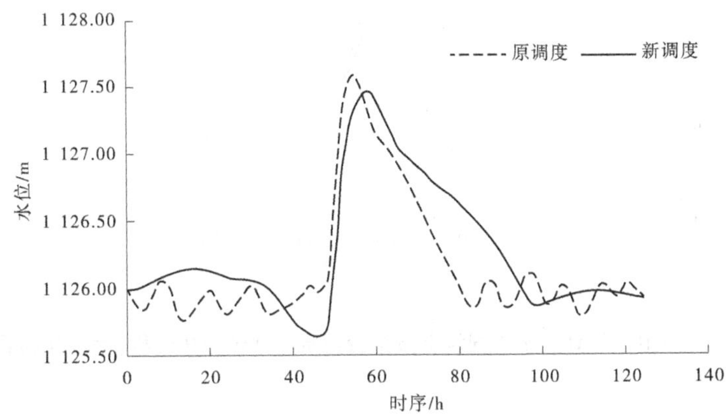

图5-24 P=5%设计洪水不同调度方案汾河水库水位变化过程(除险加固后)

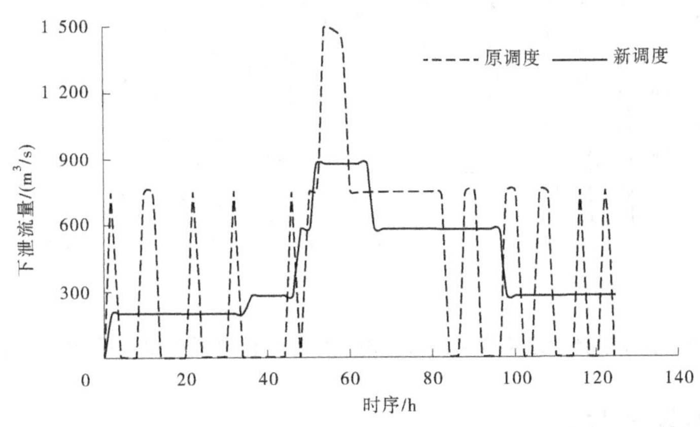

图5-25 P=5%设计洪水不同调度方案汾河水库下泄流量变化过程(除险加固后)

5.4.2.6 P=10%设计洪水

汾河水库遭遇P=10%设计洪水时，新调度方案可明显提高洪水削峰率和降低调洪过程中水库最高水位，洪水对水库安全的影响均为三级风险。由图5-26和图5-27可知，新调度方案的最大出库流量明显低于原调度方案，原调度方案将洪峰流量削减了1 260.00 m^3/s，削峰率为62.69%，下泄流量平方和增加了20.92%，最高调洪水库水位为1 127.21 m，属于三级风险；新调度方案将洪峰流量削减了1 310.00 m^3/s，削峰率为

65.17%,下泄流量平方和减小了 34.33%,最高调洪水库水位为 1 126.98 m,属于三级风险;与原调度方案相比,新调度方案将调洪过程中的水库水位降低了 0.23 m,下泄流量洪峰进一步削减了 50.00 m^3/s,出库流量平方和进一步减小了 45.69%。

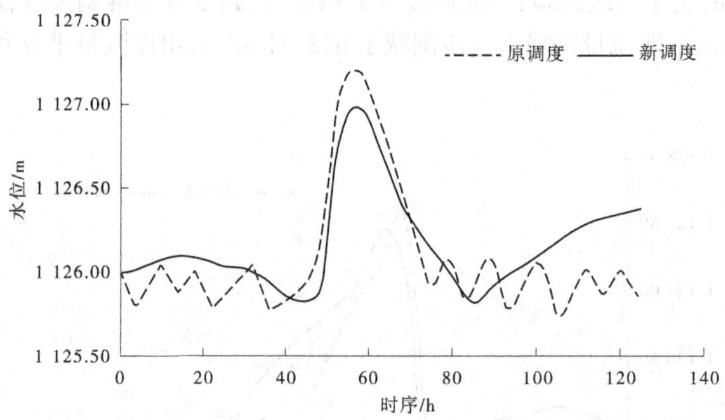

图 5-26　$P=10\%$设计洪水不同调度方案汾河水库水位变化过程(除险加固后)

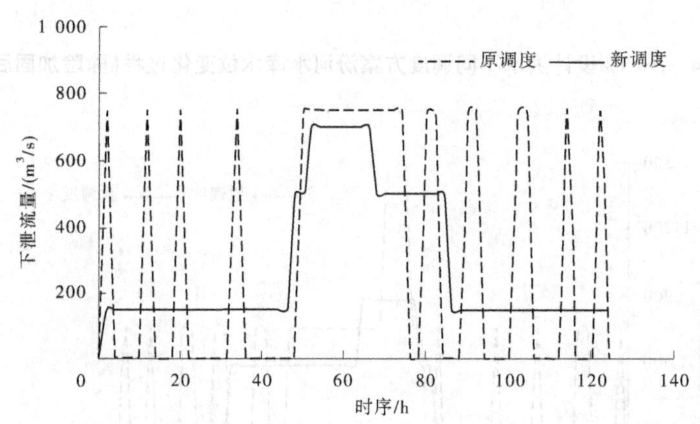

图 5-27　$P=10\%$设计洪水不同调度方案汾河水库下泄流量变化过程(除险加固后)

5.4.2.7　$P=20\%$设计洪水

汾河水库遭遇 $P=20\%$设计洪水时,新调度方案可明显提高洪水削峰率和降低调洪过程中水库最高水位,洪水对水库安全的影响由三级风险降为四级风险。调度方案如图 5-28 和图 5-29 所示,各调度方案均减小了下泄流量,新调度效果更为明显。原调度方案将洪峰流量削减了 510.00 m^3/s,削峰率为 40.48%,下泄流量平方和增加了 89.97%;新调度方案洪峰流量削减了 680.00 m^3/s,削峰率为 53.97%,下泄流量平方和减小了 29.83%。与原调度方案相比,新调度方案调洪过程中的水库水位略有增加,但是均属于四级风险,下泄流量洪峰进一步削减了 170.00 m^3/s,出库流量平方和进一步减小了 63.06%。

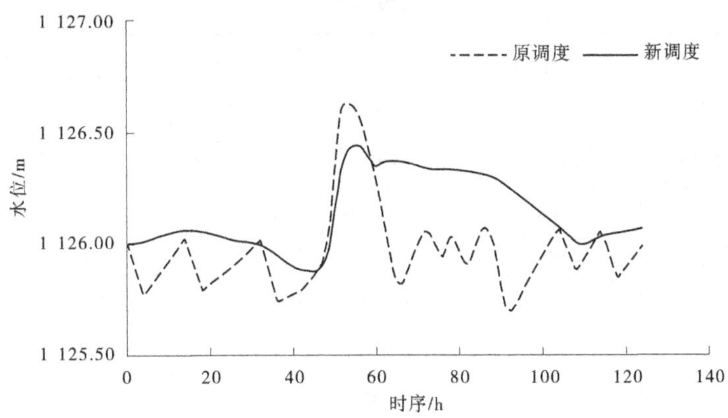

图 5-28　$P=20\%$设计洪水不同调度方案汾河水库水位变化过程(除险加固后)

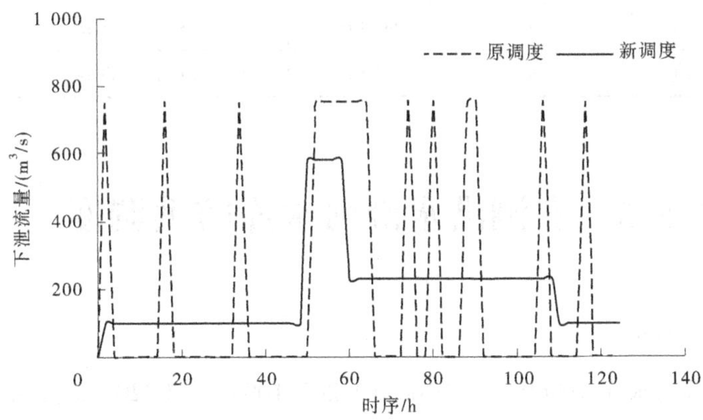

图 5-29　$P=20\%$设计洪水不同调度方案汾河水库下泄流量变化过程(除险加固后)

新调度方案削减下泄流量、降低水库水位和下泄流量平方和效果均较好。由表 5-7 可知,新调度方案在降低调洪水库水位、削减下泄流量峰值和降低下泄流量平方和方面均取得一定成效,即在大坝安全和下游防洪安全方面均得以提高,有利于减缓汾河水库及下游的防洪压力,同时也减少了汾河水库的防洪弃水量。

表 5-7　不同频率设计洪水汾河水库调度方案(除险加固后,汛限水位:1 126.00 m)

频率	调度方案	入库洪峰流量/(m^3/s)	最大下泄流量/(m^3/s)	最高水位/m	风险等级	下泄流量平方和/$(m^3/s)^2$
$P=0.05\%$	原调度	9 400	2 030.60	1 130.46	一级	1.1×10^8
	新调度	9 400	1 927.29	1 129.96	二级	1.1×10^8
$P=0.1\%$	原调度	8 325	1 854.81	1 129.84	二级	9.3×10^7
	新调度	8 325	1 842.36	1 129.52	二级	9.3×10^7

续表 5-7

频率	调度方案	入库洪峰流量/(m^3/s)	最大下泄流量/(m^3/s)	最高水位/m	风险等级	下泄流量平方和/(m^3/s)^2
$P=1\%$	原调度	5 010	1 680.90	1 128.66	二级	4.6×10^7
	新调度	5 010	1 531.94	1 128.26	二级	4.3×10^7
$P=2\%$	原调度	4 080	1 609.07	1 128.26	二级	3.8×10^7
	新调度	4 080	1 531.94	1 128.11	二级	3.3×10^7
$P=5\%$	原调度	2 870	1 491.71	1 127.58	三级	2.2×10^7
	新调度	2 870	879.00	1 127.25	三级	1.4×10^7
$P=10\%$	原调度	2 010	750.00	1 127.21	三级	1.4×10^7
	新调度	2 010	700.00	1 126.98	三级	7.6×10^6
$P=20\%$	原调度	1 260	750.00	1 126.63	三级	9.0×10^6
	新调度	1 260	580.00	1 126.44	四级	3.3×10^6

5.5 实测洪水汾河水库防洪调度

5.5.1 除险加固前

对所选取的汾河水库 19960809、20160719、20211004 和 20220808 实测洪水按除险加固前汛限水位为 1 125.00 m 时的原调度方案和新调度方案进行调洪计算，在遭遇 19960809、20160719、20211004 这三场实测洪水时，汾河水库采用 $P=20\%$ 的新调度规则进行了调洪计算；在遭遇 20220808 这场实测洪水时，汾河水库采用 $P=10\%$ 的新调度规则进行了调洪计算，见图 5-30～图 5-37。

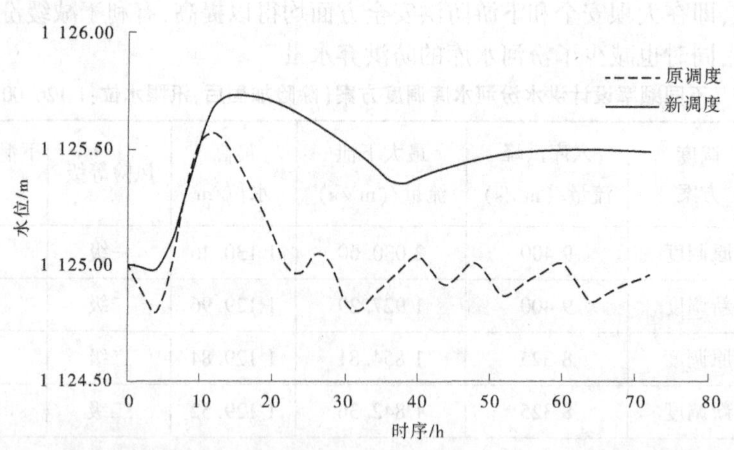

图 5-30　19960809 场洪水不同调度方案汾河水库水位变化过程(除险加固前)

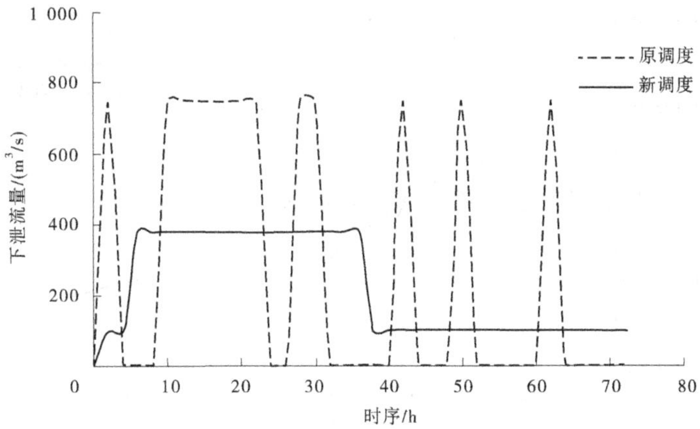

图 5-31　19960809 场洪水不同调度方案汾河水库下泄流量变化过程(除险加固前)

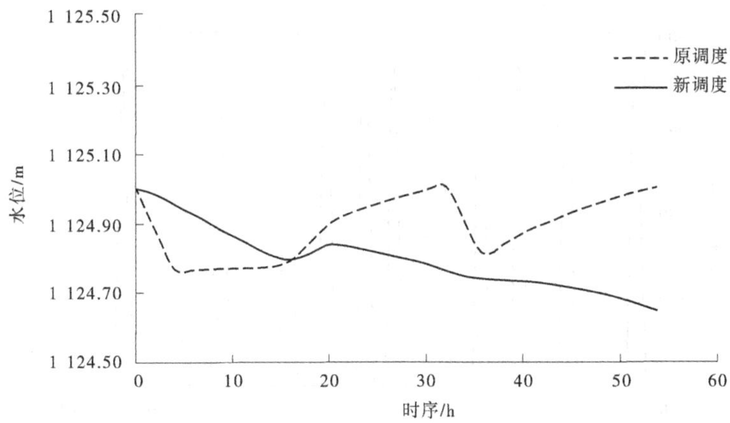

图 5-32　20160719 场洪水不同调度方案汾河水库水位变化过程(除险加固前)

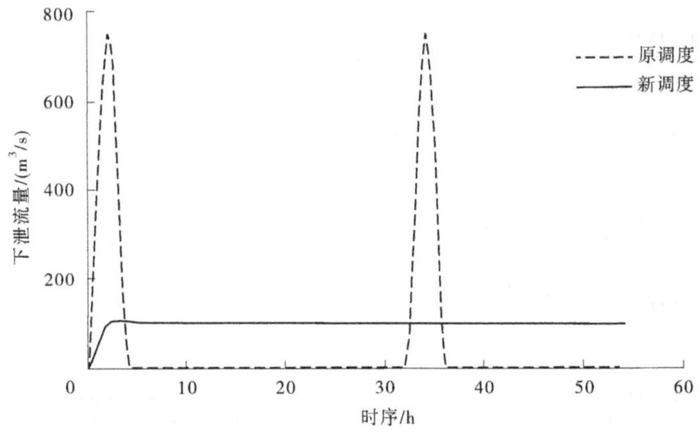

图 5-33　20160719 场洪水不同调度方案汾河水库下泄流量变化过程(除险加固前)

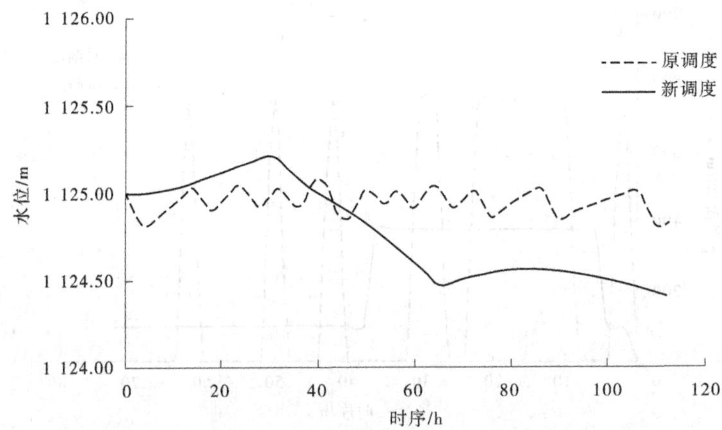

图 5-34 20211004 场洪水不同调度方案汾河水库水位变化过程(除险加固前)

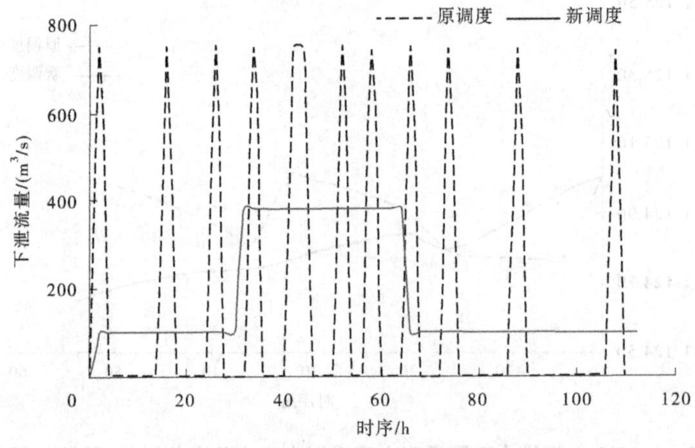

图 5-35 20211004 场洪水不同调度方案汾河水库下泄流量变化过程(除险加固前)

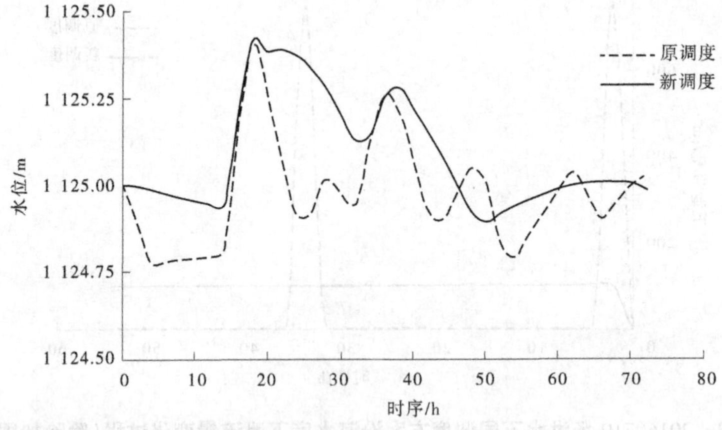

图 5-36 20220808 场洪水不同调度方案汾河水库水位变化过程(除险加固前)

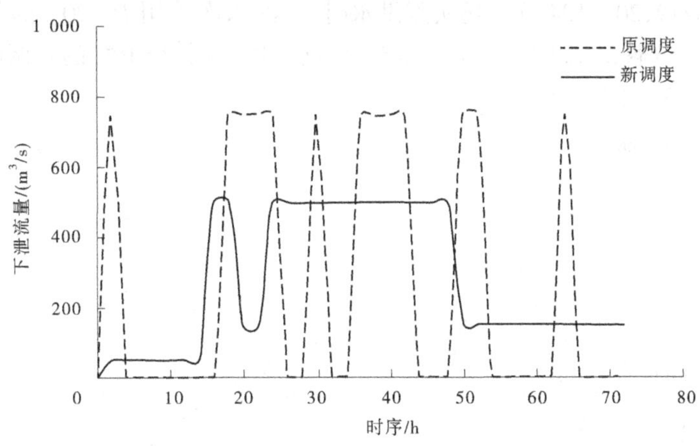

图 5-37　20220808 场洪水不同调度方案汾河水库下泄流量变化过程(除险加固前)

新调度方案在削减下泄流量和下泄流量平方和方面均取得一定成效,有利于减缓汾河水库下游的防洪压力。由图 5-30~图 5-37 可知,原调度方案泄量和水库水位波动较大,不适宜水库开展管理工作,由表 5-8 可知,在遭遇 19960809、20160719、20211004 和 20220808 这 4 场实测洪水时,与原调度方案相比较,新调度方案分别将 4 场洪水的下泄流量峰值削减了 370.0 m^3/s、650.0 m^3/s、370.0 m^3/s 和 250.00 m^3/s,洪峰进一步削减了 49.33%、86.67%、49.33%和 33.33%,下泄流量平方和减小了 92.11%、76.00%、57.86%和 44.17%。新调度方案和原调度方案的调洪最高水位差值极小,均属于四级风险,新调度方案在降低调洪最高水位方面的效果不明显。

表 5-8　各场次实测洪水的调度方案(除险加固后,汛限水位:1 125.00 m)

实测洪水	调度方案	入库洪峰流量/(m^3/s)	最大下泄流量/(m^3/s)	最高水位/m	风险等级	下泄流量平方和/$(m^3/s)^2$
19960809	原调度	1 049.95	750.00	1 125.57	四级	7.3×10^6
	新调度	1 049.95	380.00	1 125.73	四级	2.5×10^6
20160719	原调度	241.89	750.00	1 125.01	四级	1.1×10^6
	新调度	241.89	100.00	1 125.00	四级	0.3×10^6
20211004	原调度	269.29	750.00	1 125.07	四级	6.8×10^6
	新调度	269.29	380.00	1 125.21	四级	2.8×10^6
20220808	原调度	2 124.12	750.00	1 125.41	四级	7.3×10^6
	新调度	2 124.12	250.00	1 125.39	四级	4.1×10^6

5.5.2　除险加固后

对所选取的汾河水库 19960809、20160719、20211004 和 20220808 实测洪水按除险加固后汛限水位为 1 126.00 m 时的原调度方案和新调度方案进行调洪计算,在遭遇

19960809、20160719、2021104 这 3 场实测洪水时，汾河水库采用 $P=20\%$ 的新调度方案进行了调洪计算；在遭遇 20220808 实测洪水时，汾河水库采用 $P=10\%$ 的新调度方案进行了调洪计算，见图 5-38～图 5-45。

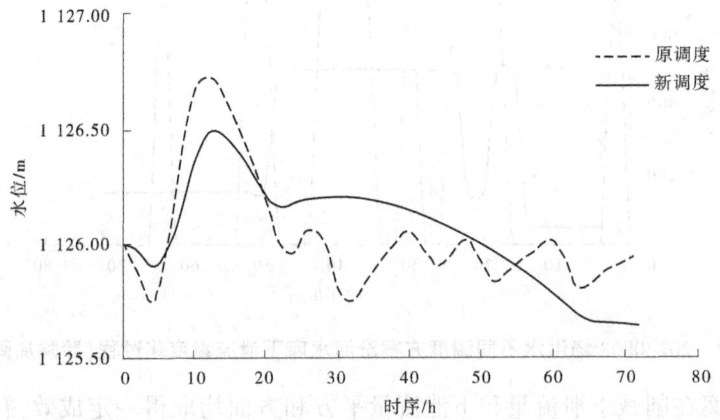

图 5-38　19960809 场洪水不同调度方案汾河水库水位变化过程(除险加固后)

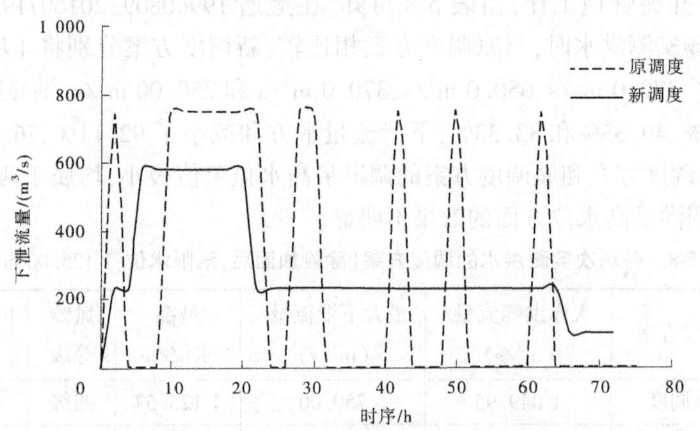

图 5-39　19960809 场洪水不同调度方案汾河水库下泄流量变化过程(除险加固后)

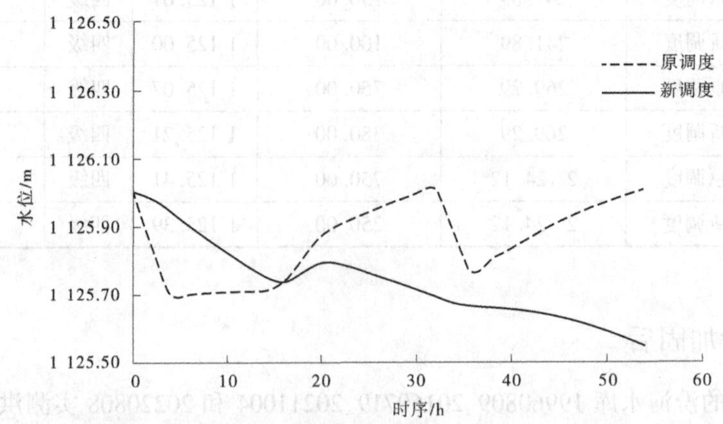

图 5-40　20160719 场洪水不同调度方案汾河水库水位变化过程(除险加固后)

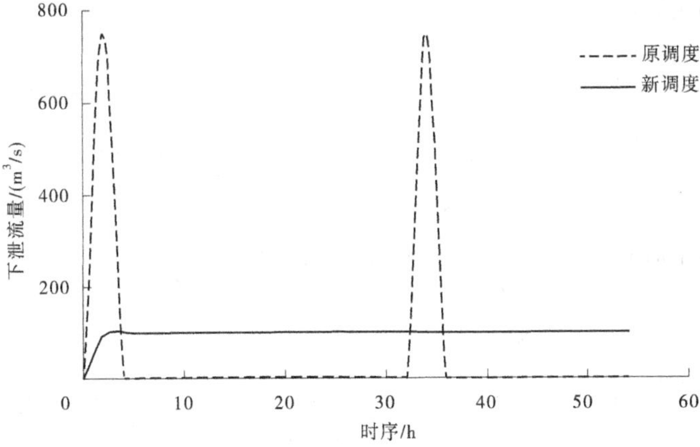

图 5-41　20160719 场洪水不同调度方案汾河水库下泄流量变化过程(除险加固后)

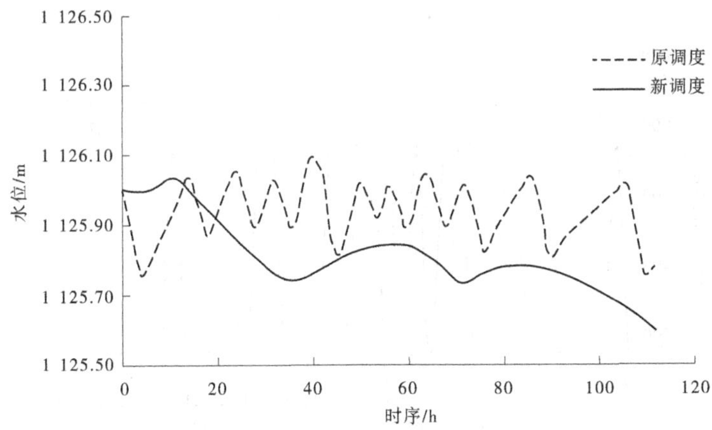

图 5-42　20211004 场洪水不同调度方案汾河水库水位变化过程(除险加固后)

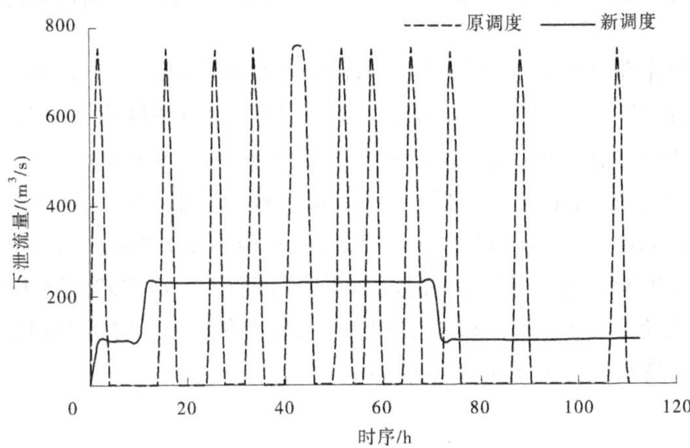

图 5-43　20211004 场洪水不同调度方案汾河水库下泄流量变化过程(除险加固后)

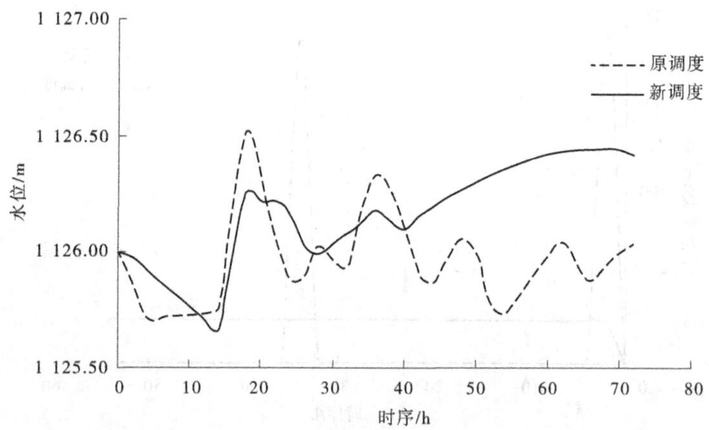

图 5-44　20220808 场洪水不同调度方案汾河水库水位变化过程(除险加固后)

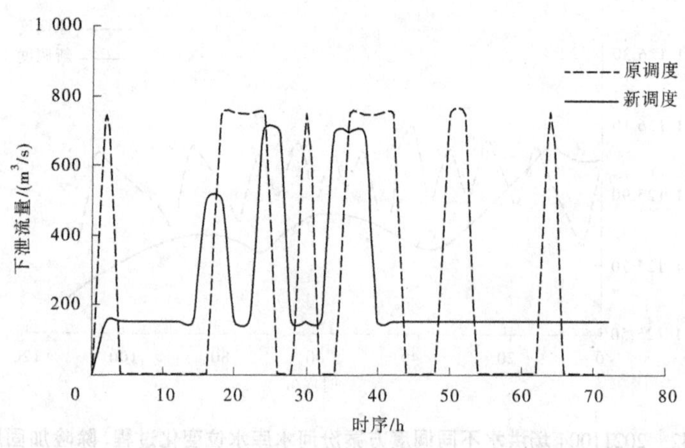

图 5-45　20220808 场洪水不同调度方案汾河水库下泄流量变化过程(除险加固后)

新调度方案均能在削减下泄流量和下泄流量平方和方面取得一定成效,有利于减缓汾河水库下游的防洪压力。由图 5-38~图 5-45 可以看出,原调度方案泄量和水库水位波动较大,不适宜水库开展管理工作,由表 5-9 可知,在遭遇 19960809、20160719、20211004 和 20220808 这 4 场实测洪水时,与原调度方案相比较,新调度方案分别将 4 场洪水的下泄流量峰值削减了 170.0 m^3/s、650.0 m^3/s、520.0 m^3/s 和 50.0 m^3/s,洪峰进一步削减了 22.67%、86.67%、69.33%和 6.67%,下泄流量平方和减小了 45.29%、76.00%、72.64%和 50.74%。新调度方案和原调度方案的调洪最高水位差值极小,均属于四级风险,新调度方案在降低调洪最高水位方面的效果不明显。

表 5-9　各场次实测洪水的调度方案(除险加固后,汛限水位:1 126.00 m)

实测洪水	调度方案	入库洪峰流量/(m^3/s)	最大下泄流量/(m^3/s)	最高水位/m	风险等级	下泄流量平方和/$(m^3/s)^2$
19960809	原调度	1 049.95	750.00	1 126.73	四级	7.3×10^6
	新调度	1 049.95	580.00	1 126.49	四级	4.0×10^6
20160719	原调度	241.89	750.00	1 126.01	四级	1.1×10^6
	新调度	241.89	100.00	1 126.00	四级	0.3×10^6
20211004	原调度	269.29	750.00	1 126.09	四级	6.8×10^6
	新调度	269.29	230.00	1 126.03	四级	1.8×10^6
20220808	原调度	2 124.12	750.00	1 126.52	四级	7.3×10^6
	新调度	2 124.12	700.00	1 126.48	四级	3.6×10^6

5.6　天气预报暴雨产生的洪水调度

5.6.1　除险加固前

对所选取的汾河水库蓝色、黄色、橙色和红色预报暴雨产生的洪水按除险加固前汛限水位为 1 125.00 m 时的原调度方案和新调度方案进行调洪计算,在遭遇蓝色预报暴雨时,汾河水库采用 $P=20\%$ 的新调度方案进行了调洪计算;在遭遇黄色和橙色预报暴雨时,汾河水库采用 $P=10\%$ 的新调度方案进行了调洪计算;在遭遇红色预报暴雨时,汾河水库采用 $P=2\%$ 的新调度方案进行了调洪计算,见图 5-46~图 5-53。

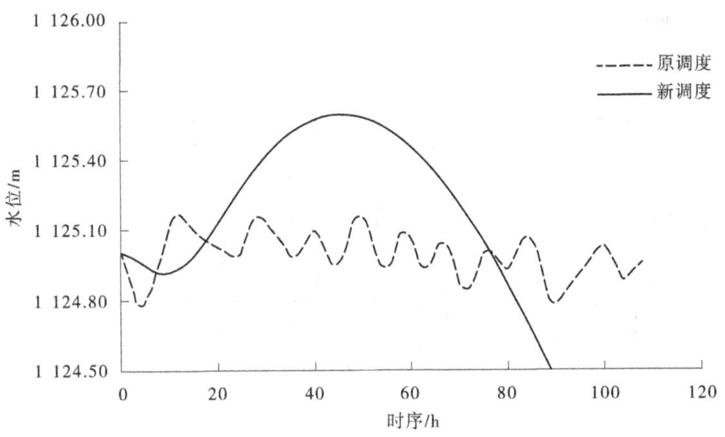

图 5-46　蓝色暴雨洪水不同调度方案汾河水库水位变化过程(除险加固前)

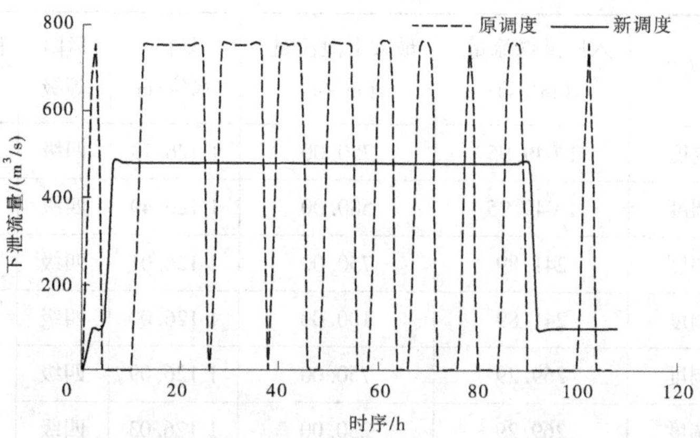

图 5-47 蓝色暴雨洪水不同调度方案汾河水库下泄流量变化过程(除险加固前)

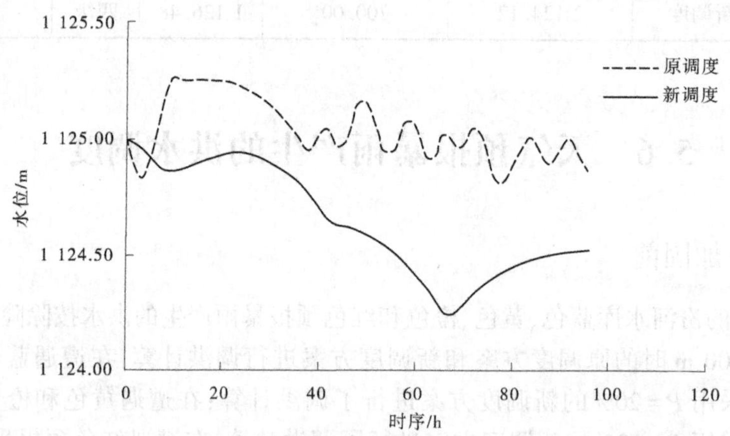

图 5-48 黄色暴雨洪水不同调度方案汾河水库水位变化过程(除险加固前)

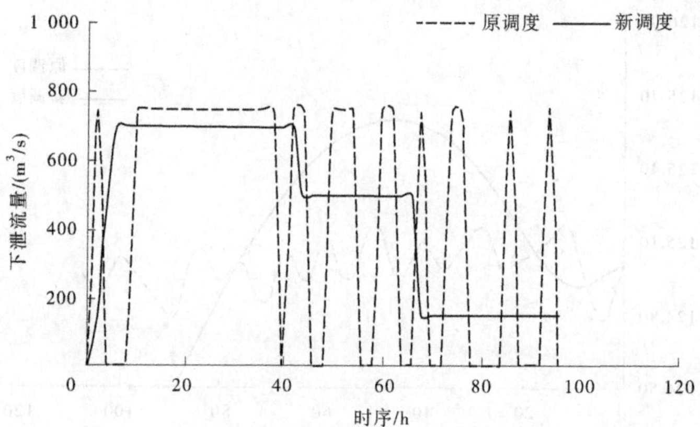

图 5-49 黄色暴雨洪水不同调度方案汾河水库下泄流量变化过程(除险加固前)

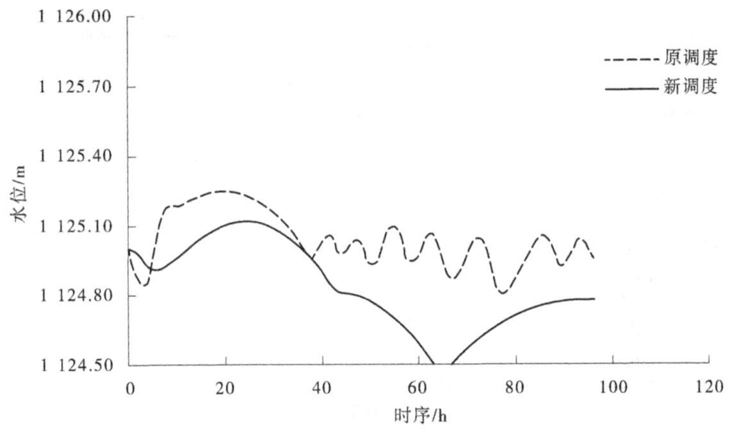

图5-50　橙色暴雨洪水不同调度方案汾河水库水位变化过程(除险加固前)

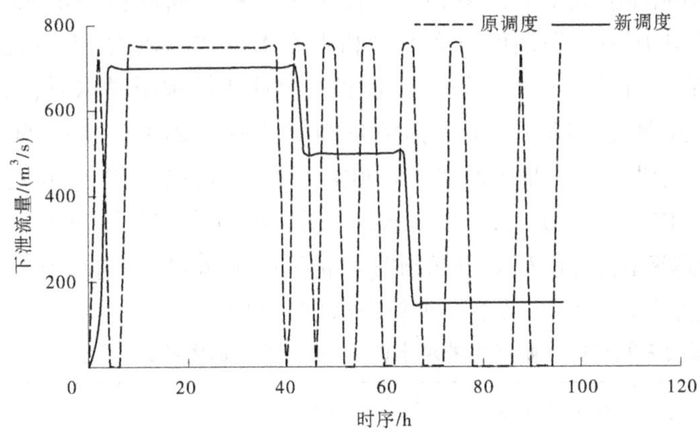

图5-51　橙色暴雨洪水不同调度方案汾河水库下泄流量变化过程(除险加固前)

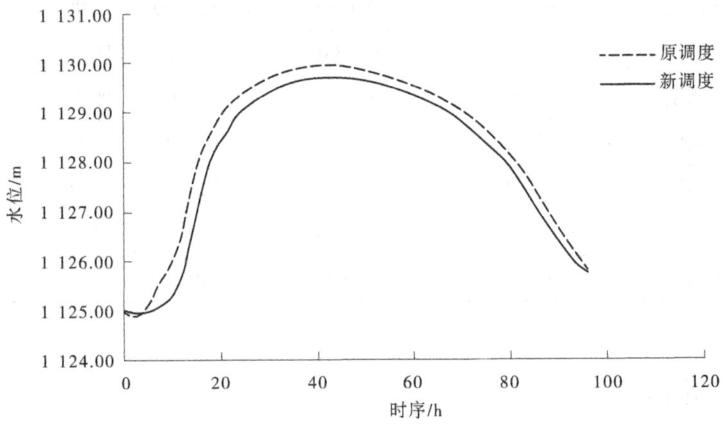

图5-52　红色暴雨洪水不同调度方案汾河水库水位变化过程(除险加固前)

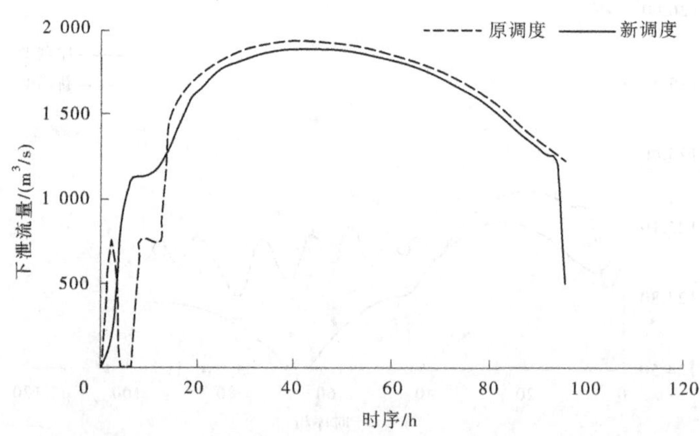

图 5-53 红色暴雨洪水不同调度方案汾河水库下泄流量变化过程(除险加固前)

新调度方案均能在削减下泄流量和下泄流量平方和方面取得一定成效,有利于减缓汾河水库下游的防洪压力。原调度方案泄量和水库水位波动较大,不适宜水库开展管理工作,由表 5-10 可知,在遭遇蓝色、黄色、橙色和红色这 4 场预报洪水时,与原调度方案相比较,新调度方案分别将 4 场洪水的下泄流量峰值削减了 270.0 m^3/s、50.0 m^3/s、50.0 m^3/s 和 43.39 m^3/s,洪峰进一步削减了 36.00%、6.67%、6.67%和 2.26%,下泄流量平方和减小了 34.04%、17.68%、20.72%和 3.48%。新调度方案和原调度方案的调洪最高水位差值极小,当遭遇蓝色、黄色和橙色暴雨时均属于四级风险,当遭遇红色暴雨时均属于二级风险,新调度方案在降低调洪最高水位方面的效果不明显。

表 5-10 各场次天气预报降雨产生的洪水调度方案(除险加固前,汛限水位:1 125.00 m)

预报洪水	调度方案	入库洪峰流量/(m^3/s)	最大下泄流量/(m^3/s)	最高水位/m	风险等级	下泄流量平方和/(m^3/s)^2
蓝色暴雨	原调度	680.73	750.00	1 125.18	四级	1.5×10^7
	新调度	680.73	480.00	1 125.59	四级	1.0×10^6
黄色暴雨	原调度	755.70	750.00	1 125.26	四级	1.6×10^7
	新调度	755.70	700.00	1 125.00	四级	1.3×10^7
橙色暴雨	原调度	807.41	750.00	1 125.25	四级	1.6×10^7
	新调度	807.41	700.00	1 125.12	四级	1.3×10^7
红色暴雨	原调度	3 500.23	1 923.34	1 129.91	二级	1.3×10^8
	新调度	3 500.23	1 879.95	1 129.71	二级	1.2×10^8

5.6.2 除险加固后

对所选取的汾河水库蓝色、黄色、橙色和红色预报暴雨产生的洪水按除险加固后汛限水位为 1 126.00 m 时的原调度方案和新调度方案进行调洪计算,在遭遇蓝色预报暴雨时,汾河水库采用 $P=20\%$ 的新调度方案进行了调洪计算;在遭遇黄色和橙色预报暴雨时,汾河水库采用 $P=10\%$ 的新调度方案进行了调洪计算;在遭遇红色预报暴雨时,汾河水库采用 $P=2\%$ 的新调度方案进行了调洪计算,见图 5-54～图 5-61。

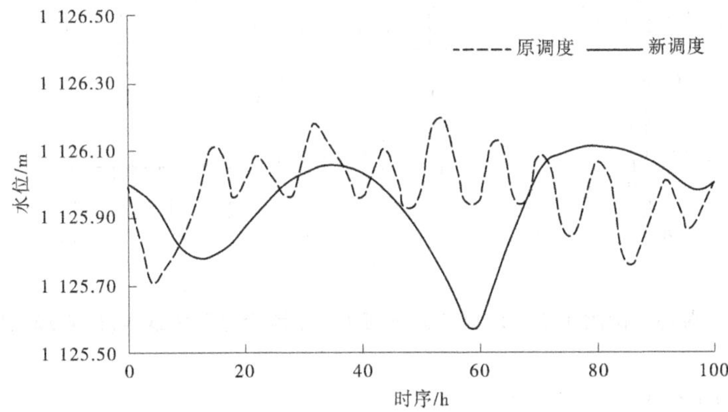

图 5-54　蓝色暴雨洪水不同调度方案汾河水库水位变化过程(除险加固后)

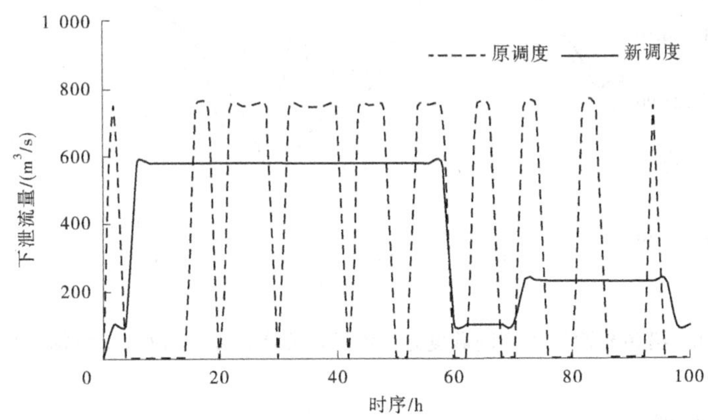

图 5-55　蓝色暴雨洪水不同调度方案汾河水库下泄流量变化过程(除险加固后)

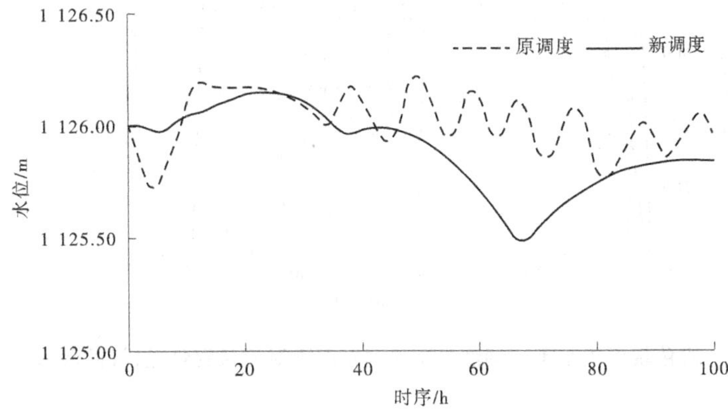

图 5-56　黄色暴雨洪水不同调度方案汾河水库水位变化过程(除险加固后)

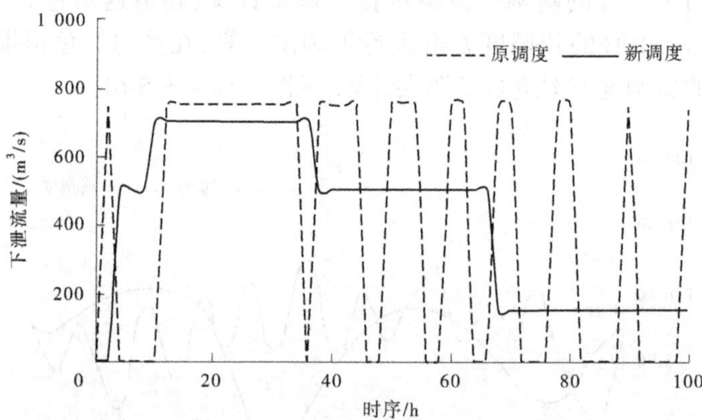

图 5-57　黄色暴雨洪水不同调度方案汾河水库下泄流量变化过程(除险加固后)

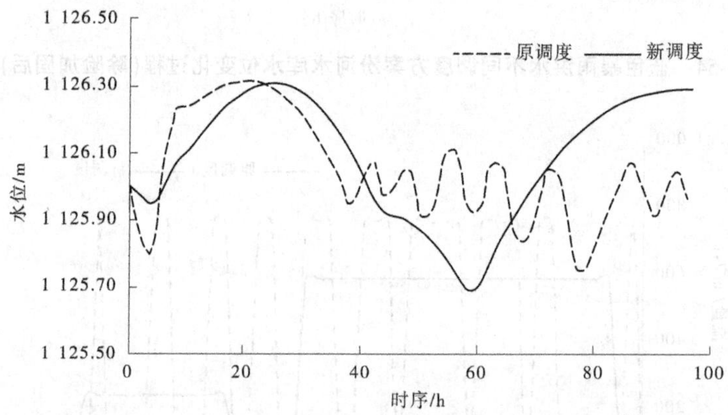

图 5-58　橙色暴雨洪水不同调度方案汾河水库水位变化过程(除险加固后)

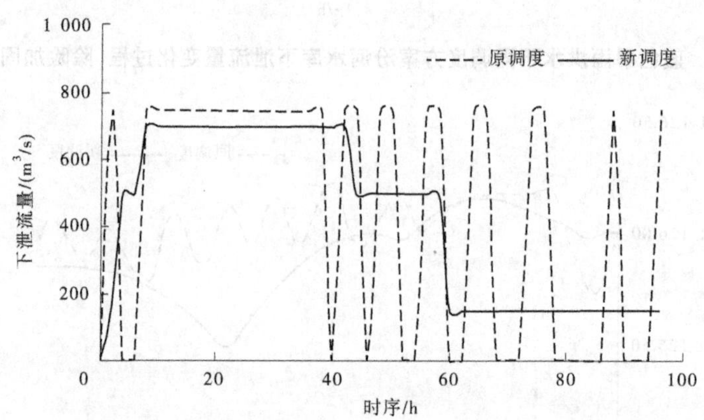

图 5-59　橙色暴雨洪水不同调度方案汾河水库下泄流量变化过程(除险加固后)

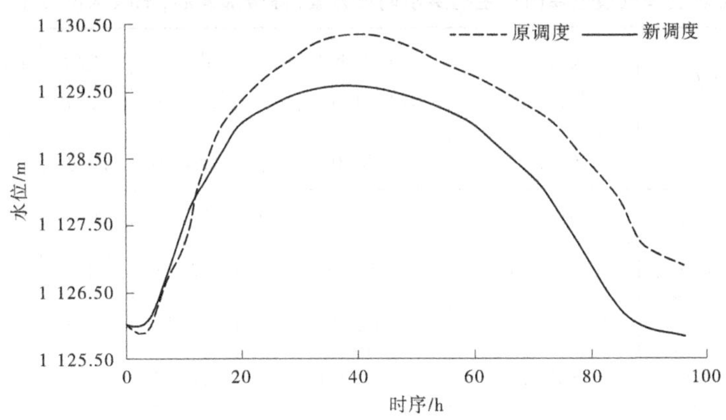

图 5-60　红色暴雨洪水不同调度方案汾河水库水位变化过程(除险加固后)

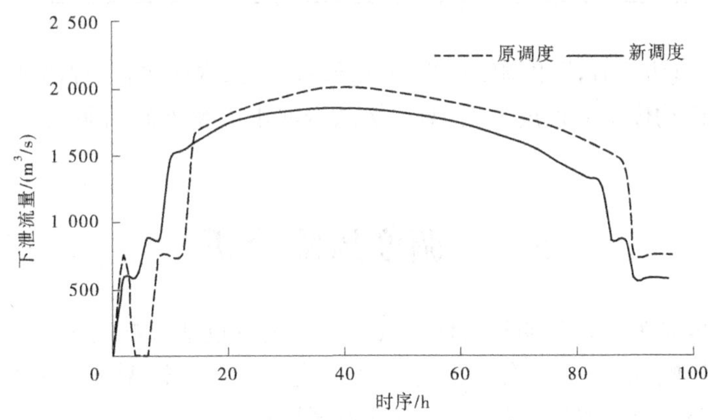

图 5-61　红色暴雨洪水不同调度方案汾河水库下泄流量变化过程(除险加固后)

新调度方案均能在削减下泄流量和下泄流量平方和方面取得一定成效,有利于减缓汾河水库下游的防洪压力。原调度方案泄量和水库水位波动较大,不适宜水库开展管理工作,表 5-11 可知,在遭遇蓝色、黄色、橙色和红色预报降雨所产生的洪水时,与原调度方案相比较,新调度方案分别将 4 场预报洪水的下泄流量峰值削减了 170.0 m^3/s、50.0 m^3/s、50.0 m^3/s 和 155.8 m^3/s,洪峰进一步削减了 22.67%、6.67%、6.67%和 7.76%,下泄流量平方和减小了 32.24%、25.44%、27.85%和 13.66%。当遭遇蓝色、黄色和橙色暴雨时,新调度方案和原调度方案的调洪最高水位差值极小,均属于四级风险,但在遭遇红色暴雨时,汾河水库的最高调洪水位由原调度方案的一级风险降为二级风险。

表 5-11　各场次天气预报降雨产生的洪水调度方案(除险加固后,汛限水位:1 126.00 m)

预报洪水	调度方案	入库洪峰流量/(m^3/s)	最大下泄流量/(m^3/s)	最高水位/m	风险等级	下泄流量平方和/(m^3/s)^2
蓝色暴雨	原调度	680.73	750.00	1 126.20	四级	1.5×10^7
	新调度	680.73	580.00	1 126.06	四级	9.9×10^6
黄色暴雨	原调度	755.70	750.00	1 126.18	四级	1.6×10^7
	新调度	755.70	700.00	1 126.15	四级	1.2×10^7
橙色暴雨	原调度	807.41	750.00	1 126.32	四级	1.6×10^7
	新调度	807.41	700.00	1 126.31	四级	1.2×10^7
红色暴雨	原调度	3 500.23	2 007.81	1 130.35	一级	1.3×10^8
	新调度	3 500.23	1 852.01	1 129.57	二级	1.1×10^8

总体上,新调度方案在洪水调度过程中降低调洪最高水库水位、提高削峰率和减小下泄流量平方和方面均优于原调度方案,对于缓减汾河水库及下游的防洪压力具有明显的效果。

5.7　调度风险分析

水库优化调度是为实现某期望目标对入库径流进行重新分配的过程,此过程受到一系列不确定因素影响,如水文不确定性、水力不确定性和调度模型不确定性等,这就导致了优化决策必然是具有不确定性的,从而存在调度风险。

5.7.1　定义

风险分析,是指对人类社会中存在的各种风险进行风险识别、风险估计和风险评价,并在此基础上采用各种风险管理技术做出风险处理与决策,对风险实施有效的控制和妥善处理所致损失的后果,期望以最小的成本获得最大的安全保障。水库防洪调度的风险主要包括库区淹没风险、水库大坝风险和水库下游防洪风险。其中,库区淹没风险和水库大坝风险主要与水库调洪高水位有关,而下游防洪风险主要受水库泄量和区间洪水的影响。

5.7.2　风险分析的性质

5.7.2.1　风险的客观性

风险的客观性是指它的存在不以人的意志为转移,它无时不有、无所不在、无法避免。相较水库调度而言,决定风险的各种因素如径流、用水、库水位等对风险主体是独立存在的。因此,不管调度决策人员是否意识到风险的存在,它都客观地存在着。风险的客观性要求在水库调度中应及时对存在的风险进行统一规划，承认风险，制订承担方案，以追求预期的目标。

5.7.2.2　风险的不确定性

不确定性是风险的一大特性，具体表现为工程实施中相应的风险防范主体所遭受风险的时间、程度及所处方位等都是不确定的。但是不确定性并不意味着风险是完全不可测的。风险的不确定性要求在水库调度中掌握并运用各种方法，依据有限的已知条件对风险进行预测和评定，在尽可能的条件下对风险加以测度，并采取相应的对策来最大程度地降低风险造成的损失。

5.7.2.3　风险的不利性

风险的各种表现形式，诸如失事、损失等对风险主体都是不利的，这种不利可能转化为经济财产损失、人员损失、企业生产效益受创等结果。风险的不利性要求在水库调度过程中相关分析及决策人员应科学严谨地收集、分析风险信息，在承认风险、充分认识风险的基础上，慎重决策，认真实施，尽量地避免、消除或分散风险。

5.7.2.4　风险的相对性

风险的相对性是指对不同的风险主体来说在一定时间、地点和条件下，即在一定的风险环境中，风险的大小是不同的。风险的相对性，要求在水库调度中实事求是地分析风险、评价风险，尽量增强风险主体对风险的承受能力。

5.7.2.5　风险与利益的对称性

风险与利益的对称性是指风险和利益这两种可能性对主体来说是必然同时存在的，利益是风险的报酬，风险是利益的代价，风险和利益是相辅相成的。一般来说，在水库调度中风险越大，获利也越大，但有时对风险环境把握不准，或实施措施不妥，也可能存在所冒风险与获利不平衡，准确地把握风险环境是将风险转化为利益的关键，因此调度决策人员应具备较强的心理素质和能力。

5.7.3　汾河水库风险分析

汾河水库防洪调度方案风险分析包括汾河水库自身的运行风险和对下游防洪风险两个方面。

5.7.3.1　对大坝安全的风险分析

新调度方案减轻了汾河水库漫坝的安全风险。如表 5-12、表 5-13 所示，在除险加固前，设计洪水为 $P=0.05\%$时，原调度方案中汾河水库的最高坝前水位超过了汾河水库校核洪水位 1 129.76 m，对大坝安全存在漫坝的安全风险，而新调度方案中汾河水库的最高坝前水位未超过汾河水库校核洪水位 1 129.76 m，对大坝安全的风险较低。在除险加固后，新调度方案减轻了汾河水库漫坝的安全风险，设计洪水为 $P=0.05\%$时，原调度方案中汾河水库的最高坝前水位超过了汾河水库校核洪水位 1 130.25 m，对大坝安全存在漫坝的安全风险，而新调度方案中汾河水库的最高坝前水位未超过汾河水库校核洪水位 1 130.25 m，对大坝安全的风险较低。

表 5-12　汾河水库洪水调节成果(除险加固前,汛限水位:1 125.00 m)

频率	调度方案	洪峰流量/(m^3/s)	最高坝前水位/m	最大下泄流量/(m^3/s)	风险等级
P=1%	原调度	5 010	1 127.96	1 555.26	二级
	新调度		1 127.09	1 410.72	三级
P=0.05%	原调度	9 400	1 129.89	1 914.41	一级
	新调度		1 129.67	1 871.30	二级

表 5-13　汾河水库洪水调节成果(除险加固后,汛限水位:1 126.00 m)

频率	调度方案	洪峰流量/(m^3/s)	最高坝前水位/m	最大下泄流量/(m^3/s)	风险等级
P=1%	原调度	5 010	1 128.66	1 680.90	二级
	新调度		1 128.26	1 531.94	二级
P=0.05%	原调度	9 400	1 130.46	2 030.60	一级
	新调度		1 129.96	1 927.29	二级

与原调度方案相比,水库实施新调度方案,并不会增加大坝安全的风险,且可以降低水库大坝安全的风险级别。

5.7.3.2　对下游防洪的风险分析

通过对下游主要建筑寨上水文站最大洪峰流量的计算判断新调度方案是否增加了下游防洪的风险。汾河水库出库洪峰流量,经过衰减(1.25%/km)后,得到寨上断面处的洪峰流量,分析该断面是否具有防洪风险。

根据寨上的洪峰流量演算结果(见表 5-14、表 5-15)可知,当上游发生不同频率洪水时,汾河水库实施新调度方案,下游寨上控制断面洪峰流量控制在防洪标准 2 000 m^3/s 以下,即发生下游防洪标准洪水时,新调度方案仍可满足原设计提出的防洪任务要求,不会增加下游防洪标准洪水的防洪风险,且新调度方案计算的寨上断面下泄流量级别有所降低,即可以减缓下游防洪压力。

表 5-14　寨上断面洪峰流量计算结果(除险加固前,汛限水位:1 125.00 m)

频率	原调度方案			新调度方案		
	出库 Q_{max}/(m^3/s)	寨上断面 Q_{max}(m^3/s)	断面泄流梯度级别	出库 Q_{max}/(m^3/s)	寨上断面 Q_{max}/(m^3/s)	断面泄流梯度级别
P=0.05%	1 914.41	1 088.69	5 级	1 871.30	1 064.17	5 级
P=0.1%	1 828.47	1 039.82	5 级	1 780.87	1 012.75	5 级
P=1%	1 555.26	884.45	4 级	1 410.72	802.25	4 级

续表 5-14

频率	原调度方案			新调度方案		
	出库 $Q_{max}/(m^3/s)$	寨上断面 $Q_{max}(m^3/s)$	断面泄流梯度级别	出库 $Q_{max}/(m^3/s)$	寨上断面 $Q_{max}/(m^3/s)$	断面泄流梯度级别
$P=2\%$	1 441.88	819.97	4 级	1 348.02	766.59	3 级
$P=5\%$	1 293.43	735.55	3 级	1 217.70	692.48	3 级
$P=10\%$	1 222.92	695.45	3 级	879.00	499.87	2 级
$P=20\%$	750.00	426.51	2 级	380.00	216.10	1 级

表 5-15　寨上断面洪峰流量计算结果(除险加固后,汛限水位:1 126.00 m)

频率	原调度方案			新调度方案		
	出库 $Q_{max}/(m^3/s)$	寨上断面 $Q_{max}(m^3/s)$	断面泄流梯度级别	出库 $Q_{max}/(m^3/s)$	寨上断面 $Q_{max}/(m^3/s)$	断面泄流梯度级别
$P=0.05\%$	2 030.60	1 130.46	5 级	1 927.29	1 096.01	5 级
$P=0.1\%$	1 854.81	1 054.80	5 级	1 842.36	1 047.72	5 级
$P=1\%$	1 680.90	955.90	4 级	1 531.94	871.19	4 级
$P=2\%$	1 609.07	915.05	4 级	1 531.94	871.19	4 级
$P=5\%$	1 491.71	848.31	4 级	879.00	499.87	2 级
$P=10\%$	750.00	426.51	2 级	700.00	398.08	2 级
$P=20\%$	750.00	426.51	2 级	580.00	329.84	1 级

5.8 小　结

(1)以确保大坝安全条件下水库泄流量最小和下游的防洪安全为准则,建立了水库防洪优化调度模型,并应用粒子群-遗传算法进行优化计算。考虑汾河水库防洪调度实际情况,以确保大坝安全条件下水库泄流量最小为目标,同时将下游的防洪要求作为约束条件,确定了水库的目标函数和约束条件,建立了水库防洪优化调度模型,并将加入惯性权重模型的粒子群-遗传算法作为本次设计的模型求解方法。

(2)新调度方案对于缓减汾河水库及下游的防洪压力具有明显的效果。新调度方案在洪水调度过程中的降低调洪最高水库水位、提高削峰率和减小下泄流量平方和方面均优于原调度方案;新调度方案相比原调度方案大大降低了下泄流量平方和,可大幅度减少汾河水库的防洪弃水量,并具有较强的可操作性;此外,在除险加固后遭遇红色暴雨时,汾河水库的最高调洪水位由原调度方案的一级风险降低为二级风险。

(3)与原调度方案相比,新调度方案可以降低水库大坝及下游的防洪安全风险级别。原调度方案在遭遇设计洪水为 $P=0.05\%$时,汾河水库的最高坝前水位超过了汾河水库校核洪水位,对大坝安全存在漫坝的安全风险;新调度方案计算的最高坝前水位和寨上断面下泄流量及所属风险等级均有所降低,可以有效减缓水库大坝及下游的防洪压力。

第 6 章　汾河二库防洪优化调度方式研究

汾河二库与上游汾河水库配合运作，对太原市的防洪安全、工业生产、环境影响发挥了较大的经济效益与社会效益。鉴于汾河二库建成运行时间较短，而下游太原市又是重点城市，为全省的政治、经济、教育、科技、文化中心，也是全国重要的能源工业城市，为进一步保障太原市的防洪安全，实现防洪目标，对汾河二库调度规则进行优化与分析是极为重要的。考虑到汾河二库的主要任务为实现防洪目标，以下游防护区安全作为目标函数，建立汾河二库防洪调度方案。

6.1　入库洪水过程

6.1.1　设计洪水过程

汾河洪水发生在 5—9 月，而频次最多的时段是 7 月下旬至 8 月上旬。由于汾河洪水发生的主要原因是暴雨，因此实测洪水的持续时间一般在 100 h 以内。本次设计选择用同频率法把典型过程线按同频率洪量分段控制进行放大，得到频率为 $P=20\%$、$P=5\%$、$P=2\%$、$P=1\%$和 $P=0.1\%$的设计洪水，汾河二库入库洪水过程见表 6-1。

表 6-1　汾河二库入库洪水过程　　单位：m^3/s

序号	时序/h	$P=0.1\%$	$P=1\%$	$P=2\%$	$P=5\%$	$P=20\%$
1	2	4 199	2 641	2 200	1 567	805
2	4	1 656	1 119	932	716	358
3	6	1 253	761	634	492	223
4	8	1 119	626	522	402	179
5	10	1 074	626	522	358	179
6	12	1 029	582	485	313	179
7	14	985	537	447	313	134
8	16	940	492	410	268	134
9	18	850	537	447	313	134
10	20	985	626	522	358	134
11	22	985	582	485	313	134
12	24	850	537	447	313	134

续表 6-1

序号	时序/h	P=0.1%	P=1%	P=2%	P=5%	P=20%
13	26	716	492	410	268	134
14	28	671	447	372	268	134
15	30	582	358	298	223	89
16	32	537	313	261	179	89
17	34	492	313	261	179	89
18	36	447	268	223	134	89
19	38	402	268	223	134	44
20	40	402	223	186	89	44
21	42	402	268	223	89	44
22	44	402	313	261	134	89
23	46	492	358	298	179	89
24	48	626	402	335	268	89
25	50	895	582	485	358	179
26	52	1 029	671	559	447	179
27	54	1 656	985	821	626	268
28	56	4 298	3 850	3 208	2 238	716
29	58	7 298	4 567	3 805	2 373	1 074
30	60	3 268	1 970	1 641	1 119	492
31	62	2 417	1 567	1 306	850	313
32	64	2 238	1 343	1 119	761	268
33	66	2 149	1 253	1 044	671	268
34	68	2 059	1 164	970	626	223
35	70	1 925	1 119	932	626	223
36	72	1 835	1 074	895	582	223

6.1.2 实测洪水过程

本设计选取了19960809、20160719、20211004、20220808实测洪水进行水库调度，以2 h为调度时段，具体实测洪水过程见表6-2。

表 6-2　汾河二库实测洪水过程　单位：m^3/s

时段序号	19960809	20160719	20211004	20220808
0	0	0	0	0
1	150.00	0	19.30	0
2	147.31	11.70	33.00	0.02
3	172.66	11.70	45.60	1.31
4	510.73	15.95	65.17	1.39
5	371.54	25.59	115.09	1.50
6	268.07	31.77	124.00	8.29
7	277.56	45.76	122.66	17.05
8	291.25	73.71	117.30	33.57
9	462.88	105.24	110.21	48.32
10	475.02	166.91	101.44	39.62
11	393.72	134.47	92.51	29.93
12	367.51	110.23	81.51	22.50
13	351.56	79.42	72.31	17.91
14	349.06	57.30	68.70	15.47
15	347.47	53.42	65.44	13.45
16	346.46	49.61	95.76	12.13
17	337.81	59.98	116.61	24.41
18	324.40	66.83	151.43	41.49
19	324.13	77.97	171.46	69.87
20	323.96	88.09	183.67	80.62
21	323.84	90.90	164.02	87.01
22	323.76	84.12	154.48	44.77
23	322.70	78.48	144.04	33.59
24	319.65	69.89	135.71	25.75
25	317.61	64.01	131.53	21.07
26	315.58	60.51	131.44	25.03
27	313.56	51.69	153.47	22.49

续表 6-2

时段序号	19960809	20160719	20211004	20220808
28	313.53		153.73	24.86
29	313.51		149.52	32.10
30	313.49		131.15	37.82
31	313.47		114.89	36.66
32	313.45		102.56	34.71
33	313.43		98.95	36.26
34	313.41		87.56	34.95
35	303.00		77.70	29.50
36	288.00		68.20	0
37			62.74	
38			58.48	
39			54.46	
40			50.44	
41			47.63	
42			46.96	
43			39.53	
44			37.46	
45			35.45	
46			32.02	
47			30.06	
48			28.77	
49			26.25	
50			26.07	
51			25.33	
52			24.11	
53			23.52	
54			23.05	
55			22.78	
56			22.73	

6.1.3　天气预报洪水过程

本项目的天气预报洪水过程根据蓝色、黄色、橙色和红色预报暴雨，采用预报效果较好的双超模型进行不同等级暴雨洪水预报，预报结果见第 4 章 4.8 节。

6.2　汾河二库防洪调度规则

6.2.1　汾河二库原防洪调度规则

汾河二库现有调度规则如下：在发生洪水时，汾河二库与汾河水库联合调度，采取预泄措施，错峰泄洪，起调水位为 900.00 m。如入库洪水超过 $P=2\%$，进库洪峰流量为 2 870 m^3/s，由 4 个泄洪排沙底孔泄洪，最大泄量为 3 194.23 m^3/s，大于入库洪峰流量，来多少泄多少。当洪水位达到紧急水位 902.02 m 高程以上，且预报还有洪水入库，溢流表孔参与泄洪时，最大泄量为 5 028 m^3/s。供水发电洞不参与泄洪。

据山西省防汛抗旱指挥部《关于汾河二库 2018 年汛期调度运用计划的批复》（晋汛〔2018〕16 号）：

（1）原则同意水库 2018 年汛限水位 900.00 m。

（2）原则同意水库汛期按蓄泄平衡方式运用。

（3）如遇超过 50 年一遇（进库洪峰流量 2 870 m^3/s）洪水，为确保大坝安全，应采取预泄措施。

（4）原则同意各级洪水处置措施。

6.2.2　汾河二库新调度规则

根据汾河二库 2021 年度防汛泄洪预案中兰村的泄量梯度方案，反推至汾河二库出库的流量控制值，如表 6-3 所示，作为新调度规则中均匀下泄的泄量控制参考，以实现兼顾下游防洪压力小和水库易操作的防洪目的。

表 6-3　由水文站控制断面的泄流梯度推算至水库出库处的流量　单位：m^3/s

梯度序号	兰村水文站	汾河二库出库
1	200	242
2	400	483
3	600	725
4	800	966
5	1 500	1 811
6	2 500	3 019
7	3 450	4 166

汾河二库新调度规则如表 6-4 所示。

表 6-4　汾河二库新调度规则

频率	汛限水位/m	判别条件		控洪流量/(m³/s)
		水库水位/m	入库流量/(m³/s)	
$P=0.1\%$	900.00	$Z<900.00$	<500	480
			≥500	723
			≥1 000	1 800
			≥3 000	3 200
		$900.00\leqslant Z<902.02$	<1 000	723
			≥1 000	1 800
			≥4 200	3 200
		$902.02\leqslant Z<906.31$	<1 000	723
			≥1 000	1 800
			≥2 000	3 015
			≥3 000	3 200
		$906.31\leqslant Z<909.92$		3 015
		$Z\geqslant 909.92$		4 160
$P=1\%$	900.00	$Z<900.00$	<350	240
			≥350	480
			≥650	723
			≥3 000	3 015
		$900.00\leqslant Z<902.02$	<1 000	723
			≥1 000	1 600
			≥1 200	3 015
		$902.02\leqslant Z<906.31$	<1 000	965
			≥1 000	3 015
		$906.31\leqslant Z<909.92$	<4 160	敞泄
			≥4 160	4 160
		$Z\geqslant 909.92$		4 160

续表 6-4

频率	汛限水位/m	判别条件		控洪流量/(m³/s)
		水库水位/m	入库流量/(m³/s)	
P=2%	1 125.00	*Z*<900.00	<350	240
			≥350	480
			≥850	965
			≥3 000	2 650
		900.00≤*Z*<902.02	<850	723
			≥850	965
			≥2 000	2 650
			≥4 200	4 160
		902.02≤*Z*<906.31	<1 000	723
			≥1 000	敞泄
		906.31≤*Z*<909.92	<4 160	敞泄
			≥4 160	4 160
		Z≥909.92		4 160
P=5%	1 125.00	*Z*<900.00	<300	240
			≥300	723
			≥2 000	1 200
		900.00≤*Z*<902.02	<800	723
			≥800	1 200
			≥4 200	4 160
		902.02≤*Z*<906.31	<800	723
			≥800	1 200
			≥1 500	3 015
		906.31≤*Z*<909.92	<4 160	敞泄
			≥4 160	4 160
		Z≥909.92		4 160
P=20%	1 125.00	*Z*<900.00	<100	50
			≥100	240
		900.00≤*Z*<902.02		480
		902.02≤*Z*<906.31	<1 500	480
			≥1 500	3 015
		906.31≤*Z*<909.92	<4 160	敞泄
			≥4 160	4 160
		Z≥909.92		4 160

6.3 设计洪水汾河二库防洪调度

对汾河二库5种不同频率的设计洪水按原调度方案和新调度方案进行调洪演算，获得各调度方案的调洪结果，绘制了调度过程水位变化过程图、库容变化过程图和下泄流量变化过程图，并对各频率不同调度方案结果进行比较与分析。其中，汾河二库的目标函数、约束条件及优化算法与汾河水库相一致。

6.3.1 $P=0.1\%$设计洪水

在遭遇$P=0.1\%$设计洪水时，新调度方案可小幅度提高洪水削峰率和降低调洪过程中坝前最高水库水位，洪水对水库安全的影响由二级风险降为三级风险。各调洪结果如图6-1和图6-2所示，当发生$P=0.1\%$设计洪水时，原调度方案将洪峰流量削减了3 848.00

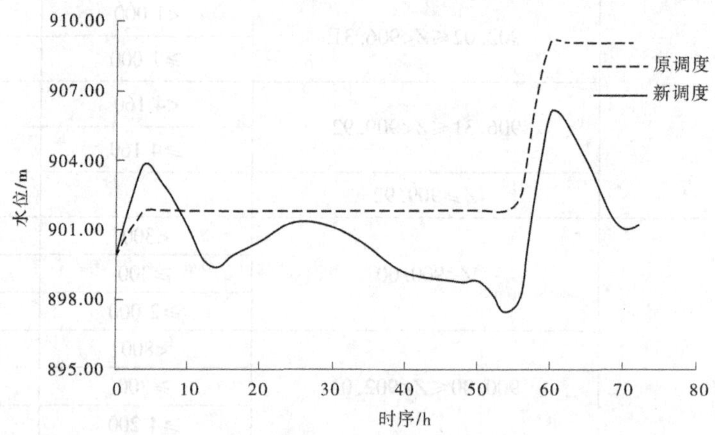

图6-1 $P=0.1\%$设计洪水各调度方案水位变化过程

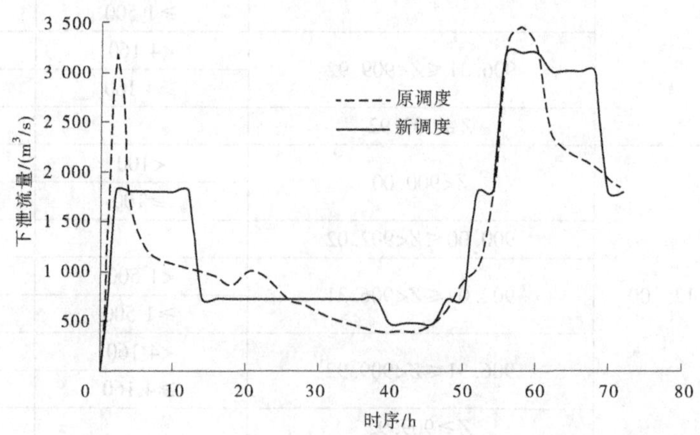

图6-2 $P=0.1\%$设计洪水各调度方案下泄流量变化过程

m^3/s,削峰率为 52.73%,下泄流量平方和减小了 38.50%;新调度方案将洪峰流量削减了 4 098.00 m^3/s,削峰率为 56.15%,下泄流量平方和减小了 26.74%;与原调度方案相比,新调度方案将调洪过程中的水库水位降低了 3.05 m,下泄流量洪峰进一步削减了 7.25%。

6.3.2　$P=1\%$设计洪水

在遭遇 $P=1\%$设计洪水时,新调度方案可小幅度提高洪水削峰率和降低调洪过程中坝前最高水库水位,洪水对水库安全的影响均为三级风险。各调洪结果如图 6-3 和图 6-4 所示,当发生 $P=1\%$设计洪水时,原调度方案将洪峰流量削减了 1 330.46 m^3/s,削峰率为 27.13%,下泄流量平方和减小了 24.02%;新调度方案将洪峰流量削减了 1 552.00 m^3/s,削峰率为 33.98%,下泄流量平方和减小了 6.18%;与原调度方案相比,新调度方案将调洪过程中的水库水位降低了 0.32 m,下泄流量洪峰进一步削减了 6.85%。

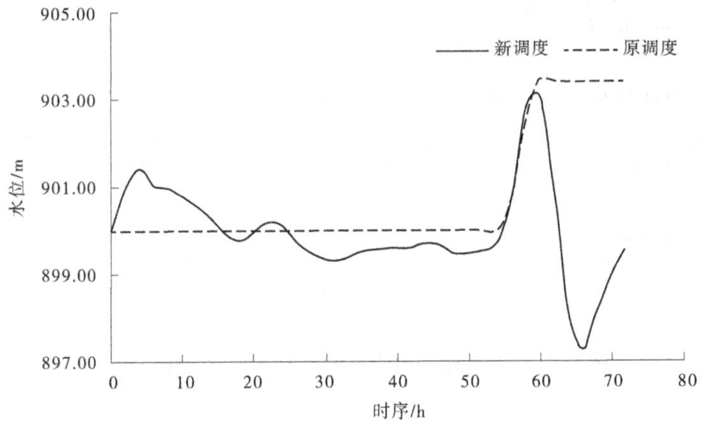

图 6-3　$P=1\%$设计洪水各调度方案水位变化过程

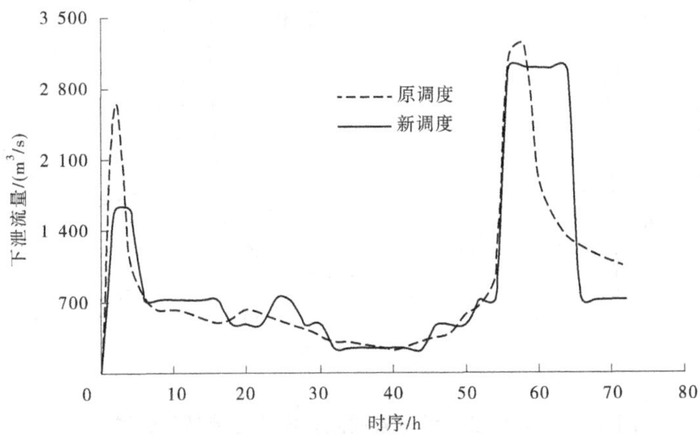

图 6-4　$P=1\%$设计洪水各调度方案下泄流量变化过程

6.3.3 $P=2\%$设计洪水

在遭遇 $P=2\%$设计洪水时,新调度方案可小幅度提高洪水削峰率,洪水对水库安全的影响为三级风险。各调洪结果如图 6-5 和图 6-6 所示,当发生 $P=2\%$设计洪水时,原调度方案将洪峰流量削减了 667.11 m^3/s,削峰率为 17.53%,下泄流量平方和减小了 11.83%;新调度方案将洪峰流量削减了 1 155.00 m^3/s,削峰率为 30.35%,下泄流量平方和减小了 8.55%;与原调度方案相比,新调度方案将调洪过程中的水库水位增加了 0.83 m,使汾河二库水库安全处于较低的三级风险,但下泄流量下降了一个等级,可有效缓解下游防洪压力,下泄流量洪峰进一步削减了 15.55%。

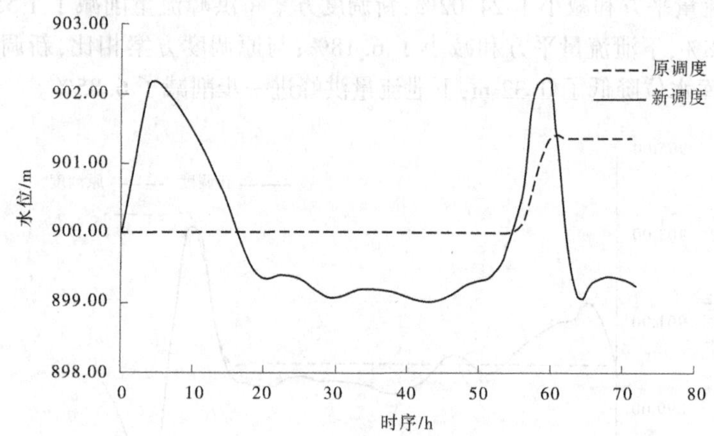

图 6-5 $P=2\%$设计洪水各调度方案水位变化过程

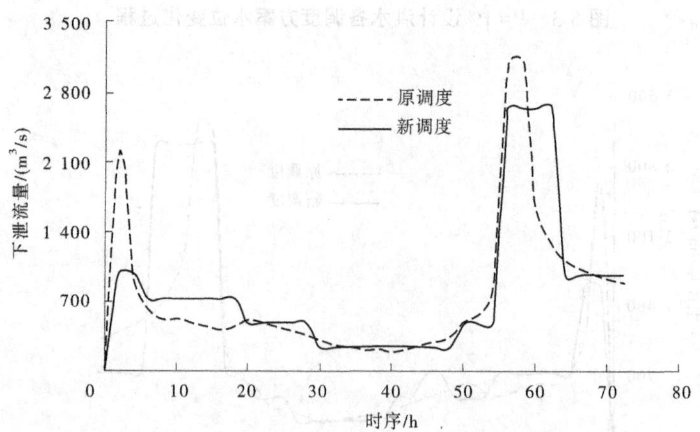

图 6-6 $P=2\%$设计洪水各调度方案下泄流量变化过程

6.3.4　P=5%设计洪水

在遭遇 P=5%设计洪水时,新调度方案可小幅度提高洪水削峰率和降低调洪过程中坝前最高水库水位和下泄流量平方和,洪水对水库安全的影响均为四级风险。各调洪结果如图 6-7 和图 6-8 所示,当发生 P=5%设计洪水时,原调度方案将洪峰流量削减了 0,削峰率为 0,下泄流量平方和减小了 0;新调度方案将洪峰流量削减了 1 173.00 m^3/s,削峰率为 49.43%,下泄流量平方和减小了 32.11%;与原调度方案相比,新调度方案将调洪过程中的水库水位抬高了 2.00 m,但仍处于四级风险,下泄流量洪峰进一步削减了 1 173.00 m^3/s,下泄流量平方和进一步减小了 32.11%。

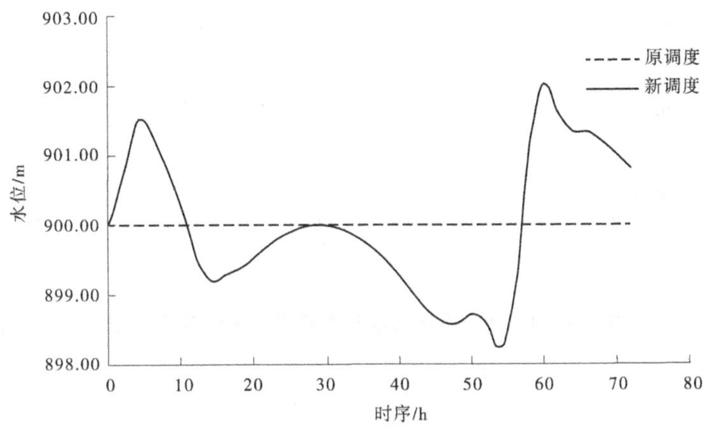

图 6-7　P=5%设计洪水各调度方案水位变化过程

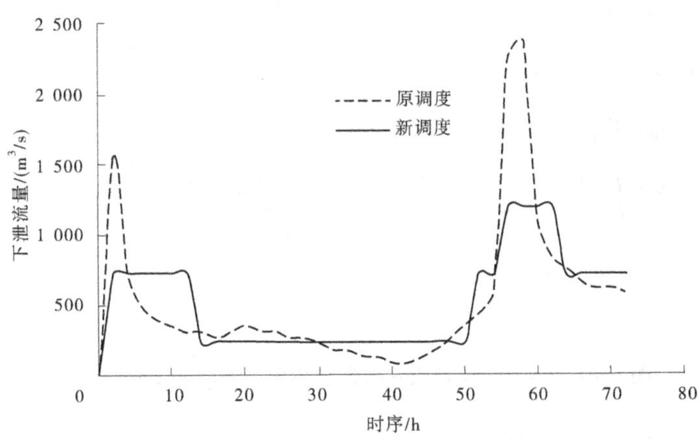

图 6-8　P=5%设计洪水各调度方案下泄流量变化过程

6.3.5　P=20%设计洪水

在遭遇 P=20%设计洪水时,新调度方案可小幅度提高洪水削峰率和降低调洪过程中坝前最高水库水位和下泄流量平方和,洪水对水库安全的影响均为四级风险。各调洪结果如图 6-9 和图 6-10 所示，当发生 $P=20\%$设计洪水时，原调度方案将洪峰流量削减了 0，削峰率为 0，下泄流量平方和减小了 0；新调度方案将洪峰流量削减了 594.00 m^3/s，削峰率为 55.31%，下泄流量平方和减小了 23.29%；与原调度方案相比，新调度方案将调洪过程中的水库水位抬高了 0.56 m，但仍处于四级风险，下泄流量洪峰进一步削减了 594.00 m^3/s，下泄流量平方和进一步减小了 23.29%。

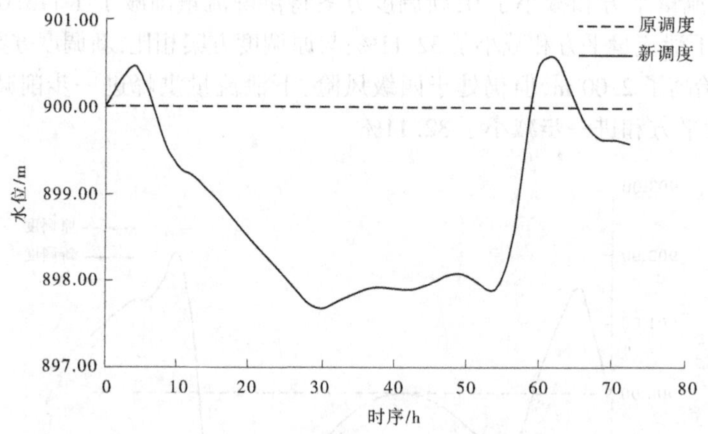

图 6-9　$P=20\%$设计洪水各调度方案水位变化过程

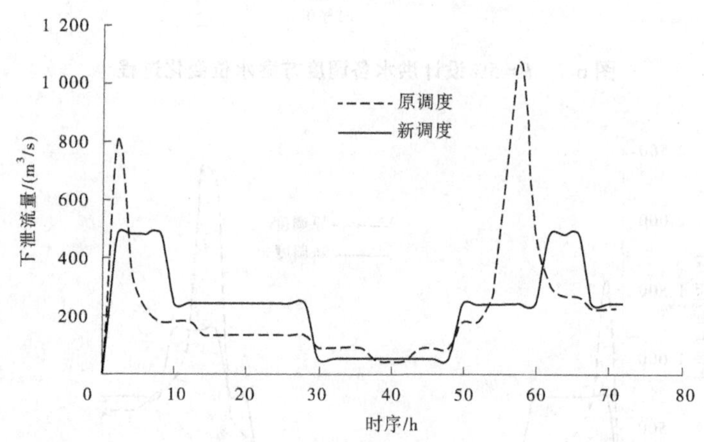

图 6-10　$P=20\%$设计洪水各调度方案下泄流量变化过程

新调度方案削减下泄流量的效果较好。由表 6-5 可知，新调度方案均能在削减下泄流量峰值方面取得一定成效，在 $P=5\%$设计洪水时的坝前水库最高水位高于原调度方案，但是各方案调洪的坝前水库最高水位均属四级风险，影响较小，而下泄流量下降幅度高达 49.43%，大幅度减缓了下游的防洪压力；在遭遇 20 年一遇以上洪水时，新调度方案的下泄流量平方和表现为增加，而在遭遇 20 年一遇及以下洪水时，新调度方案的下泄流量平方和表现为降低，有利于缓减汾河水库及下游的防洪压力，同时也减少了汾河水库的防洪弃水量。

表 6-5　不同频率设计洪水汾河二库调度方案

频率	调度方案	入库洪峰流量/(m^3/s)	最大下泄流量/(m^3/s)	最高水位/m	风险等级	下泄流量平方和/(m^3/s)^2
$P=20\%$	原调度	1 074	1 074.00	900.00	四级	3.6×10^6
	新调度	1 074	480.00	900.56	四级	2.7×10^6
$P=5\%$	原调度	2 373	2 373.00	900.00	四级	2.0×10^7
	新调度	2 373	1 200.00	902.00	四级	1.4×10^7
$P=2\%$	原调度	3 805	3 137.89	901.36	四级	4.0×10^7
	新调度	3 805	2 650.00	902.19	三级	4.1×10^7
$P=1\%$	原调度	4 567	3 236.54	903.42	三级	4.9×10^7
	新调度	4 567	3 015.00	903.10	三级	6.0×10^7
$P=0.1\%$	原调度	7 298	3 450.00	909.11	二级	9.1×10^7
	新调度	7 298	3 200.00	906.06	三级	1.1×10^8

6.4　实测洪水汾河二库防洪调度

根据汾河二库 19960809、20160719、20211004、20220808 实测洪水按原调度方案和新调度方案进行调洪计算，均采用 $P=20\%$ 的调度方案进行了调洪计算，结果见图 6-11～图 6-18。

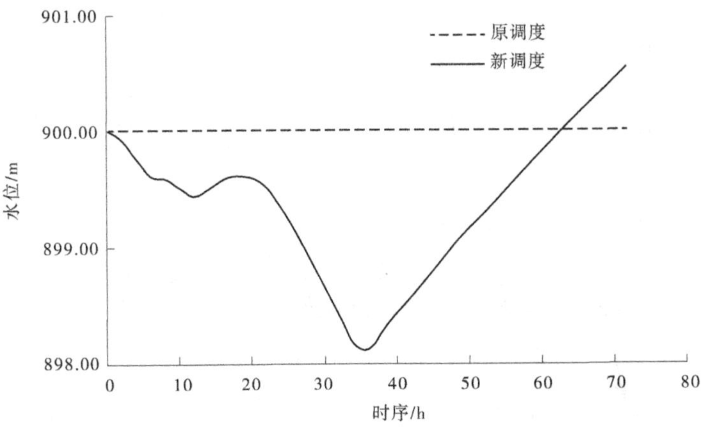

图 6-11　19960809 场洪水各调度方案水位变化过程

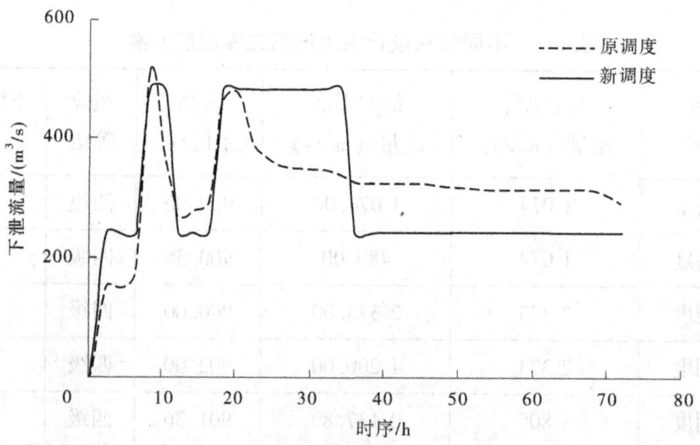

图 6-12　19960809 场洪水各调度方案下泄流量变化过程

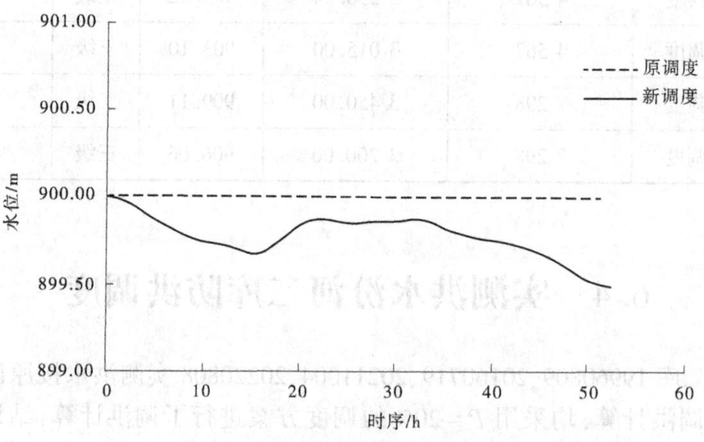

图 6-13　20160719 场洪水各调度方案水位变化过程

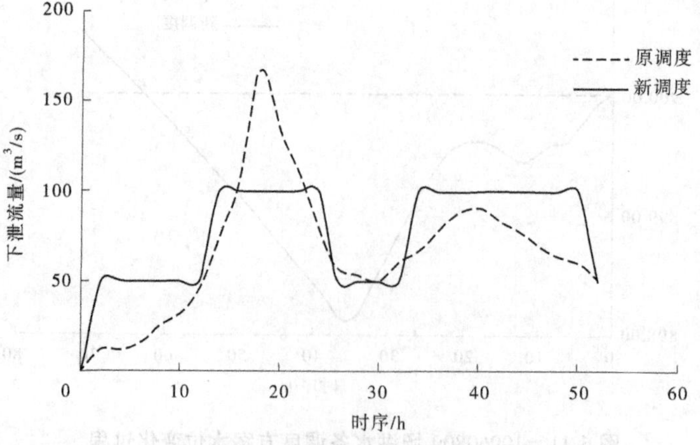

图 6-14　20160719 场洪水各调度方案下泄流量变化过程

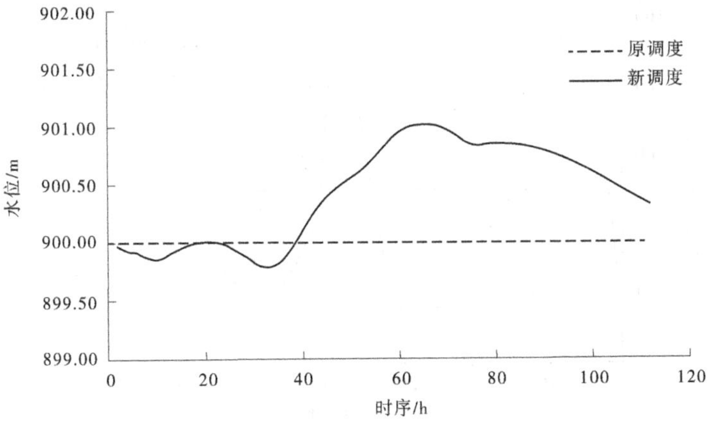

图 6-15　20211004 场洪水各种调度方案水位变化过程

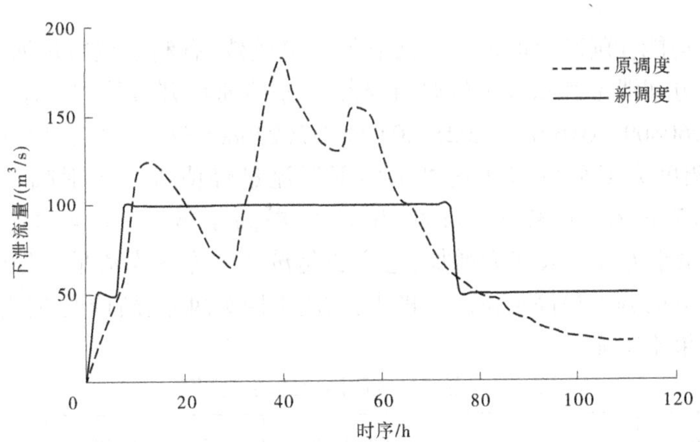

图 6-16　20211004 场洪水各调度方案下泄流量变化过程

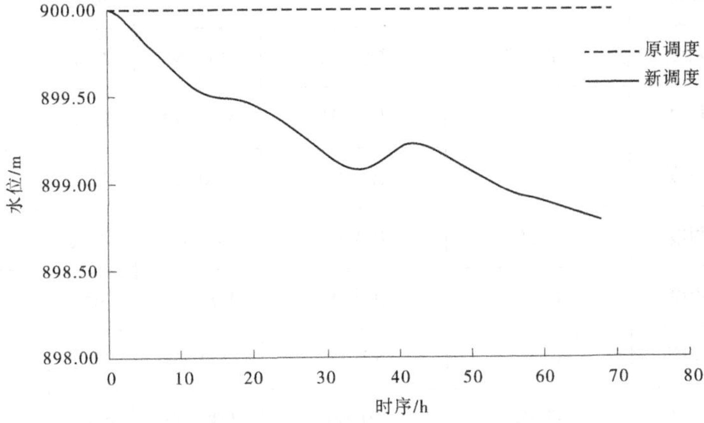

图 6-17　20220808 场洪水各种调度方案水位变化过程

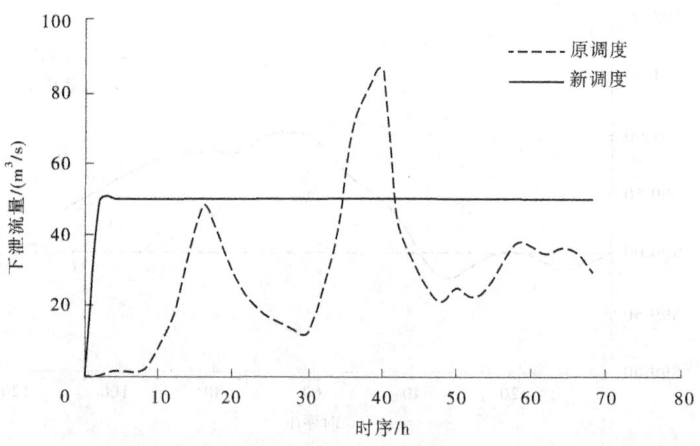

图 6-18　20220808 场洪水各种调度规则下泄流量变化过程

新调度方案均能在削减洪峰流量方面取得一定成效，有利于缓减汾河水库下游的防洪压力。原调度方案泄量和水库水位波动较大，不适宜水库开展管理工作，由表 6-6 可以看出，在遭遇 19960809、20160719、20211004 日和 20220808 这 4 场实测洪水时，与原调度方案相比较，新调度方案分别将 4 场洪水的下泄流量峰值进一步削减了 30.73 m^3/s、66.91 m^3/s、83.67 m^3/s 和 37.01 m^3/s，削峰率提高了 6.02%、40.87%、45.55% 和 42.54%，下泄流量平方和多表现为增加，这主要是汾河二库入库流量小导致的。新调度方案和原调度方案的调洪最高水位差值极小，均属于四级风险，新调度方案在降低调洪最高水位方面的效果不明显。

表 6-6　各场次实测洪水的调度方案

实测洪水	调度方案	入库洪峰流量/(m^3/s)	最大下泄流量/(m^3/s)	最高水位/m	风险等级	下泄流量平方和/(m^3/s)^2
19960809	原调度	510.73	510.73	900.00	四级	3.9×10^6
	新调度	510.73	480.00	900.55	四级	4.0×10^6
20160719	原调度	166.91	166.91	900.00	四级	1.5×10^5
	新调度	166.91	100.00	900.00	四级	1.8×10^5
20211004	原调度	183.67	183.67	900.00	四级	5.2×10^5
	新调度	183.67	100.00	901.01	四级	4.0×10^5
20220808	原调度	87.01	87.01	900.00	四级	4.3×10^4
	新调度	87.01	50.00	900.00	四级	8.5×10^4

通过实测洪水各方案调度结果可知，原调度方案和新调度方案均能在抬高汛限水位、削减下泄流量峰值和降低下泄流量平方和方面取得成效，新调度方案在削减最大下泄流量和降低下泄流量平方和方面最佳。

6.5　天气预报暴雨产生的洪水调度

对所选取的汾河水库蓝色、黄色、橙色和红色预报暴雨产生的洪水按汛限水位为 900.00 m 时的原调度方案和新调度方案进行调洪计算，其中蓝色、黄色和橙色暴雨采用 $P=20\%$ 的新调度方案进行了调洪计算，红色暴雨采用 $P=5\%$ 的新调度方案进行了调洪计算，计算结果见图 6-19～图 6-26。

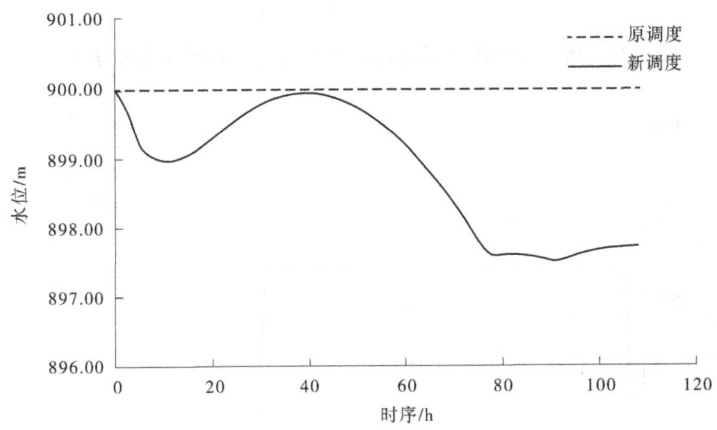

图 6-19　蓝色暴雨洪水不同调度方案汾河二库水位变化过程

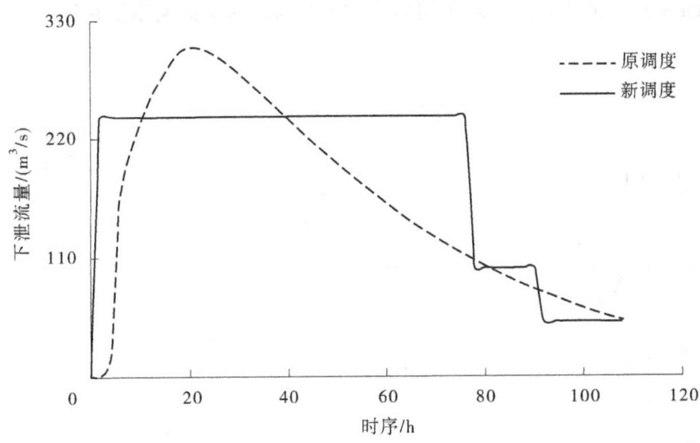

图 6-20　蓝色暴雨洪水不同调度方案汾河二库下泄流量变化过程

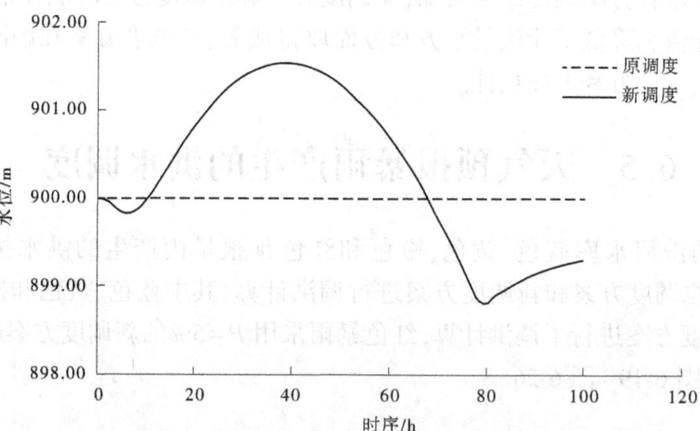

图 6-21　黄色暴雨洪水不同调度方案汾河二库水位变化过程

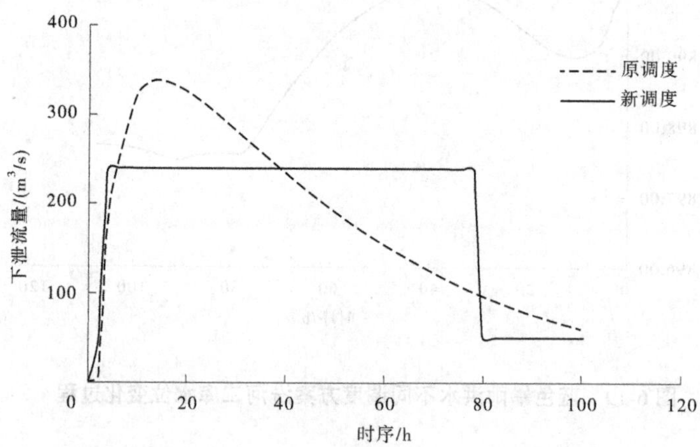

图 6-22　黄色暴雨洪水不同调度方案汾河二库下泄流量变化过程

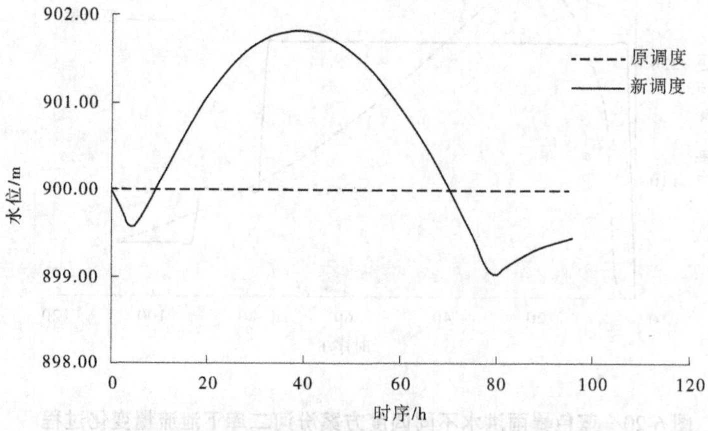

图 6-23　橙色暴雨洪水不同调度方案汾河二库水位变化过程

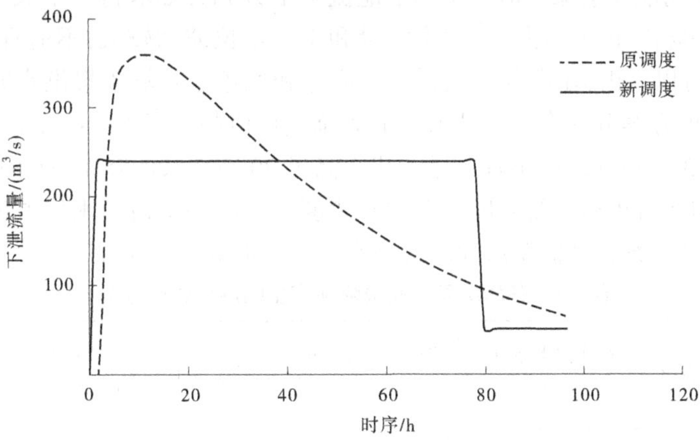

图 6-24　橙色暴雨洪水不同调度方案汾河二库下泄流量变化过程

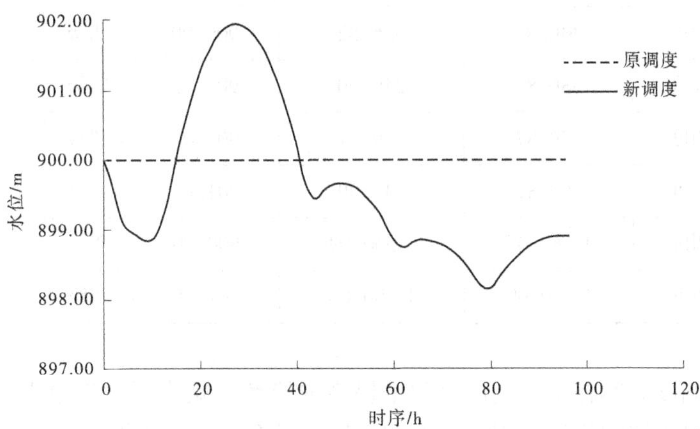

图 6-25　红色暴雨洪水不同调度方案汾河二库水位变化过程

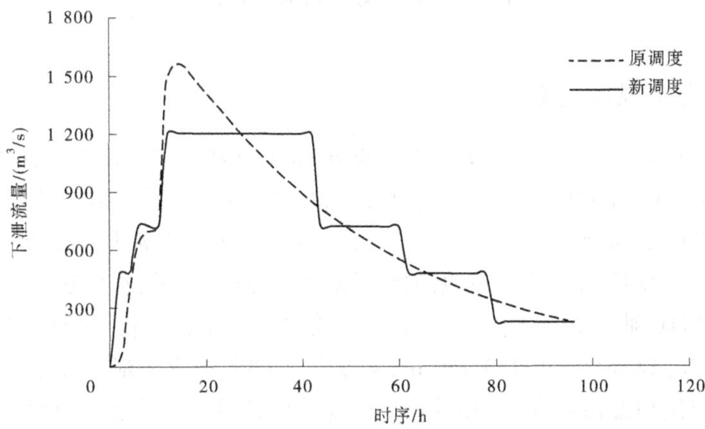

图 6-26　红色暴雨洪水不同调度方案汾河二库下泄流量变化过程

新调度方案均能在削减下泄流量和下泄流量平方和方面取得一定成效,有利于缓解汾河水库下游的防洪压力。原调度方案泄量和水库水位波动较大,不适宜水库开展管理工作,由表 6-7 可以看出,在遭遇蓝色、黄色、橙色和红色这 4 场预报洪水时,与原调度方案相比较,新调度方案分别将 4 场洪水的下泄流量峰值削减了 63.41 m^3/s、96.82 m^3/s、119.87 m^3/s 和 360.09 m^3/s,削峰率进一步提高了 20.90%、28.75%、33.81%和 23.08%,下泄流量平方和差值较小。新调度方案和原调度方案的调洪最高水位差值极小,均属于四级风险,新调度方案在降低调洪坝前最高水位方面的效果不明显。

表 6-7　各场次天气预报降雨产生的洪水调度方案

预报洪水	调度方案	入库洪峰流量/(m^3/s)	最大下泄流量/(m^3/s)	最高水位/m	风险等级	下泄流量平方和/$(m^3/s)^2$
蓝色暴雨	原调度	303.41	303.41	900.00	四级	1.9×10^6
	新调度	303.41	240.00	900.00	四级	2.3×10^6
黄色暴雨	原调度	336.82	336.82	900.00	四级	2.2×10^6
	新调度	336.82	240.00	901.53	四级	2.2×10^6
橙色暴雨	原调度	359.87	359.87	900.00	四级	2.4×10^6
	新调度	359.87	240.00	901.82	四级	2.3×10^6
红色暴雨	原调度	1 560.09	1 560.09	900.00	四级	3.3×10^7
	新调度	1 560.09	1 200.00	901.95	四级	3.2×10^7

总体上,新调度方案在洪水调度过程中提高削峰率和减小下泄流量平方和方面均优于原调度方案,对于缓减汾河二库下游的防洪压力具有明显的效果。

6.6　调度风险分析

6.6.1　大坝安全风险分析

汾河二库设计防洪标准为 $P=1\%$,校核防洪标准为 $P=0.1\%$。将本次设计中 $P=1\%$ 的设计洪水和 $P=0.1\%$ 的校核洪水作为判断标准,进行调洪计算,结果见表 6-8。

新调度方案的最高坝前水位均低于校核洪水位,最大下泄流量均满足下游河道安全泄量要求,因此对大坝风险较低。根据调洪计算结果分析,汛限水位在 900.00 m 时,$P=1\%$设计洪水可以顺利下泄,原调度方案最高坝前水位低于正常蓄水位(905.57 m),且最大下泄流量 3 236.54 m^3/s,小于 3 450 m^3/s,满足下游河道安全泄量要求,因此在水库泄流能力不发生变化和设备正常启用的情况下,即使设计洪水过程、洪水预报和洪水调度存在一定风险,大坝及下游的防洪安全也是有保障的。但如果遭遇 $P=0.1\%$校核洪水,原调度方案最高坝前水位为 909.11 m,最大下泄流量为 3 450.00 m^3/s,超过了下游河道安全泄量,但是水库大坝安全属于二级风险,对下游防洪安全具有较高的风险。

表 6-8　风险分析调洪计算成果

频率	调度方案	洪峰流量/(m^3/s)	最高坝前水位/m	最大下泄流量/(m^3/s)	风险等级
$P=1\%$	原调度	4 567	903.42	3 236.54	三级
	新调度		903.10	3 015.00	三级
$P=0.1\%$	原调度	7 298	909.11	3 450.00	二级
	新调度		906.06	3 200.00	三级

6.6.2　下游断面风险分析

兰村水文站距汾河二库 13.75 km,根据衰减系数 1.25%/km 计算汾河二库出库流量至兰村水文站时的流量(见表 6-9),根据兰村水文站 $P=1\%$的防洪标准 3 450 m^3/s,$P=2\%\sim5\%$的防洪标准 2 000~2 700 m^3/s 对汾河二库的出库流量分析对兰村断面产生的风险。

表 6-9　兰村断面洪峰流量计算结果

频率	原调度方案			新调度方案		
	出库 $Q_{max}/(m^3/s)$	兰村断面 $Q_{max}(m^3/s)$	断面泄流梯度级别	出库 $Q_{max}/(m^3/s)$	兰村断面 $Q_{max}/(m^3/s)$	断面泄流梯度级别
$P=0.1\%$	3 450.00	2 856.99	7 级	3 200.00	2 649.96	7 级
$P=1\%$	3 236.54	2 680.22	7 级	3 015.00	2 496.76	6 级
$P=2\%$	3 137.89	2 598.53	7 级	2 650.00	2 194.50	6 级
$P=5\%$	2 373.00	1 965.11	6 级	1 200.00	993.74	5 级
$P=20\%$	1 074.00	889.39	5 级	480.00	397.49	2 级

原调度方案和新调度方案对下游兰村的风险均降低。各频率洪水情况下,各调度方案最大下泄流量经衰减演进到汾河二坝时,各调度方案的兰村断面流量均满足兰村 $P=1\%$和 $P=2\%\sim5\%$的防洪标准,新调度方案不会增加下游防洪标准洪水的防洪风险,且新调度方案计算的兰村断面下泄流量级别明显下降,对减缓汾河二库下游防洪压力具有重要的意义。

6.7 小 结

(1)新调度方案削减汾河二库下泄洪峰流量的效果较好,可有效减缓汾河二库下游的防洪压力。新调度方案对汾河二库不同设计频率洪水、实测洪水和天气预报洪水的削峰率为7.89%~66.92%,对调洪过程中的坝前水库最高水位与下泄流量平方和的作用较小。

(2)汾河二库新调度方案的风险较原调度方案的风险下降,且发生实测洪水和天气预报洪水时,汾河二库及下游均为四级风险。遭遇 $P=0.1\%$ 校核洪水时,新调度方案使汾河二库大坝由二级风险降为三级风险,且新调度方案的兰村断面下泄流量级别明显下降,对减缓汾河二库下游防洪压力具有重要意义。

第7章　水库群联合防洪调度方式研究

在汾河水库、汾河二库设计阶段主要考虑水库自身及所在区域的防洪安全,对于如何配合其他水库对流域洪水进行调度,在保障汾河流域上游段水库群下游防洪安全的基础上,最大程度地降低流域防洪系统的风险,目前仍缺少科学的联合防洪调度方案,缺乏深入的研究。因此,为了科学合理地满足汾河流域上游段和梯级水库安全防洪度汛的要求,降低汾河上游水库群防洪系统的整体风险,现研究其水库群防洪库容优化分配策略,进而构建水库群防洪库容优化分配模型,探讨水库群联合防洪调度方案的有效性,在汾河流域防洪工作中具有理论现实意义。

7.1　水库群联合防洪调度模型

7.1.1　目标函数

流域水库群联合防洪调度常用的目标有以下3种:

(1)水库最高运行水位最低:该目标使得调度期内尽量降低水库运行水位,降低水库自身防洪风险的同时,预留更多的防洪库容应对可能的大洪水。

(2)水库入库流量平方和最小:该目标是为了避免上游水库运行导致下游水库的入库流量过程急剧变化,给下游水库防洪造成不利影响,同时保证上游水库尽量拦蓄洪水,释放下游水库的防洪库容,扩大防洪空间。

(3)水库出库流量平方和最小:该目标是为了避免水库的出库流量过程剧烈变化,影响航运、发电、供水等综合利用。

本书采用权重法将上述3个目标组合为1个目标,最终目标函数如下:

$$\min F = \min \sum_{n}^{N} (a_n f_n + b_n g_n + c_n q_n) \tag{7-1}$$

其中:$f_n = \dfrac{Z_n^{\text{up}} - Z_n^{\min}}{Z_n^{\max} - Z_n^{\min}}$;$g_n = \sum\limits_{t=1}^{T} \dfrac{Q_{n,t}^2}{Q_{n,\max}^2}$;$q_n = \sum\limits_{t=1}^{T} \dfrac{q_{n,t}^2}{Q_{n,\max}^2}$。

式中:N为水库数量,$N=2$;f_n、g_n、q_n分别为水库n经标准化处理后的最高运行水位、入库流量平方和、出库流量平方和的函数值;$Z_n^{\max}$和$Z_n^{\min}$分别为水库n允许的最高运行水位和最低运行水位;Z_n^{up}为水库n在调度期内最高运行水位;T为调度期时段数量;$Q_{n,t}$和$q_{n,t}$分别为水库n在时段t内的入库流量和出库流量;$Q_{n,\max}$为水库n在调度期内最大天然入库流量,即未经上游水库调蓄时的最大入库流量;a_n、b_n和c_n分别为水库n的最高运行水位、入库流量平方和与出库流量平方和在目标函数中的权重。

综合考虑上游水库自身基本约束条件和太原市防洪要求,设置汾河水库、汾河二库的最高运行水位、入库流量平方和、出库流量平方和的多组权重,并且依据调度结果反复修正调整目标权重值,最终获得一组相对满意解,分别设置为:$a_1=10$、$b_1=0$、$c_1=0.5$、$a_2=3$、$b_2=0.5$、$c_2=0.5$,由于汾河水库为最上游水库,入库流量无法调节,所以将权重设置为0。

7.1.2 约束条件

(1)水量平衡约束:

$$V_{n,t}=V_{n,t-1}+\left[\frac{1}{2}(Q_{n,t}+Q_{n,t-1})-\frac{1}{2}(q_{n,t}+q_{n,t-1})\right]\Delta t \tag{7-2}$$

式中:$V_{n,t}$ 为水库 n 在时段 t 末的库容。

(2)水位上下限约束:

$$Z_n^{\min}\leqslant Z_{n,t}\leqslant Z_n^{\max} \tag{7-3}$$

式中:$Z_n^{\min}$ 和 $Z_n^{\max}$ 分别为水库 n 允许的最低水位和最高水位。

(3)下泄流量上下限约束:

$$q_{n,t}^{\min}\leqslant q_{n,t}\leqslant q_{n,t}^{\max} \tag{7-4}$$

式中:$q_{n,t}^{\min}$ 和 $q_{n,t}^{\max}$ 分别为水库 n 允许的最小下泄流量和最大下泄流量,其中最大下泄流量一般是水位对应的泄流能力;$q_{n,t}^{\min}=0$。

(4)水位-库容关系、水位-下泄能力关系:

$$V_{n,t}=f_{V_{n,t}}(Z_{n,t}) \tag{7-5}$$

$$q_{n,t}^{\max}=f_{q_{n,t}}(Z_{n,t}) \tag{7-6}$$

(5)非负约束。以上变量如水位、库容、泄流量等均不为负。

本次水库群联合调度优化算法采用遗传算法。

7.2 水库群联合调度规则

考虑各水库水位实时变化和水库本身及下游的防洪关系,并结合各水库的实际防洪能力,在确保水库及建筑物安全、河道断面安全和控制断面安全的基础上建立水库群联合防洪调度规则。

7.2.1 原调度规则

原调度规则根据山西省防汛抗旱指挥部《关于汾河水库2018年汛期调度运用计划的批复》(晋汛〔2018〕23号)和山西省防汛抗旱指挥部《关于汾河二库2018年汛期调度运用计划的批复》(晋汛〔2018〕16号)等文件执行。

7.2.2 新调度规则

8种设计组合洪水的新调度规则见表7-1~表7-16。

表 7-1　$P_{汾河水库}=0.05\%+P_{汾河二库}=0.1\%$组合洪水新调度规则(除险加固前)

<table>
<tr><th rowspan="2">水库</th><th rowspan="2">汛限水位/m</th><th colspan="2">判别条件</th><th rowspan="2">控洪流量/(m³/s)</th></tr>
<tr><th>水库水位/m</th><th>入库流量/(m³/s)</th></tr>
<tr><td rowspan="9">汾河水库</td><td rowspan="9">1 125.00</td><td rowspan="3">Z<1 125.00</td><td><1 000</td><td>580</td></tr>
<tr><td>≥1 000</td><td>879</td></tr>
<tr><td>≥1 200</td><td>敞泄</td></tr>
<tr><td rowspan="2">1 125.00≤Z<1 125.91</td><td><1 200</td><td>879</td></tr>
<tr><td>≥1 200</td><td>敞泄</td></tr>
<tr><td rowspan="2">1 125.91≤Z<1 127.21</td><td><600</td><td>430</td></tr>
<tr><td>≥600</td><td>敞泄</td></tr>
<tr><td>1 127.21≤Z<1 129.76</td><td></td><td>敞泄</td></tr>
<tr><td>Z≥1 129.76</td><td></td><td>1 889.68</td></tr>
<tr><td rowspan="16">汾河二库</td><td rowspan="16">898.00</td><td>Z<898.00</td><td></td><td>0</td></tr>
<tr><td rowspan="4">898.00≤Z <900.00</td><td><900</td><td>720</td></tr>
<tr><td>≥900</td><td>960</td></tr>
<tr><td>≥1 300</td><td>1 750</td></tr>
<tr><td>≥5 000</td><td>4 160</td></tr>
<tr><td rowspan="4">900.00≤Z<902.02</td><td><1 000</td><td>720</td></tr>
<tr><td>≥1 000</td><td>1 750</td></tr>
<tr><td>≥2 000</td><td>3 000</td></tr>
<tr><td>≥5 000</td><td>4 160</td></tr>
<tr><td rowspan="4">902.02≤Z<906.31</td><td><1 000</td><td>720</td></tr>
<tr><td>≥1 000</td><td>1 750</td></tr>
<tr><td>≥2 000</td><td>3 000</td></tr>
<tr><td>≥3 000</td><td>4 160</td></tr>
<tr><td rowspan="2">906.31≤Z<909.92</td><td><3 000</td><td>3 000</td></tr>
<tr><td>≥3 000</td><td>4 160</td></tr>
<tr><td>Z≥909.92</td><td></td><td>4 160</td></tr>
</table>

表 7-2 $P_{汾河水库}=0.05\%+P_{汾河二库}=0.1\%$组合洪水新调度规则(除险加固后)

水库	汛限水位/m	判别条件		控洪流量/(m³/s)
		水库水位/m	入库流量/(m³/s)	
汾河水库	1 125.00	Z<1 126.00	<600	580
			≥600	879
			≥1 200	敞泄
		1 126.00≤Z<1 126.56	<1 200	879
			≥1 200	敞泄
		1 126.56≤Z<1 127.82	<600	430
			≥600	敞泄
		1 127.82≤Z<1 130.25		敞泄
		Z≥1 130.25		1 988
汾河二库	898.00	Z<898.00		0
		898.00≤Z<900.00	<800	720
			≥800	960
			≥1 300	1 750
			≥5 000	4 160
		900.00≤Z<902.02	<1 000	960
			≥1 000	1 750
			≥2 000	3 000
			≥5 000	4 160
		902.02≤Z<906.31	<1 000	720
			≥1 000	1 750
			≥2 000	3 000
			≥2 500	4 160
		906.31≤Z<909.92	<3 000	3 000
			≥3 000	4 160
		Z≥909.92		4 160

表 7-3　$P_{汾河水库}=0.1\%+P_{汾河二库}=0.1\%$组合洪水新调度规则（除险加固前）

水库	汛限水位/m	判别条件		控洪流量/(m³/s)
		水库水位/m	入库流量/(m³/s)	
汾河水库	1 125.00	Z<1 125.00	<800	580
			≥800	879
			≥1 200	敞泄
		1 125.00≤Z<1 125.91	<1 200	879
			≥1 200	敞泄
		1 125.91≤Z<1 127.21	<600	430
			≥600	敞泄
		1 127.21≤Z<1 129.76		敞泄
		Z≥1 129.76		1 889.68
汾河二库	900.00	Z<900.00	<700	480
			≥700	720
			≥900	960
		900.00≤Z<902.02	<900	720
			≥900	960
			≥1 300	1 800
			≥3 000	3 000
			≥5 000	4 160
		902.02≤Z<906.31	<1 300	960
			≥1 300	1 800
			≥2 500	3 000
			≥3 000	4 160
		906.31≤Z<909.92	<3 000	3 000
			≥3 000	4 160
		Z≥909.92		4 160

表 7-4　$P_{汾河水库}=0.1\%+P_{汾河二库}=0.1\%$组合洪水新调度规则(除险加固后)

水库	汛限水位/m	判别条件		控洪流量/(m³/s)
		水库水位/m	入库流量/(m³/s)	
汾河水库	1 126.00	Z<1 126.00	<300	200
			≥300	580
			≥500	750
			≥1 000	敞泄
		1 126.00≤Z<1 126.56	<1 000	750
			≥1 000	敞泄
		1 126.56≤Z<1 127.82	<600	430
			≥600	敞泄
		1 127.82≤Z<1 130.25		敞泄
		Z≥1 130.25		1 988
汾河二库	900.00	Z<900.00	<700	480
			≥700	720
			≥900	960
			≥1 200	2 000
		900.00≤Z<902.02	<900	720
			≥900	960
			≥1 200	2 000
			≥3 000	3 000
			≥5 000	4 160
		902.02≤Z<906.31	<1 300	960
			≥1 300	2 000
			≥2 500	3 000
			≥3 000	4 160
		906.31≤Z<909.92	<3 000	3 000
			≥3 000	4 160
		Z≥909.92		4 160

表 7-5　$P_{汾河水库}=1\%+P_{汾河二库}=1\%$组合洪水新调度规则(除险加固前)

水库	汛限水位/m	判别条件		控洪流量/(m³/s)
		水库水位/m	入库流量/(m³/s)	
汾河水库	1 125.00	Z<1 125.00	<200	100
			≥200	480
			≥800	879
			≥1 200	敞泄
		1 125.00≤Z<1 125.91	<650	480
			≥650	879
			≥1 200	敞泄
		1 125.91≤Z<1 127.21	<600	430
			≥600	敞泄
		1 127.21≤Z<1 129.76		敞泄
		Z≥1 129.76		1 889.68
汾河二库	900.00	Z<900.00	<400	240
			≥400	480
			≥700	720
			≥1 800	2 750
		900.00≤Z<902.02	<300	240
			≥300	720
			≥800	960
			≥1 300	1 800
			≥1 500	2 750
		902.02≤Z<906.31	<720	240
			≥720	960
			≥1 300	1 800
			≥1 800	2 750
		906.31≤Z<909.92	<3 000	2 800
			≥3 000	4 160
		Z≥909.92		4 160

表 7-6　$P_{汾河水库}=1\%+P_{汾河二库}=1\%$组合洪水新调度规则(除险加固后)

水库	汛限水位/m	判别条件		控洪流量/(m³/s)
		水库水位/m	入库流量/(m³/s)	
汾河水库	1 126.00	Z<1 126.00	<300	200
			≥300	430
		1 126.00≤Z<1 126.56	<620	430
			≥620	敞泄
		1 126.56≤Z<1 127.82	<600	430
			≥600	敞泄
		1 127.82≤Z<1 130.25		敞泄
		Z≥1 130.25		1 988
汾河二库	900.00	Z<900.00	<400	240
			≥400	720
			≥1 500	3 000
		900.00≤Z<902.02	<300	240
			≥300	720
			≥800	960
			≥1 300	1 800
			≥1 500	3 000
		902.02≤Z<906.31	<720	240
			≥720	960
			≥1 300	1 800
			≥1 800	3 000
		906.31≤Z<909.92		3 000
		Z≥909.92		4 160

表 7-7　$P_{汾河水库}=2\%+P_{汾河二库}=2\%$组合洪水新调度规则(除险加固前)

水库	汛限水位/m	判别条件		控洪流量/(m^3/s)
		水库水位/m	入库流量/(m^3/s)	
汾河水库	1 125.00	Z<1 125.00	<200	100
			≥200	380
			≥500	879
			≥1 000	敞泄
		1 125.00≤Z<1 125.91	<500	380
			≥500	879
			≥1 000	敞泄
		1 125.91≤Z<1 127.21	<600	879
			≥600	敞泄
		1 127.21≤Z<1 129.76		敞泄
		Z≥1 129.76		1 889.68
汾河二库	900.00	Z<900.00	<450	240
			≥450	480
			≥700	720
		900.00≤Z<902.02	<450	480
			≥450	720
			≥2 000	2 750
		902.02≤Z<906.31	<1 350	720
			≥1 300	1 800
			≥2 000	2 750
		906.31≤Z<909.92	<3 000	3 000
			≥3 000	4 160
		Z≥909.92		4 160

表 7-8　$P_{汾河水库}=2\%+P_{汾河二库}=2\%$组合洪水新调度规则(除险加固后)

水库	汛限水位/m	判别条件		控洪流量/(m^3/s)
		水库水位/m	入库流量/(m^3/s)	
汾河水库	1 126.00	Z<1 126.00	<300	200
			≥300	330
		1 126.00≤Z<1 126.56	<500	330
			≥500	879
			≥800	1 300
		1 126.56≤Z<1 127.82	<300	330
			≥300	580
			≥500	879
			≥800	1 300
		1 127.82≤Z<1 130.25		1 531.94
		Z≥1 130.25		1 998
汾河二库	900.00	Z<900.00	<450	240
			≥450	480
			≥700	720
			≥1 500	2 500
		900.00≤Z<902.02	<450	480
			≥450	720
			≥1 000	2 500
		902.02≤Z<906.31	<1 300	720
			≥1 300	1 800
			≥2 000	2 500
		906.31≤Z<909.92	<3 000	3 000
			≥3 000	4 160
		Z≥909.92		4 160

表 7-9　$P_{汾河水库}=5\%+P_{汾河二库}=5\%$组合洪水新调度规则(除险加固前)

水库	汛限水位/m	判别条件		控洪流量/(m³/s)
		水库水位/m	入库流量/(m³/s)	
汾河水库	1 125.00	Z<1 125.00	<50	100
			≥50	200
			≥300	500
			≥500	879
		1 125.00≤Z<1 125.91	<300	200
			≥300	500
			≥700	敞泄
		1 125.91≤Z<1 127.21		敞泄
		1 127.21≤Z<1 129.76		敞泄
		Z≥1 129.76		1 889.68
汾河二库	900.00	Z<900.00	<150	150
			≥150	240
			≥350	480
			≥900	1 600
		900.00≤Z<902.02	<500	240
			≥500	960
			≥1 000	1 600
			≥3 000	3 000
			≥5 000	4 160
		902.02≤Z<906.31	<1 000	720
			≥1 000	1 800
			≥2 500	3 000
			≥3 000	4 160
		906.31≤Z<909.92	<3 000	3 000
			≥3 000	4 160
		Z≥909.92		4 160

表 7-10　$P_{汾河水库}=5\%+P_{汾河二库}=5\%$组合洪水新调度规则(除险加固后)

水库	汛限水位/m	判别条件		控洪流量/(m³/s)
		水库水位/m	入库流量/(m³/s)	
汾河水库	1 126.00	Z<1 126.00	<580	280
			≥580	580
		1 126.00≤Z<1 126.56	<300	200
			≥300	580
			≥500	879
		1 126.56≤Z<1 127.82	<300	300
			≥300	580
			≥500	879
		1 127.82≤Z<1 130.25		1 407
		Z≥1 130.25		1 998
汾河二库	900.00	Z<900.00	<200	150
			≥200	240
			≥350	480
			≥900	1 700
		900.00≤Z<902.02	<250	240
			≥500	960
			≥1 000	1 700
			≥3 000	3 000
			≥5 000	4 160
		902.02≤Z<906.31	<1 000	720
			≥1 000	1 800
			≥2 500	3 000
			≥3 000	4 160
		906.31≤Z<909.92	<3 000	3 000
			≥3 000	4 160
		Z≥909.92		4 160

表 7-11　$P_{汾河水库}=5\%+P_{汾河二库}=20\%$组合洪水新调度规则(除险加固前)

水库	汛限水位/m	判别条件		控洪流量/(m^3/s)
		水库水位/m	入库流量/(m^3/s)	
汾河水库	1 125.00	$Z<1\ 125.00$	<50	100
			≥50	200
			≥300	500
			≥500	879
		$1\ 125.00 \leqslant Z<1\ 125.91$	<300	200
			≥300	500
			≥700	敞泄
		$1\ 125.91 \leqslant Z<1\ 127.21$		敞泄
		$1\ 127.21 \leqslant Z<1\ 129.76$		敞泄
		$Z \geqslant 1\ 129.76$		1 889.68
汾河二库	900.00	$Z<900.00$	<150	150
			≥150	240
			≥350	480
			≥500	960
		$900.00 \leqslant Z<902.02$	<300	240
			≥300	480
			≥500	960
			≥3 000	3 000
			≥5 000	4 160
		$902.02 \leqslant Z<906.31$	<1 000	720
			≥1 000	1 800
			≥2 500	3 000
			≥3 000	4 160
		$906.31 \leqslant Z<909.92$	<3 000	3 000
			≥3 000	4 160
		$Z \geqslant 909.92$		4 160

表 7-12　$P_{汾河水库}=5\%+P_{汾河二库}=20\%$组合洪水新调度规则(除险加固后)

<table>
<tr><th rowspan="2">水库</th><th rowspan="2">汛限水位/m</th><th colspan="2">判别条件</th><th rowspan="2">控洪流量/(m³/s)</th></tr>
<tr><th>水库水位/m</th><th>入库流量/(m³/s)</th></tr>
<tr><td rowspan="10">汾河水库</td><td rowspan="10">1 126.00</td><td rowspan="2">Z<1 126.00</td><td><580</td><td>280</td></tr>
<tr><td>≥580</td><td>580</td></tr>
<tr><td rowspan="3">1 126.00≤Z<1 126.56</td><td><300</td><td>200</td></tr>
<tr><td>≥300</td><td>580</td></tr>
<tr><td>≥500</td><td>879</td></tr>
<tr><td rowspan="3">1 126.56≤Z<1 127.82</td><td><300</td><td>300</td></tr>
<tr><td>≥300</td><td>580</td></tr>
<tr><td>≥500</td><td>879</td></tr>
<tr><td>1 127.82≤Z<1 130.25</td><td></td><td>1 407</td></tr>
<tr><td>Z≥1 130.25</td><td></td><td>1 998</td></tr>
<tr><td rowspan="15">汾河二库</td><td rowspan="15">900.00</td><td rowspan="4">Z<900.00</td><td><150</td><td>150</td></tr>
<tr><td>≥150</td><td>240</td></tr>
<tr><td>≥350</td><td>480</td></tr>
<tr><td>≥500</td><td>920</td></tr>
<tr><td rowspan="4">900.00≤Z<902.02</td><td><250</td><td>240</td></tr>
<tr><td>≥500</td><td>920</td></tr>
<tr><td>≥3 000</td><td>3 000</td></tr>
<tr><td>≥5 000</td><td>4 160</td></tr>
<tr><td rowspan="4">902.02≤Z<906.31</td><td><1 000</td><td>720</td></tr>
<tr><td>≥1 000</td><td>1 800</td></tr>
<tr><td>≥2 500</td><td>3 000</td></tr>
<tr><td>≥3 000</td><td>4 160</td></tr>
<tr><td rowspan="2">906.31≤Z<909.92</td><td><3 000</td><td>3 000</td></tr>
<tr><td>≥3 000</td><td>4 160</td></tr>
<tr><td>Z≥909.92</td><td></td><td>4 160</td></tr>
</table>

表 7-13　$P_{汾河水库}=10\%+P_{汾河二库}=20\%$组合洪水新调度规则(除险加固前)

水库	汛限水位/m	判别条件		控洪流量/(m³/s)
		水库水位/m	入库流量/(m³/s)	
汾河水库	1 125.00	Z<1 125.00	<50	50
			≥50	150
			≥300	500
			≥500	879
		1 125.00≤Z<1 125.91	<300	150
			≥300	500
			≥500	879
		1 125.91≤Z<1 127.21		敞泄
		1 127.21≤Z<1 129.76		敞泄
		Z≥1 129.76		1 889.68
汾河二库	900.00	Z<900.00	<150	150
			≥150	240
			≥350	480
			≥500	920
		900.00≤Z<902.02	<250	240
			≥250	480
			≥500	720
			≥3 000	3 000
			≥5 000	4 160
		902.02≤Z<906.31	<1 000	720
			≥1 000	1 800
			≥2 500	3 000
			≥3 000	4 160
		906.31≤Z<909.92	<3 000	3 000
			≥3 000	4 160
		Z≥909.92		4 160

表 7-14　$P_{汾河水库}=10\%+P_{汾河二库}=20\%$组合洪水新调度规则(除险加固后)

水库	汛限水位/m	判别条件		控洪流量/(m³/s)
		水库水位/m	入库流量/(m³/s)	
汾河水库	1 126.00	Z<1 126.00	<300	150
			≥300	500
		1 126.00≤Z<1 126.56	<300	150
			≥300	500
			≥500	700
		1 126.56≤Z<1 127.82		700
		1 127.82≤Z<1 130.25		敞泄
		Z≥1 130.25		1 998
汾河二库	900.00	Z<900.00	<100	100
			≥100	240
			≥350	480
			≥600	600
		900.00≤Z<902.02	<100	100
			≥100	240
			≥250	480
			≥500	600
			≥3 000	3 000
			≥5 000	4 160
		902.02≤Z<906.31	<1 000	720
			≥1 000	1 800
			≥2 500	3 000
			≥3 000	4 160
		906.31≤Z<909.92	<3 000	3 000
			≥3 000	4 160
		Z≥909.92		4 160

表 7-15　$P_{汾河水库}=20\%+P_{汾河二库}=20\%$组合洪水新调度规则(除险加固前)

<table>
<tr><th rowspan="2">水库</th><th rowspan="2">汛限水位/m</th><th colspan="2">判别条件</th><th rowspan="2">控洪流量/(m³/s)</th></tr>
<tr><th>水库水位/m</th><th>入库流量/(m³/s)</th></tr>
<tr><td rowspan="7">汾河水库</td><td rowspan="7">1 125.00</td><td rowspan="2">Z<1 125.00</td><td><180</td><td>100</td></tr>
<tr><td>≥180</td><td>380</td></tr>
<tr><td rowspan="2">1 125.00≤Z<1 125.91</td><td><180</td><td>100</td></tr>
<tr><td>≥180</td><td>380</td></tr>
<tr><td>1 125.91≤Z<1 127.21</td><td></td><td>敞泄</td></tr>
<tr><td>1 127.21≤Z<1 129.76</td><td></td><td>敞泄</td></tr>
<tr><td>Z≥1 129.76</td><td></td><td>1 889.68</td></tr>
<tr><td rowspan="16">汾河二库</td><td rowspan="16">900.00</td><td rowspan="4">Z<900.00</td><td><150</td><td>100</td></tr>
<tr><td>≥150</td><td>240</td></tr>
<tr><td>≥250</td><td>480</td></tr>
<tr><td>≥500</td><td>580</td></tr>
<tr><td rowspan="5">900.00≤Z<902.02</td><td><250</td><td>240</td></tr>
<tr><td>≥250</td><td>480</td></tr>
<tr><td>≥500</td><td>580</td></tr>
<tr><td>≥3 000</td><td>3 000</td></tr>
<tr><td>≥5 000</td><td>4 160</td></tr>
<tr><td rowspan="4">902.02≤Z<906.31</td><td><1 000</td><td>720</td></tr>
<tr><td>≥1 000</td><td>1 800</td></tr>
<tr><td>≥2 500</td><td>3 000</td></tr>
<tr><td>≥3 000</td><td>4 160</td></tr>
<tr><td rowspan="2">906.31≤Z<909.92</td><td><3 000</td><td>3 000</td></tr>
<tr><td>≥3 000</td><td>4 160</td></tr>
<tr><td>Z≥909.92</td><td></td><td>4 160</td></tr>
</table>

表 7-16　$P_{汾河水库}=20\%+P_{汾河二库}=20\%$组合洪水新调度规则(除险加固后)

水库	汛限水位/m	判别条件		控洪流量/(m³/s)
		水库水位/m	入库流量/(m³/s)	
汾河水库	1 126.00	Z<1 126.00	<580	100
			≥580	580
		1 126.00≤Z<1 126.56	<150	100
			≥150	230
			≥300	580
		1 126.56≤Z<1 127.82		879
		1 127.82≤Z<1 130.25		敞泄
		Z≥1 130.25		1 988
汾河二库	900.00	Z<900.00	<140	100
			≥140	240
			≥250	480
		900.00≤Z<902.02	<140	100
			≥140	240
			≥250	480
			≥3 000	3 000
			≥5 000	4 160
		902.02≤Z<906.31	<1 000	720
			≥1 000	1 800
			≥2 500	3 000
			≥3 000	4 160
		906.31≤Z<909.92	<3 000	3 000
			≥3 000	4 160
		Z≥909.92		4 160

7.3　设计洪水流域水库群联合防洪调度方案

对汾河上游 8 种组合设计洪水通过原调度方案和新调度方案进行调洪演算，由计算结果绘制调度过程中水位变化过程图和下泄流量变化过程图，进一步对各组合洪水的调度方案结果进行比较与分析。其中，当遭遇 $P_{汾河水库}=0.05\%+P_{汾河二库}=0.1\%$ 组合设计洪水时，汾河二库需要提前预泄至 898.00 m。

7.3.1　除险加固前

7.3.1.1　$P_{汾河水库}=0.05\%+P_{汾河二库}=0.1\%$ 组合洪水

不同调度方案对汾河水库 $P=0.05\%$ 设计洪水及汾河二库 $P=0.1\%$ 设计洪水调度过程如图 7-1～图 7-4、表 7-17 所示。新调度方案对流域水库洪水调度具有明显的削峰、降低坝前水库最高水位和减小下泄流量平方和的作用，有效提高了水库及下游的防洪安全。

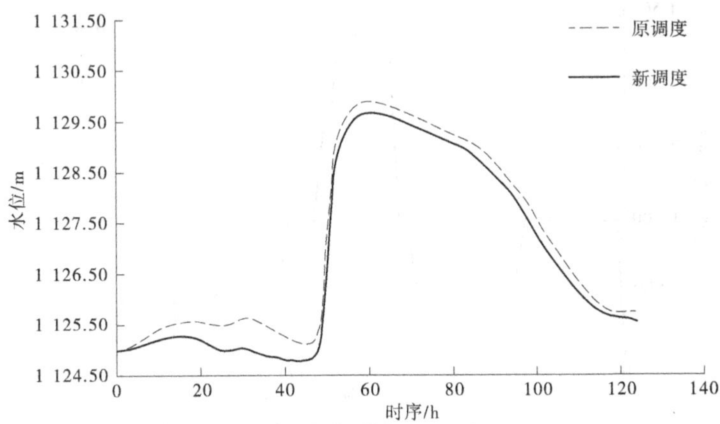

图 7-1　$P_{汾河水库}=0.05\%+P_{汾河二库}=0.1\%$ 组合洪水不同调度方案汾河水库水位变化过程（除险加固前）

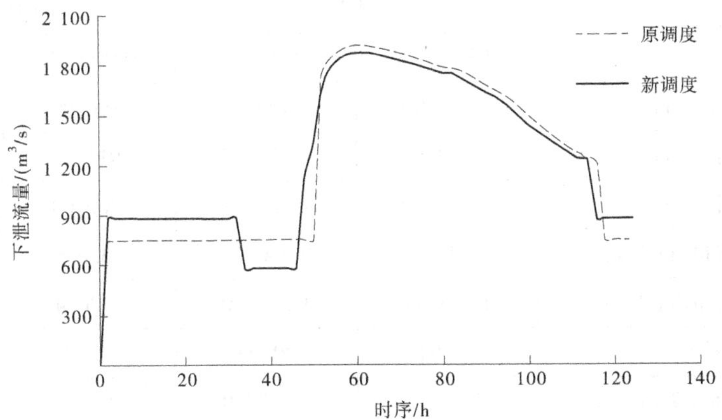

图 7-2　$P_{汾河水库}=0.05\%+P_{汾河二库}=0.1\%$ 组合洪水不同调度方案汾河水库下泄流量变化过程（除险加固前）

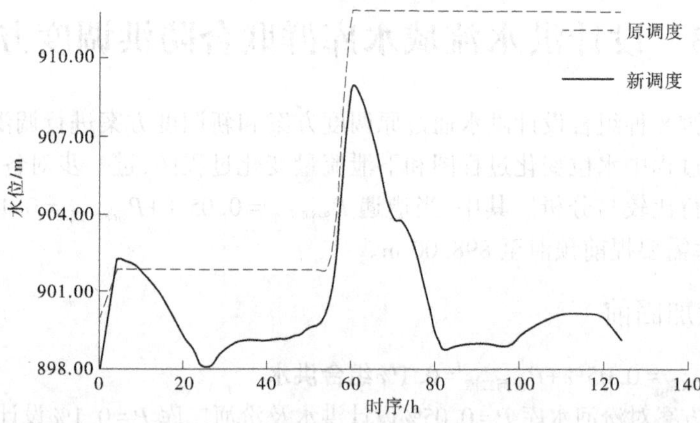

图 7-3 $P_{汾河水库}=0.05\%+P_{汾河二库}=0.1\%$组合洪水不同调度方案汾河二库水位变化过程(除险加固前)

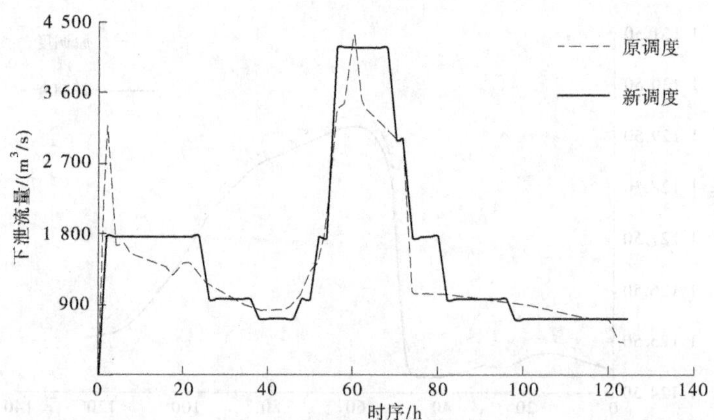

图 7-4 $P_{汾河水库}=0.05\%+P_{汾河二库}=0.1\%$组合洪水不同调度方案汾河二库下泄流量变化过程(除险加固前)

表 7-17 联合调度情形下不同调度方案结果对比(除险加固前)(一)

项目	汾河水库		汾河二库	
	原调度方案	新调度方案	原调度方案	新调度方案
汛限水位/m	1 125.00	1 125.00	900.00	900.00
最高水位/m	1 129.89	1 129.67	911.82	908.91
最低水位/m	1 125.00	1 124.79	900.00	898.00
最大入库流量/(m^3/s)	9 400.00	9 400.00	8 336.52	8 309.94
最大下泄流量/(m^3/s)	1 914.41	1 871.30	4 336.43	4 160.00
削峰率/%	79.64	80.09	47.98	49.94
下泄流量平方和/[万(m^3/s)^2]	21 328.9	17 608.0	10 939.2	10 881.5

汾河水库最大入库流量为 9 400.00 m^3/s,原调度结果最大下泄流量为 1 914.41

m^3/s，削峰率为 79.64%，下泄流量平方和为 21 328.9 万$(m^3/s)^2$，原调度方案中汾河水库坝前最高水位为 1 129.89 m，超了校核洪水位 1 129.76 m，大坝发生漫坝风险；新调度方案最大下泄流量为 1 871.30 m^3/s，削峰率为 80.09%，下泄流量平方和为 17 608.0 万$(m^3/s)^2$，新调度方案中汾河水库坝前最高水位为 1 129.67 m，符合水库要求。新调度方案与原调度方案相比，下泄流量峰值削减了 43.11 m^3/s，削峰率进一步提高了 2.25%，下泄流量平方和减小了 17.45%。

新调度方案将汾河二库最大入库流量由 8 336.52 m^3/s 降低至 8 309.94 m^3/s；原调度方案汾河二库最大下泄流量为 4 336.43 m^3/s，削峰率为 47.98%，下泄流量平方和为 10 939.2 万$(m^3/s)^2$，原调度方案中汾河二库坝前最高水位为 911.82 m，超过校核洪水位 909.92 m，大坝发生漫坝风险；新调度方案最大下泄流量为 4 160.00 m^3/s，削峰率为 49.94%，下泄流量平方和为 10 881.5 万$(m^3/s)^2$，新调度方案中汾河水库坝前最高水位为 908.91 m，符合水库要求。新调度方案与原调度方案相比，下泄流量峰值削减了 176.43 m^3/s，下泄流量平方和减小了 0.53%。

7.3.1.2　$P_{汾河水库}=0.1\%+P_{汾河二库}=0.1\%$组合洪水

汾河水库 $P=0.1\%$设计洪水及汾河二库 $P=0.1\%$设计洪水调度过程如图 7-5～图 7-8、表 7-18 所示。

汾河水库最大入库流量为 8 325.00 m^3/s，原调度方案最大下泄流量为 1 828.47 m^3/s，削峰率为 78.04%，下泄流量平方和为 9 075.5 万$(m^3/s)^2$，原调度方案中汾河水库坝前最高水位为 1 129.44 m，符合水库要求；新调度方案最大下泄流量为 1 780.87 m^3/s，削峰率为 78.61%，下泄流量平方和为 8 958.1 万$(m^3/s)^2$，新调度方案中汾河水库坝前最高水位为 1 129.20 m，符合水库要求。新调度方案与原调度方案相比，下泄流量峰值削减了 47.60 m^3/s，削峰率进一步提高了 2.60%，下泄流量平方和下降了 1.29%。

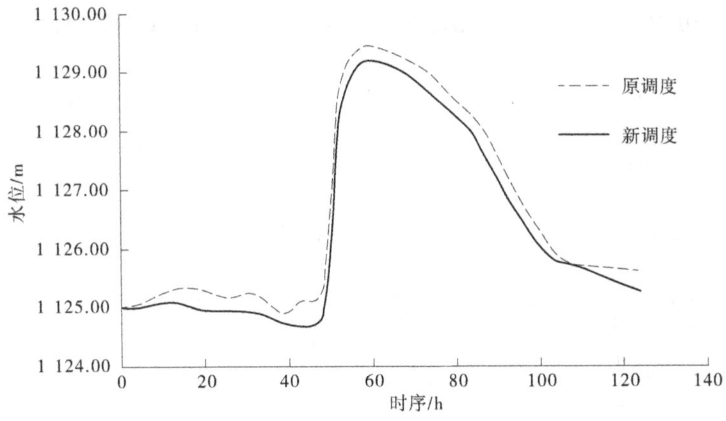

图 7-5　$P_{汾河水库}=0.1\%+P_{汾河二库}=0.1\%$组合洪水不同调度方案汾河水库水位变化过程(除险加固前)

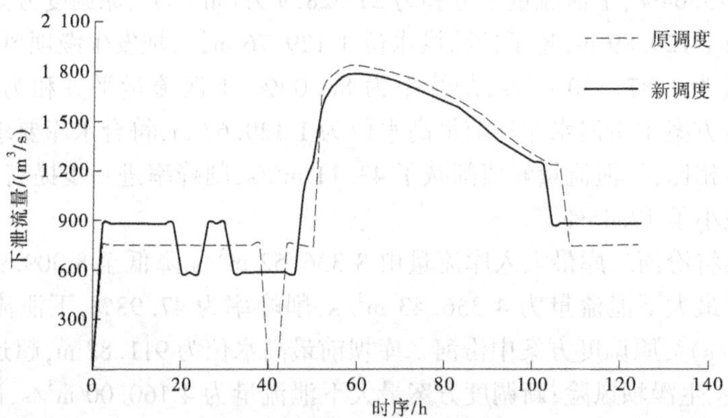

图 7-6　$P_{汾河水库}=0.1\%+P_{汾河二库}=0.1\%$组合洪水不同调度方案汾河水库下泄流量变化过程(除险加固前)

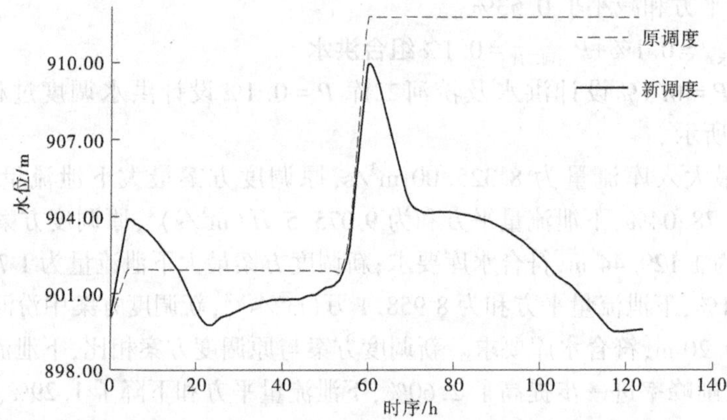

图 7-7　$P_{汾河水库}=0.1\%+P_{汾河二库}=0.1\%$组合洪水不同调度方案汾河二库水位变化过程(除险加固前)

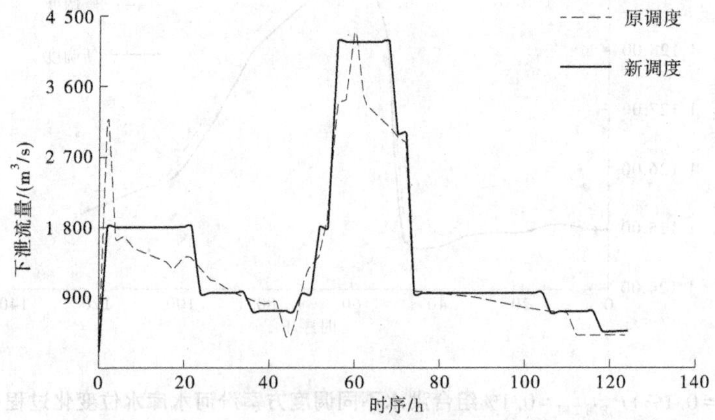

图 7-8　$P_{汾河水库}=0.1\%+P_{汾河二库}=0.1\%$组合洪水不同调度方案汾河二库下泄流量变化过程(除险加固前)

表 7-18　联合调度情形下不同调度方案结果对比(除险加固前)(三)

项目	汾河水库		汾河二库	
	原调度方案	新调度方案	原调度方案	新调度方案
汛限水位/m	1 125.00	1 125.00	900.00	900.00
最高水位/m	1 129.44	1 129.20	911.73	909.89
最低水位/m	1 124.90	1 124.79	900.00	900.00
最大入库流量/(m^3/s)	8 325.00	8 325.00	8 300.59	8 261.39
最大下泄流量/(m^3/s)	1 828.47	1 780.87	4 293.50	4 160.00
削峰率/%	78.04	78.61	48.27	49.65
下泄流量平方和/[万$(m^3/s)^2$]	9 075.5	8 958.1	16 784.9	21 098.1

新调度方案将汾河二库最大入库流量由 8 300.59 m^3/s 降低至 8 261.39 m^3/s;原调度方案汾河二库最大下泄流量为 4 293.50 m^3/s,削峰率为 48.27%,下泄流量平方和为 16 784.9 万$(m^3/s)^2$,原调度方案中汾河二库坝前最高水位为 911.73 m,超过校核洪水位 909.92 m,大坝发生漫坝风险;新调度方案最大下泄流量为 4 160.00 m^3/s,削峰率为 49.65%,下泄流量平方和为 21 098.1 万$(m^3/s)^2$,新调度方案中汾河水库坝前最高水位为 909.89 m,符合水库要求。新调度方案与原调度方案相比,下泄流量峰值削减了 133.5 m^3/s,下泄流量平方和略有增加。

新调度方案对水库洪水调度具有明显的削峰和降低坝前水库最高水位的作用,有效提高了水库及下游的防洪安全。

7.3.1.3　$P_{汾河水库}=1\%+P_{汾河二库}=1\%$组合洪水

汾河水库 $P=1\%$设计洪水及汾河二库 $P=1\%$设计洪水调度过程如图 7-9~图 7-12、表 7-19 所示。

汾河水库最大入库流量为 5 010.00 m^3/s,原调度方案最大下泄流量为 1 555.26 m^3/s,削峰率为 68.96%,下泄流量平方和为 4 560.4 万$(m^3/s)^2$,原调度方案中汾河水库坝前最高水位为 1 127.96 m,符合水库要求;新调度方案最大下泄流量为 1 410.72 m^3/s,削峰率为 71.84%,下泄流量平方和为 3 679.3 万$(m^3/s)^2$,新调度方案中汾河水库坝前最高水位为 1 127.09 m,符合水库要求。新调度方案与原调度方案相比,下泄流量峰值削减了 144.54 m^3/s,削峰率进一步提高了 9.29%,下泄流量平方和减小了 19.32%。

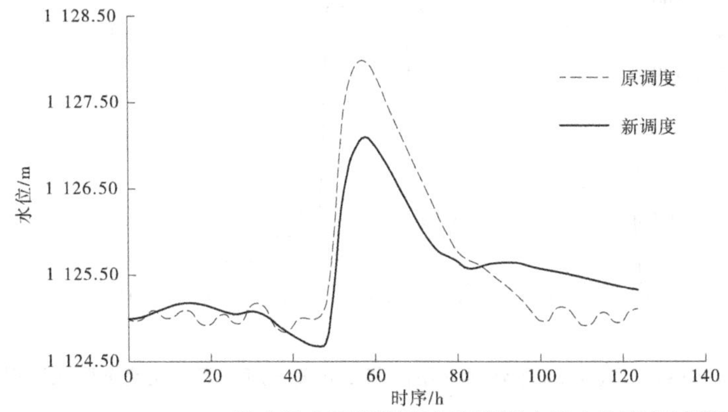

图 7-9　$P_{汾河水库}=1\%+P_{汾河二库}=1\%$组合洪水不同调度方案汾河水库水位变化过程(除险加固前)

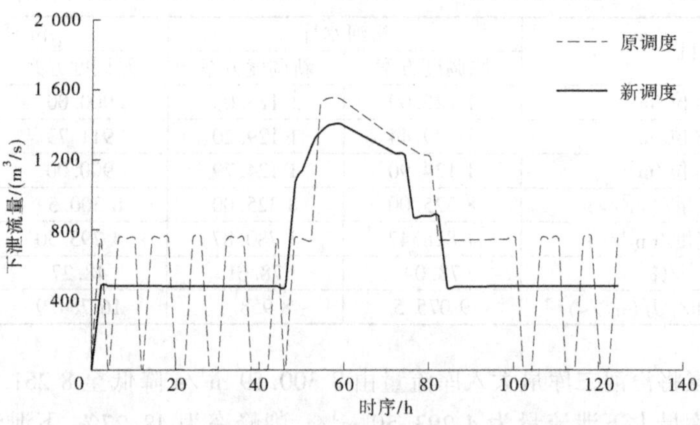

图 7-10　$P_{汾河水库}=1\%+P_{汾河二库}=1\%$组合洪水不同调度方案汾河水库下泄流量变化过程(除险加固前)

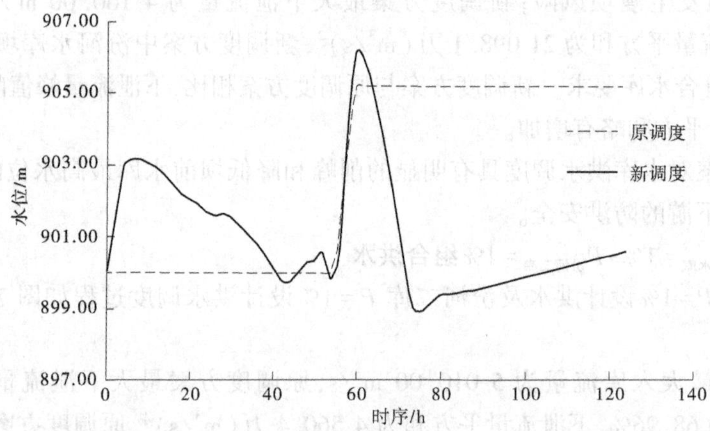

图 7-11　$P_{汾河水库}=1\%+P_{汾河二库}=1\%$组合洪水不同调度方案汾河二库水位变化过程(除险加固前)

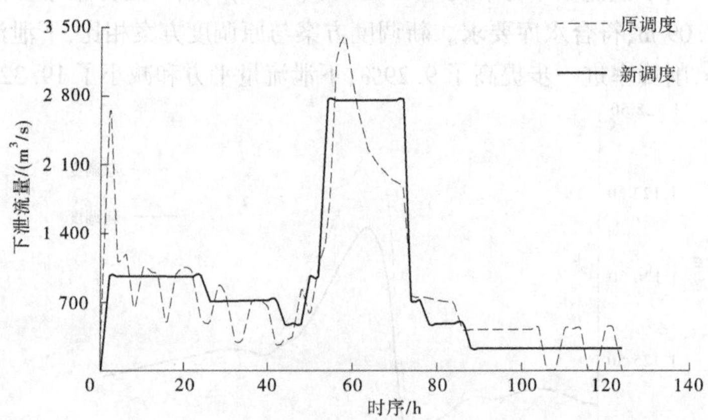

图 7-12　$P_{汾河水库}=1\%+P_{汾河二库}=1\%$组合洪水不同调度方案汾河二库下泄流量变化过程(除险加固前)

表 7-19　汾河水库不同调度方案结果对比(除险加固前)(三)

项目	汾河水库		汾河二库	
	原调度方案	新调度方案	原调度方案	新调度方案
汛限水位/m	1 125.00	1 125.00	900.00	900.00
最高水位/m	1 127.96	1 127.09	905.19	906.15
最低水位/m	1 124.82	1 124.68	900.00	898.98
最大入库流量/(m^3/s)	5 010.00	5 010.00	5 431.98	5 430.26
最大下泄流量/(m^3/s)	1 555.26	1 410.72	3 410.64	2 750.00
削峰率/%	68.96	71.84	37.21	49.36
下泄流量平方和/[万(m^3/s)^2]	4 560.4	3 679.3	8 663.6	9 728.3

新调度方案将汾河二库最大入库流量由 5 431.98 m^3/s 降低至 5 430.26 m^3/s;原调度方案汾河二库最大下泄流量为 3 410.64 m^3/s,削峰率为 37.21%,下泄流量平方和为 8 663.6 万(m^3/s)^2,原调度方案中汾河二库坝前最高水位为 905.19 m,符合水库要求;新调度方案最大下泄流量为 2 750.00 m^3/s,削峰率为 49.36%,下泄流量平方和为 9 728.3 万(m^3/s)^2,新调度方案中汾河水库坝前最高水位为 906.15 m,符合水库要求。新调度方案与原调度方案相比,下泄流量峰值削减了 660.64 m^3/s,下泄流量平方和略有增加。

新调度方案对水库洪水调度具有明显的削峰作用,汾河二库坝前水库最高水位略有增加,但均属于三级风险,新调度方案有效提高了水库及下游的防洪安全。

7.3.1.4　$P_{汾河水库}=2\%+P_{汾河二库}=2\%$组合洪水

汾河水库 $P=2\%$设计洪水及汾河二库 $P=2\%$设计洪水调度过程如图 7-13～图 7-16、表 7-20 所示。

汾河水库最大入库流量为 4 080.00 m^3/s,原调度方案最大下泄流量为 1 441.88 m^3/s,削峰率为 64.66%,下泄流量平方和为 3 675.6 万(m^3/s)^2,原调度方案中汾河水库坝前最高水位为 1 127.28 m,符合水库要求;新调度方案最大下泄流量为 1 348.02 m^3/s,削峰率为 66.96%,下泄流量平方和为 2 997.7 万(m^3/s)^2,新调度方案中汾河水库坝前最高水位为 1 126.69 m,符合水库要求。新调度方案与原调度方案相比,下泄流量峰值削减了 93.86 m^3/s,削峰率进一步提高了 6.51%,下泄流量平方和减小了 18.44%。

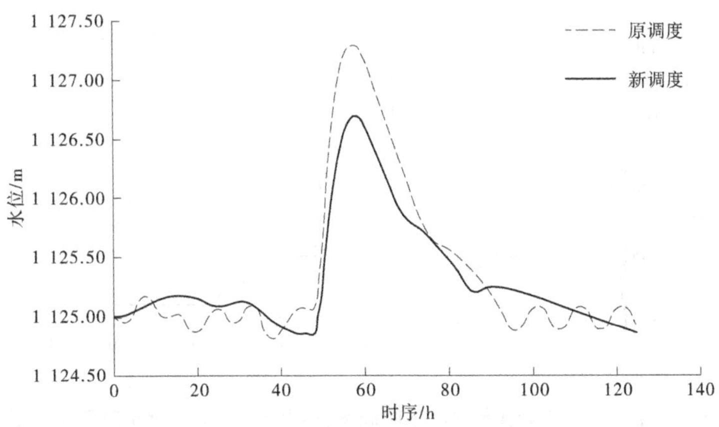

图 7-13　$P_{汾河水库}=2\%+P_{汾河二库}=2\%$组合洪水不同调度方案汾河水库水位变化过程(除险加固前)

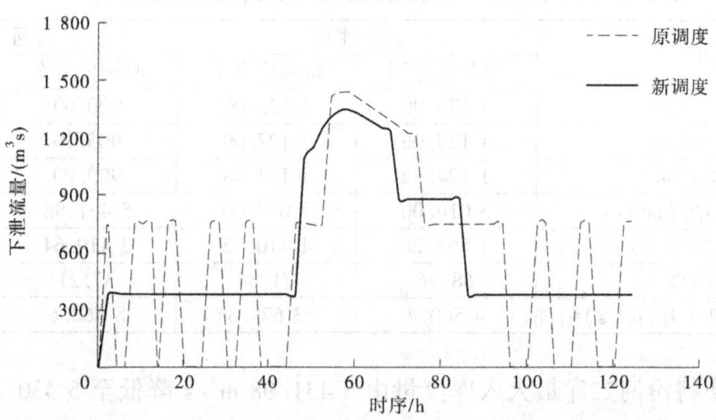

图 7-14　$P_{汾河水库}=2\%+P_{汾河二库}=2\%$组合洪水不同调度方案汾河水库下泄流量变化过程(除险加固前)

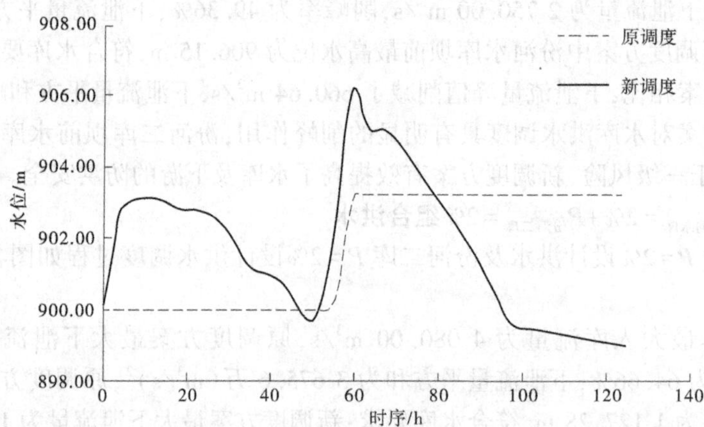

图 7-15　$P_{汾河水库}=2\%+P_{汾河二库}=2\%$组合洪水不同调度方案汾河二库水位变化过程(除险加固前)

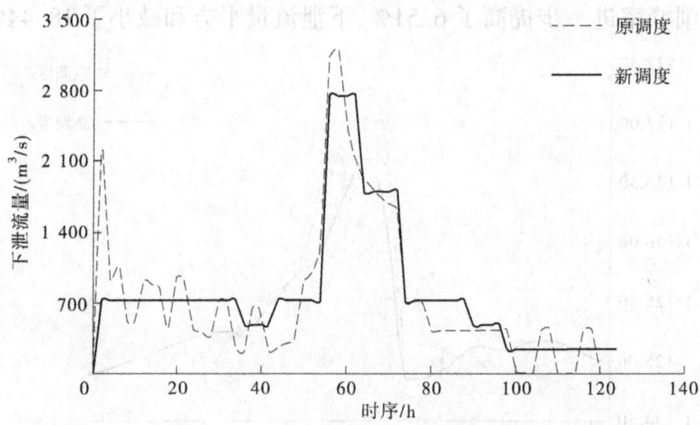

图 7-16　$P_{汾河水库}=2\%+P_{汾河二库}=2\%$组合洪水不同调度方案汾河二库下泄流量变化过程(除险加固前)

表 7-20　汾河水库不同调度方案结果对比(除险加固前)(四)

项目	汾河水库		汾河二库	
	原调度方案	新调度方案	原调度方案	新调度方案
汛限水位/m	1 125.00	1 125.00	900.00	900.00
最高水位/m	1 127.28	1 126.69	903.20	906.21
最低水位/m	1 124.81	1 124.85	900.00	899.70
最大入库流量/(m^3/s)	4 080.00	4 080.00	4 607.81	4 549.31
最大下泄流量/(m^3/s)	1 441.88	1 348.02	3 206.79	2 750.00
削峰率/%	64.66	66.96	30.41	39.55
下泄流量平方和/[万(m^3/s)^2]	3 675.6	2 997.7	6 827.5	6 528.5

新调度方案将汾河二库最大入库流量由 4 607.81 m^3/s 降低至 4 549.31 m^3/s;原调度方案汾河二库最大下泄流量为 3 206.79 m^3/s,削峰率为 30.41%,下泄流量平方和为 6 827.5 万(m^3/s)^2,原调度方案中汾河二库坝前最高水位为 903.20 m,符合水库要求;新调度方案最大下泄流量为 2 750.00 m^3/s,削峰率为 39.55%,下泄流量平方和为 6 528.5 万(m^3/s)^2,新调度方案中汾河水库坝前最高水位为 906.21 m,符合水库要求。新调度方案与原调度方案相比,下泄流量峰值减小了 456.79 m^3/s,下泄流量平方和减小 4.38%。

新调度方案对水库洪水调度具有明显的削峰作用,汾河二库坝前水库最高水位略有增加,但均属于三级风险,新调度方案有效提高了水库及下游的防洪安全。

7.3.1.5　$P_{汾河水库}=5\%+P_{汾河二库}=5\%$组合洪水

汾河水库 $P=5\%$设计洪水及汾河二库 $P=5\%$设计洪水调度过程如图 7-17～图 7-20、表 7-21 所示。

汾河水库最大入库流量为 2 870.00 m^3/s,原调度方最大下泄流量为 1 293.43 m^3/s,削峰率为 54.93%,下泄流量平方和为 2 261.2 万(m^3/s)^2,原调度方案中汾河水库坝前最高水位为 1 126.33 m,符合水库要求;新调度方案最大下泄流量为 1 217.70 m^3/s,削峰率为 57.57%,下泄流量平方和为 1 528.5 万(m^3/s)^2,新调度方案中汾河水库坝前最高水位为 1 125.81 m,符合水库要求。新调度方案与原调度方案相比,下泄流量峰值削减了 75.73 m^3/s,削峰率进一步提高了 5.85%,下泄流量平方和减小了 33.29%。

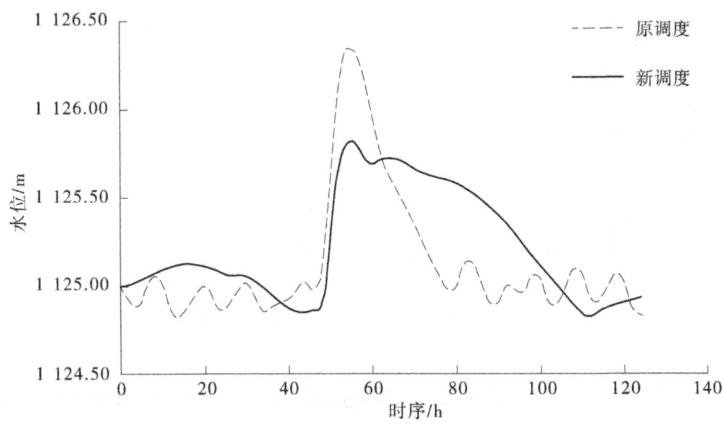

图 7-17　$P_{汾河水库}=5\%+P_{汾河二库}=5\%$组合洪水不同调度方案汾河水库水位变化过程(除险加固前)

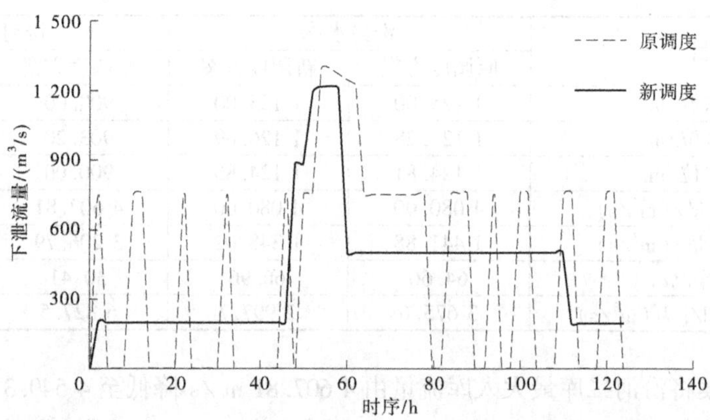

图 7-18　$P_{汾河水库}=5\%+P_{汾河二库}=5\%$组合洪水不同调度方案汾河水库下泄流量变化过程(除险加固前)

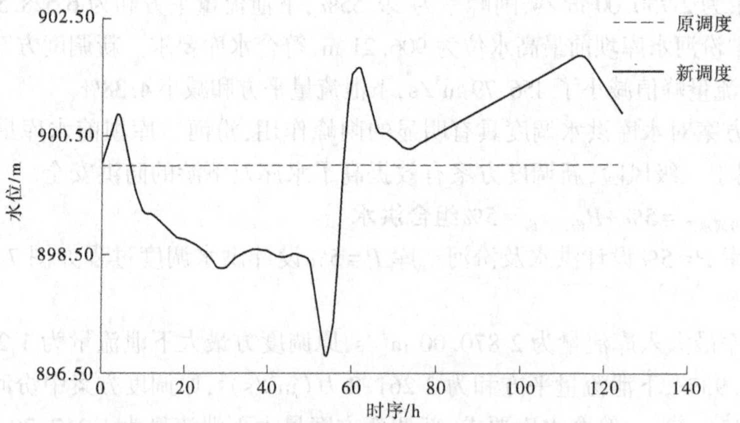

图 7-19　$P_{汾河水库}=5\%+P_{汾河二库}=5\%$组合洪水不同调度方案汾河二库水位变化过程(除险加固前)

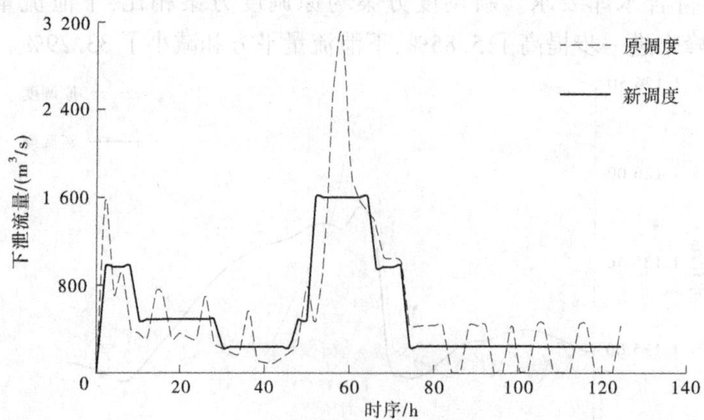

图 7-20　$P_{汾河水库}=5\%+P_{汾河二库}=5\%$组合洪水不同调度方案汾河二库下泄流量变化过程(除险加固前)

表 7-21　汾河水库不同调度方案结果对比(除险加固前)(五)

项目	汾河水库		汾河二库	
	原调度方案	新调度方案	原调度方案	新调度方案
汛限水位/m	1 125.00	1 125.00	900.00	900.00
最高水位/m	1 126.33	1 125.81	900.01	901.85
最低水位/m	1 124.82	1 124.83	900.00	896.79
最大入库流量/(m^3/s)	2 870.00	2 870.00	3 108.39	3 063.52
最大下泄流量/(m^3/s)	1 293.43	1 217.70	3 104.17	1 600.00
削峰率/%	54.93	57.57	14.00	47.77
下泄流量平方和/[万(m^3/s)^2]	2 261.2	1 508.5	4 133.5	3 018.9

新调度方案将汾河二库最大入库流量由 3 108.39 m^3/s 降低至 3 063.52 m^3/s;原调度方案汾河二库最大下泄流量为 3 104.17 m^3/s,削峰率为 14.00%,下泄流量平方和为 4 133.5 万(m^3/s)^2,原调度方案中汾河二库坝前最高水位为 900.01 m,符合水库要求;新调度方案最大下泄流量为 1 600.00 m^3/s,削峰率为 47.77%,下泄流量平方和为 3 018.9 万(m^3/s)^2,新调度方案中汾河水库坝前最高水位为 901.85 m,符合水库要求。新调度方案与原调度方案相比,下泄流量峰值减小了 1 504.17 m^3/s,下泄流量平方和减小 26.97%。

新调度方案对水库洪水调度具有明显的削峰作用,汾河二库坝前水库最高水位略有增加,但均属于四级风险,新调度方案有效提高了水库及下游的防洪安全。

7.3.1.6　$P_{汾河水库}=5\%+P_{汾河二库}=20\%$组合洪水

汾河水库 $P=5\%$设计洪水及汾河二库 $P=20\%$设计洪水调度过程如图 7-21～图 7-24、表 7-22 所示。

汾河水库最大入库流量为 2 870.00 m^3/s,原调度方案最大下泄流量为 1 293.43 m^3/s,削峰率为 54.93%,下泄流量平方和为 2 261.2 万(m^3/s)^3,原调度方案中汾河水库坝前最高水位为 1 126.33 m,符合水库要求;新调度方案最大下泄流量为 1 217.70 m^3/s,削峰率为 57.57%,下泄流量平方和为 1 508.50 万(m^3/s)^2,新调度方案中汾河水库坝前最高水位为 1 125.81 m,符合水库要求。新调度方案与原调度方案相比,下泄流量峰值削减了 75.73 m^3/s,削峰率进一步提高了 5.85%,下泄流量平方和减小了 33.29%。

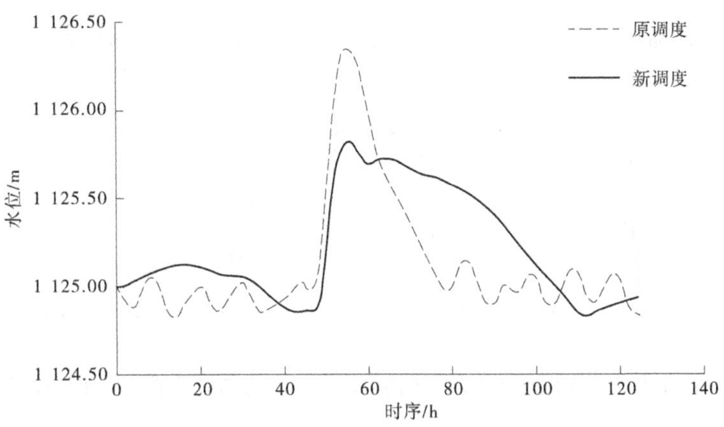

图 7-21　$P_{汾河水库}=5\%+P_{汾河二库}=20\%$组合洪水不同调度方案汾河水库水位变化过程(除险加固前)

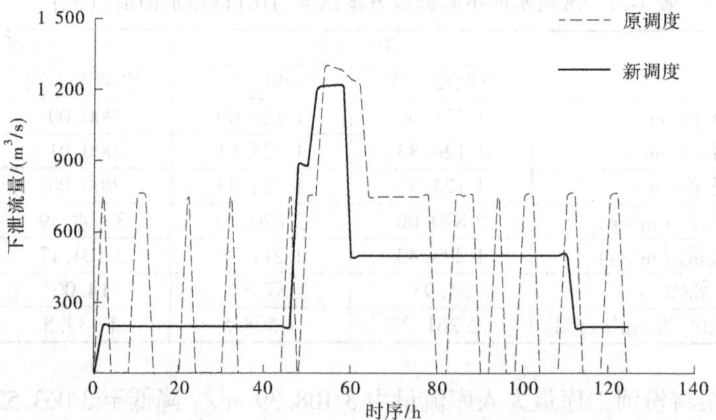

图 7-22　$P_{汾河水库}=5\%+P_{汾河二库}=20\%$ 组合洪水不同调度方案汾河水库下泄流量变化过程(除险加固前)

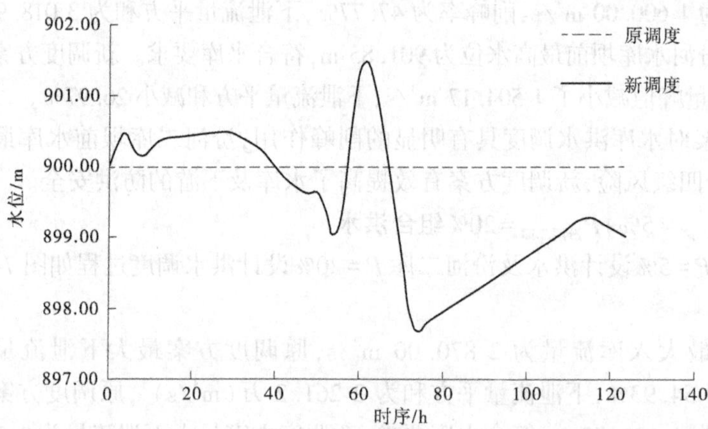

图 7-23　$P_{汾河水库}=5\%+P_{汾河二库}=20\%$ 组合洪水不同调度方案汾河二库水位变化过程(除险加固前)

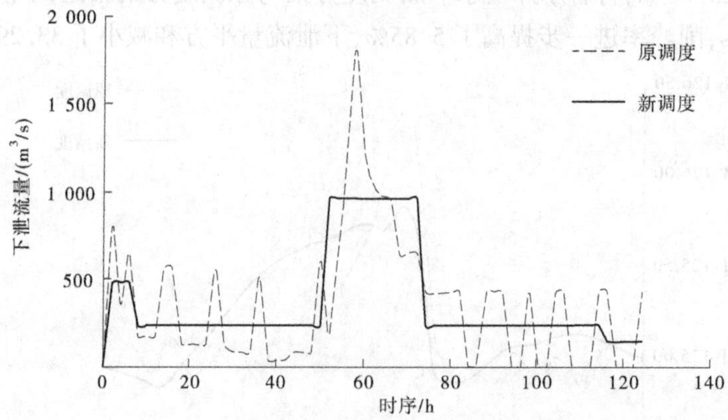

图 7-24　$P_{汾河水库}=5\%+P_{汾河二库}=20\%$ 组合洪水不同调度方案汾河二库下泄流量变化过程(除险加固前)

表 7-22　汾河水库不同调度方案结果对比(除险加固前)(六)

项目	汾河水库		汾河二库	
	原调度方案	新调度方案	原调度方案	新调度方案
汛限水位/m	1 125.00	1 125.00	900.00	900.00
最高水位/m	1 126.33	1 125.81	900.00	901.49
最低水位/m	1 124.82	1 124.83	900.00	897.70
最大入库流量/(m^3/s)	2 870.00	2 870.00	1 809.39	1 764.52
最大下泄流量/(m^3/s)	1 293.43	1 217.70	1 809.39	960.00
削峰率/%	54.93	57.57	0	45.59
下泄流量平方和/[万$(m^3/s)^2$]	2 261.2	1 508.5	1 655.2	1 346.3

新调度方案将汾河二库最大入库流量由 1 809.39 m^3/s 降低至 1 764.52 m^3/s;原调度方案汾河二库最大下泄流量为 1 809.39 m^3/s,削峰率为 0,下泄流量平方和为 1 655.2 万$(m^3/s)^2$,原调度方案中汾河二库坝前最高水位为 900.00 m,符合水库要求;新调度方案最大下泄流量为 960.00 m^3/s,削峰率为 45.59%,下泄流量平方和为 1 346.3 万$(m^3/s)^2$,新调度方案中汾河水库坝前最高水位为 901.49 m,符合水库要求。新调度方案与原调度方案相比,下泄流量峰值削减了 849.39 m^3/s,下泄流量平方和减小了 18.66%。

新调度方案对水库洪水调度具有明显的削峰作用,汾河二库坝前水库最高水位略有增加,但均属于四级风险,新调度方案有效提高了水库及下游的防洪安全。

7.3.1.7　$P_{汾河水库}=10\%+P_{汾河二库}=20\%$组合洪水

汾河水库 $P=10\%$ 设计洪水及汾河二库 $P=20\%$ 设计洪水调度过程如图 7-25～图 7-28、表 7-23 所示。

汾河水库最大入库流量为 2 010.00 m^3/s,原调度方案最大下泄流量为 1 222.92 m^3/s,削峰率为 39.16%,下泄流量平方和为 1 163.0 万$(m^3/s)^2$,原调度方案中汾河水库坝前最高水位为 1 125.94 m,符合水库要求;新调度方案最大下泄流量为 879.00 m^3/s,削峰率为 56.27%,下泄流量平方和为 885.3 万$(m^3/s)^2$,新调度方案中汾河水库坝前最高水位为 1 125.39 m,符合水库要求。新调度方案与原调度方案相比,下泄流量峰值削减了 343.92 m^3/s,削峰率进一步提高了 28.12%,下泄流量平方和减小了 23.88%。

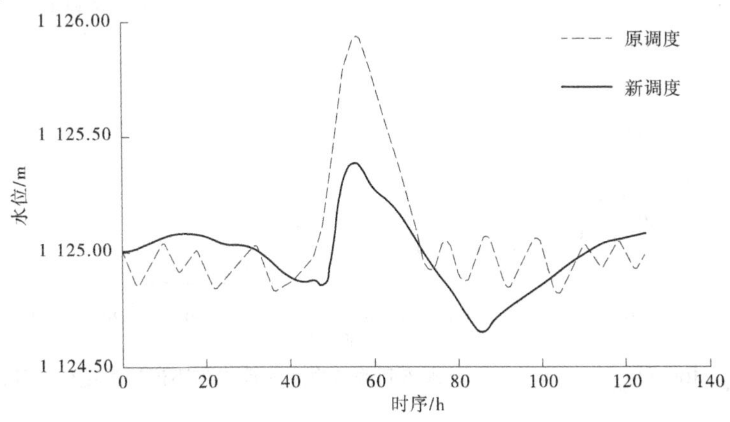

图 7-25　$P_{汾河水库}=10\%+P_{汾河二库}=20\%$组合洪水不同调度方案汾河水库水位变化过程(除险加固前)

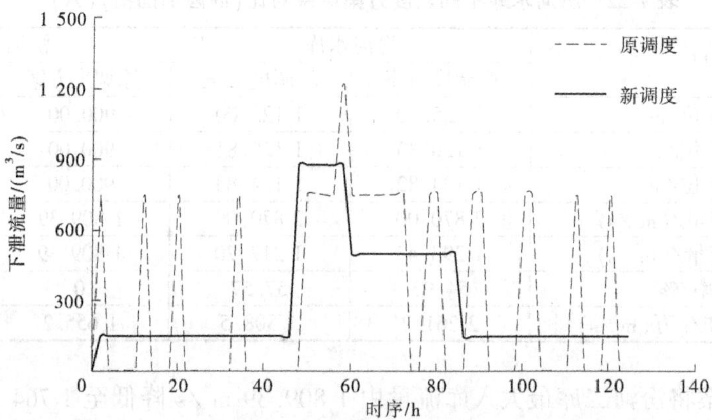

图 7-26 $P_{汾河水库}=10\%+P_{汾河二库}=20\%$组合洪水不同调度方案汾河水库下泄流量变化过程(除险加固前)

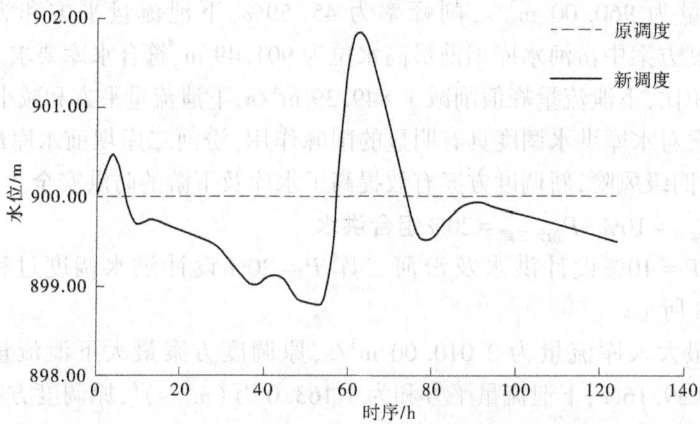

图 7-27 $P_{汾河水库}=10\%+P_{汾河二库}=20\%$组合洪水不同调度方案汾河二库水位变化过程(除险加固前)

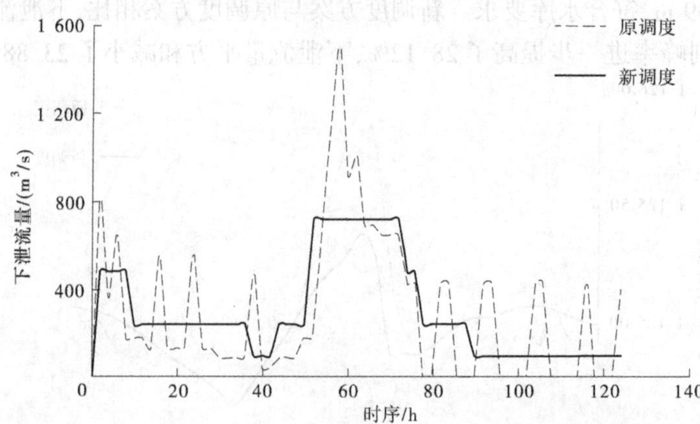

图 7-28 $P_{汾河水库}=10\%+P_{汾河二库}=20\%$组合洪水不同调度方案汾河二库下泄流量变化过程(除险加固前)

表 7-23　汾河水库不同调度方案结果对比(除险加固前)(七)

项目	汾河水库		汾河二库	
	原调度方案	新调度方案	原调度方案	新调度方案
汛限水位/m	1 125.00	1 125.00	900.00	900.00
最高水位/m	1 125.94	1 125.39	900.00	901.82
最低水位/m	1 124.82	1 124.66	900.00	898.81
最大入库流量/(m^3/s)	2 010.00	2 010.00	1 500.51	1 573.87
最大下泄流量/(m^3/s)	1 222.92	879.00	1 500.51	720.00
削峰率/%	39.16	56.27	0	54.25
下泄流量平方和/[万(m^3/s)^2]	1 163.0	885.3	1 232.4	869.7

新调度方案将汾河二库最大入库流量由 1 500.51 m^3/s 略增加至 1 573.87 m^3/s;原调度方案汾河二库最大下泄流量为 1 500.51 m^3/s,削峰率为 0,下泄流量平方和为 1 232.4 万(m^3/s)^2,原调度方案中汾河二库坝前最高水位为 900.00 m,符合水库要求;新调度方案最大下泄流量为 720.00 m^3/s,削峰率为 54.25%,下泄流量平方和为 869.7 万(m^3/s)^2,新调度方案中汾河水库坝前最高水位为 901.82 m,符合水库要求。新调度方案与原调度方案相比,下泄流量峰值削减了 780.51 m^3/s,下泄流量平方和减小了 29.43%。

新调度方案对汾河水库洪水调度具有明显的削峰和减小下泄流量平方和的作用,汾河二库坝前水库最高水位略有增加,但均属于四级风险,新调度方案有效提高了水库和下游的防洪安全。

7.3.1.8　$P_{汾河水库}=20\%+P_{汾河二库}=20\%$**组合洪水**

汾河水库 $P=20\%$ 设计洪水及汾河二库 $P=20\%$ 设计洪水调度过程如图 7-29～图 7-32、表 7-24 所示。

汾河水库最大入库流量为 1 260.00 m^3/s,原调度方案最大下泄流量为 750.00 m^3/s,削峰率为 40.48%,下泄流量平方和为 473.8 万(m^3/s)^2,原调度方案中汾河水库坝前最高水位为 1 125.49 m,符合水库要求;新调度方案最大下泄流量为 380.00 m^3/s,削峰率为 69.84%,下泄流量平方和为 344.2 万(m^3/s)^2,新调度方案中汾河水库坝前最高水位为 1 125.50 m,符合水库要求。新调度方案与原调度方案相比,下泄流量峰值削减了 370.00 m^3/s,削峰率进一步提高了 49.33%,下泄流量平方和减小了 27.35%。

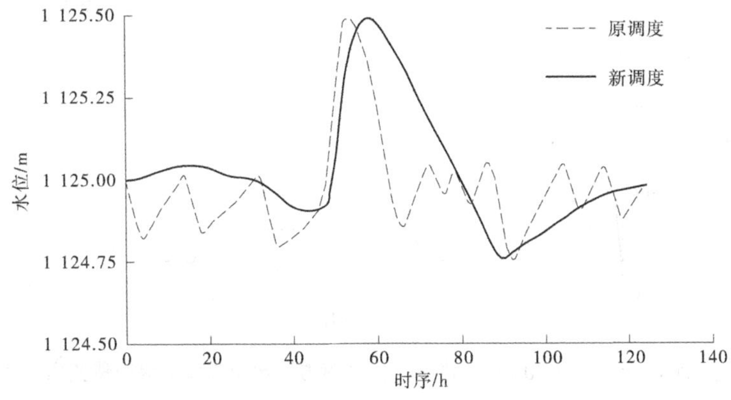

图 7-29　$P_{汾河水库}=20\%+P_{汾河二库}=20\%$组合洪水不同调度方案汾河水库水位变化过程(除险加固前)

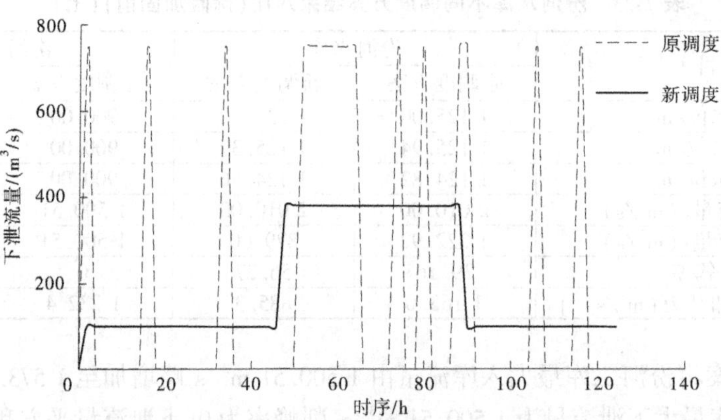

图 7-30　$P_{汾河水库}=20\%+P_{汾河二库}=20\%$组合洪水不同调度方案汾河水库下泄流量变化过程(除险加固前)

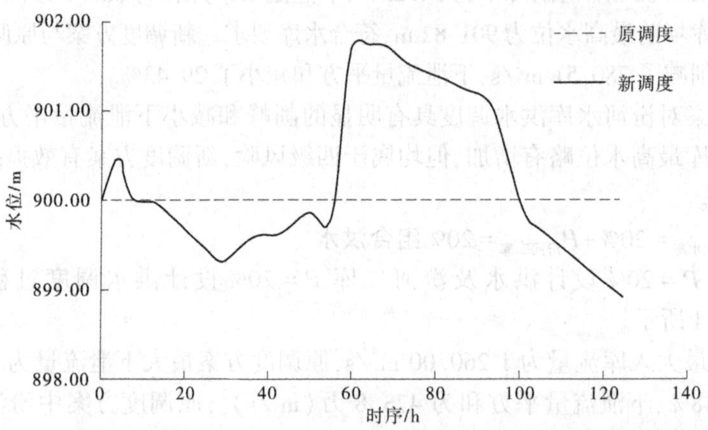

图 7-31　$P_{汾河水库}=20\%+P_{汾河二库}=20\%$组合洪水不同调度方案汾河二库水位变化过程(除险加固前)

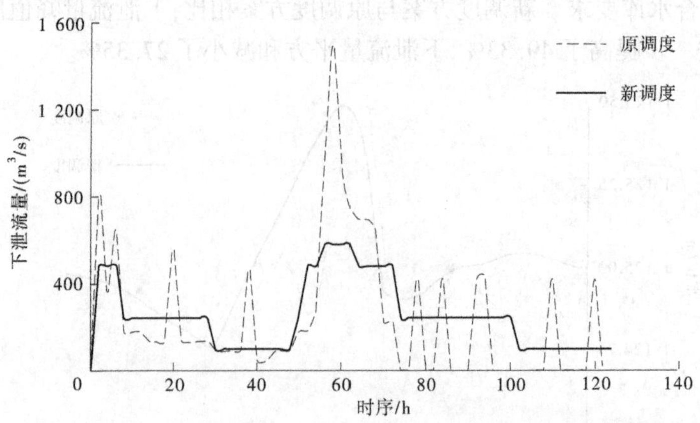

图 7-32　$P_{汾河水库}=20\%+P_{汾河二库}=20\%$组合洪水不同调度方案汾河二库下泄流量变化过程(除险加固前)

表 7-24　汾河水库不同调度方案结果对比(除险加固前)(八)

项目	汾河水库		汾河二库	
	原调度方案	新调度方案	原调度方案	新调度方案
汛限水位/m	1 125.00	1 125.00	900.00	900.00
最高水位/m	1 125.49	1 125.50	900.00	901.78
最低水位/m	1 124.76	1 124.76	900.00	898.92
最大入库流量/(m^3/s)	1 260.00	1 260.00	1 500.51	1 290.10
最大下泄流量/(m^3/s)	750.00	380.00	1 500.51	580.00
削峰率/%	40.48	69.84	0	55.04
下泄流量平方和/[万(m^3/s)^2]	473.8	344.2	967.6	538.7

新调度方案将汾河二库最大入库流量由 1 500.51 m^3/s 降低至 1 290.10 m^3/s;原调度方案汾河二库最大下泄流量为 1 500.51 m^3/s,削峰率为 0,下泄流量平方和为 967.6 万(m^3/s)^2,原调度方案中汾河二库坝前最高水位为 900.00 m,符合水库要求;新调度方案最大下泄流量为 580.00 m^3/s,削峰率为 55.04%,下泄流量平方和为 538.7 万(m^3/s)^2,新调度方案中汾河水库坝前最高水位为 901.78 m,符合水库要求。新调度方案与原调度方案相比,下泄流量峰值削减了 920.51 m^3/s,下泄流量平方和减小了 44.33%。

新调度方案对汾河水库洪水调度具有明显的削峰和减小下泄流量平方和的作用,汾河水库和汾河二库坝前水库最高水位略有增加,但均属于四级风险,新调度方案有效提高了水库及下游的防洪安全。

7.3.2　除险加固后

7.3.2.1　$P_{汾河水库}=0.05\%+P_{汾河二库}=0.1\%$组合洪水

不同调度方案对汾河水库 $P=0.05\%$设计洪水及汾河二库 $P=0.1\%$设计洪水调度过程如图 7-33~图 7-36、表 7-25 所示。新调度方案对汾河水库洪水调度具有明显的削峰和降低坝前水库最高水位的作用,有效提高了水库及下游的防洪安全。

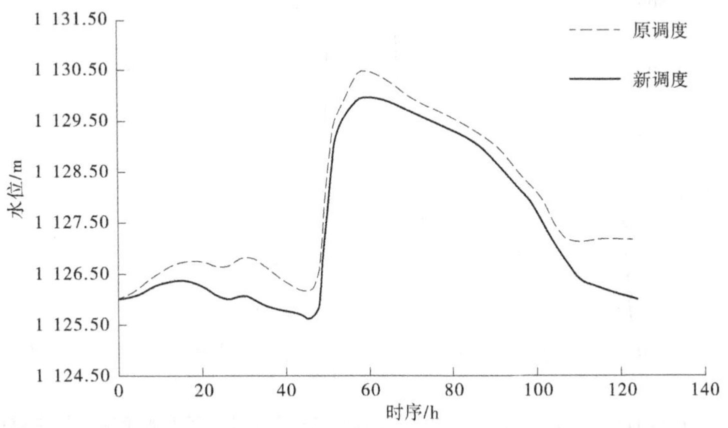

图 7-33　$P_{汾河水库}=0.05\%+P_{汾河二库}=0.1\%$组合洪水不同调度方案汾河水库水位变化过程(除险加固后)

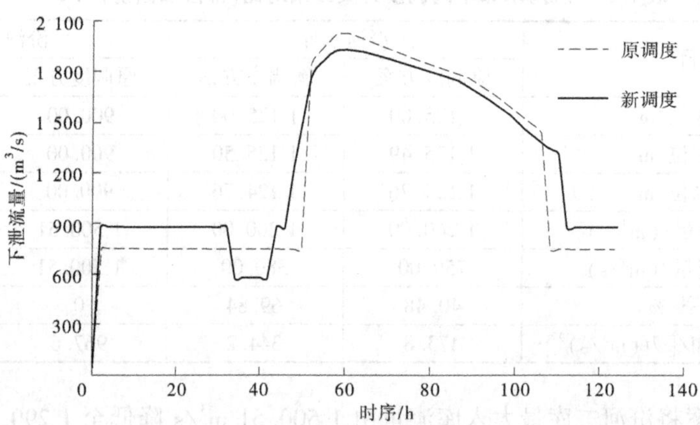

图 7-34　$P_{汾河水库}=0.05\%+P_{汾河二库}=0.1\%$组合洪水不同调度方案汾河水库下泄流量变化过程(除险加固后)

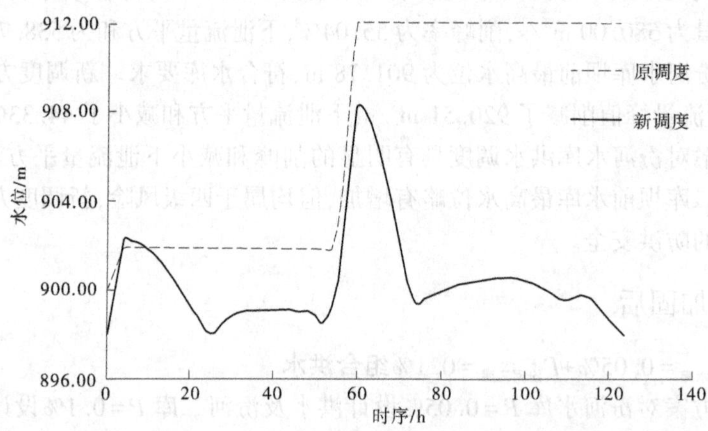

图 7-35　$P_{汾河水库}=0.05\%+P_{汾河二库}=0.1\%$组合洪水不同调度方案汾河二库水位变化过程(除险加固后)

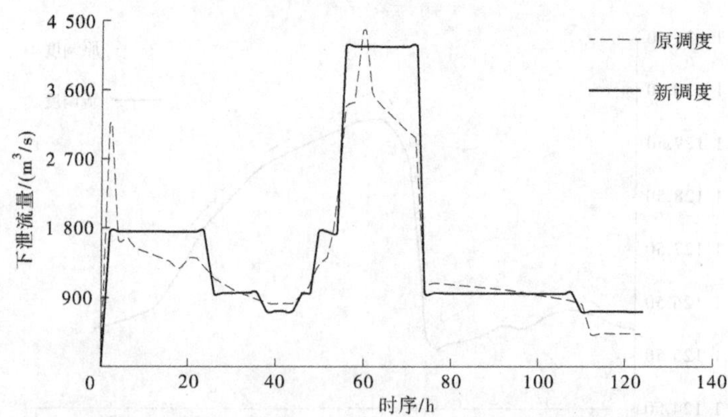

图 7-36　$P_{汾河水库}=0.05\%+P_{汾河二库}=0.1\%$组合洪水不同调度方案汾河二库下泄流量变化过程(除险加固后)

表 7-25　联合调度情形下不同调度方案结果对比(除险加固后)(一)

项目	汾河水库		汾河二库	
	原调度方案	新调度方案	原调度方案	新调度方案
汛限水位/m	1 126.00	1 126.00	900.00	900.00
最高水位/m	1 130.46	1 129.96	911.95	908.23
最低水位/m	1 126.00	1 125.61	900.00	898.00
最大入库流量/(m^3/s)	9 400.00	9 400.00	8 384.06	8 344.46
最大下泄流量/(m^3/s)	2 030.60	1 927.29	4 393.02	4 160.00
削峰率/%	78.40	79.50	47.60	50.15
下泄流量平方和/[万(m^3/s)^2]	11 162.7	11 443.1	17 845.4	23 238.9

汾河水库最大入库流量为 9 400.00 m^3/s,原调度方案最大下泄流量为 2 030.60 m^3/s,削峰率为 78.40%,下泄流量平方和为 11 162.7 万(m^3/s)^2,原调度方案中汾河水库坝前最高水位为 1 130.46 m,超过校核洪水位 1 130.25 m,大坝发生漫坝风险;新调度方案最大下泄流量为 1 927.29 m^3/s,削峰率为 79.50%,下泄流量平方和为 11 443.1 万(m^3/s)^2,新调度方案中汾河水库坝前最高水位为 1 129.96 m,符合水库要求。新调度方案与原调度方案相比,下泄流量峰值削减 103.31 m^3/s,削峰率进一步减小了 5.09%,下泄流量平方和略有增加。

新调度方案将汾河二库最大入库流量由 8 384.06 m^3/s 降低至 8 344.46 m^3/s;原调度方案汾河二库最大下泄流量为 4 393.02 m^3/s,削峰率为 47.60%,下泄流量平方和为 17 845.4 万(m^3/s)^2,原调度方案中汾河二库坝前最高水位为 911.95 m,超过校核洪水位 909.92 m,大坝发生漫坝风险;新调度方案最大下泄流量为 4 160.00 m^3/s,削峰率为 50.15%,下泄流量平方和为 23 238.9 万(m^3/s)^2,新调度方案中汾河水库坝前最高水位为 908.23 m,符合水库要求。新调度方案与原调度方案相比,下泄流量峰值削减了 233.02 m^3/s,下泄流量平方和略有增加。

7.3.2.2　$P_{汾河水库}=0.1\%+P_{汾河二库}=0.1\%$组合洪水

汾河水库 $P=0.1\%$设计洪水及汾河二库 $P=0.1\%$设计洪水调度过程如图 7-37～图 7-40、表 7-26 所示。

汾河水库最大入库流量为 8 325.00 m^3/s,原调度方案最大下泄流量为 1 854.81 m^3/s,削峰率为 77.72%,下泄流量平方和为 9 310.8 万(m^3/s)^2,原调度方案中汾河水库坝前最高水位为 1 129.84 m,符合水库要求;新调度方案最大下泄流量为 1 842.36 m^3/s,削峰率为 77.87%,下泄流量平方和为 9 261.0 万(m^3/s)^2,新调度方案中汾河水库坝前最高水位为 1 129.52 m,符合水库要求。新调度方案与原调度方案相比,下泄流量峰值削减了 77.87 m^3/s,削峰率进一步提高了 0.67%,下泄流量平方和下降了 0.53%。

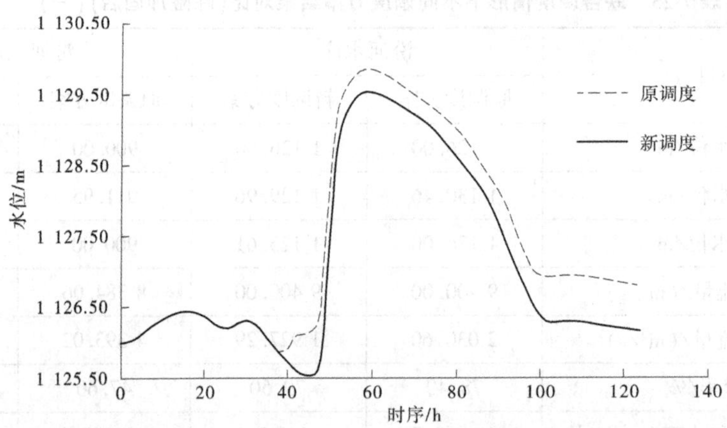

图 7-37　$P_{汾河水库}=0.1\%+P_{汾河二库}=0.1\%$组合洪水不同调度方案汾河水库水位变化过程(除险加固后)

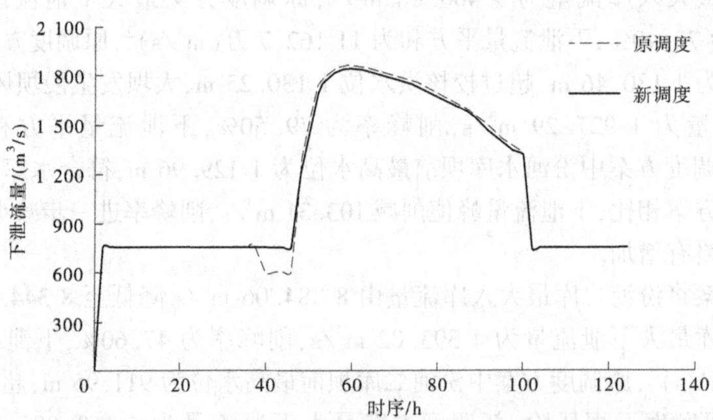

图 7-38　$P_{汾河水库}=0.1\%+P_{汾河二库}=0.1\%$组合洪水不同调度方案汾河水库下泄流量变化过程(除险加固后)

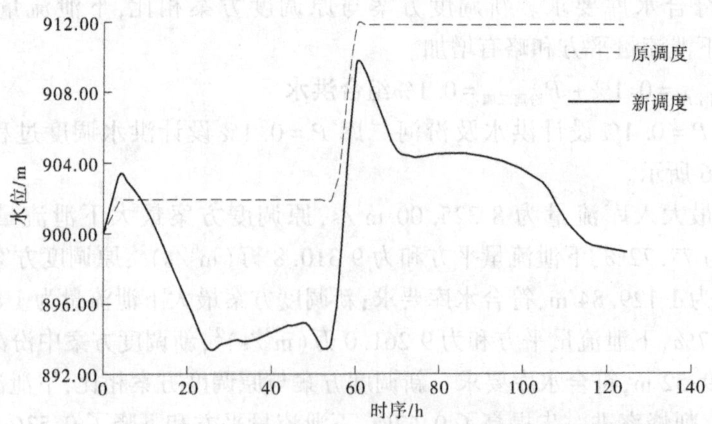

图 7-39　$P_{汾河水库}=0.1\%+P_{汾河二库}=0.1\%$组合洪水不同调度方案汾河二库水位变化过程(除险加固后)

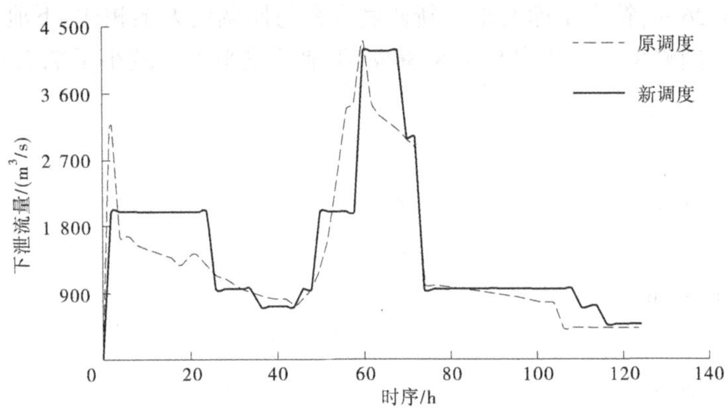

图 7-40　$P_{汾河水库}=0.1\%+P_{汾河二库}=0.1\%$组合洪水不同调度方案汾河二库下泄流量变化过程(除险加固后)

表 7-26　联合调度情形下不同调度方案结果对比(除险加固后)(二)

项目	汾河水库		汾河二库	
	原调度方案	新调度方案	原调度方案	新调度方案
汛限水位/m	1 126.00	1 126.00	900.00	900.00
最高水位/m	1 129.84	1 129.52	911.78	909.69
最低水位/m	1 125.86	1 125.53	900.00	893.39
最大入库流量/(m^3/s)	8 325.00	8 325.00	8 316.83	8 309.16
最大下泄流量/(m^3/s)	1 854.81	1 842.36	4 309.31	4 160.00
削峰率/%	77.72	77.87	48.19	49.93
下泄流量平方和/[万(m^3/s)^2]	9 310.8	9 261.0	17 129.6	20 132.8

新调度方案将汾河二库最大入库流量由 8 316.83 m^3/s 降低至 8 309.16 m^3/s;原调度方案汾河二库最大下泄流量为 4 309.31 m^3/s,削峰率为 48.19%,下泄流量平方和为 17 129.6 万(m^3/s)^2,原调度方案中汾河二库坝前最高水位为 911.78 m,超过校核洪水位 909.92 m,大坝发生漫坝风险;新调度方案最大下泄流量为 4 160.00 m^3/s,削峰率为 49.93%,下泄流量平方和为 20 132.8 万(m^3/s)^2,新调度方案中汾河水库坝前最高水位为 909.69 m,符合水库要求。新调度方案与原调度方案相比,下泄流量峰值削减了 149.31 m^3/s,下泄流量平方和略有增加。

新调度方案对水库洪水调度具有明显的削峰和降低坝前水库最高水位的作用,有效提高了水库及下游的防洪安全。

7.3.2.3　$P_{汾河水库}=1\%+P_{汾河二库}=1\%$组合洪水

汾河水库 $P=1\%$设计洪水及汾河二库 $P=1\%$设计洪水调度过程如图 7-41～图 7-44、表 7-27 所示。

汾河水库最大入库流量为 5 010.00 m^3/s,原调度方案最大下泄流量为 1 680.90 m^3/s,削峰率为 66.45%,下泄流量平方和为 4 631.1 万(m^3/s)^2,原调度方案中汾河水库坝前最高水位为 1 128.66 m,符合水库要求;新调度方案最大下泄流量为 1 531.94 m^3/s,削峰率为 69.42%,下泄流量平方和为 4 290.7 万(m^3/s)^2,新调度方案中汾河水库坝前最高水位为 1 128.26 m,符合水库要求。新调度方案与原调度方案相比,下泄流量峰值削减了 148.96 m³/s,削峰率进一步提高了 8.86%,下泄流量平方和减小了 7.35%。

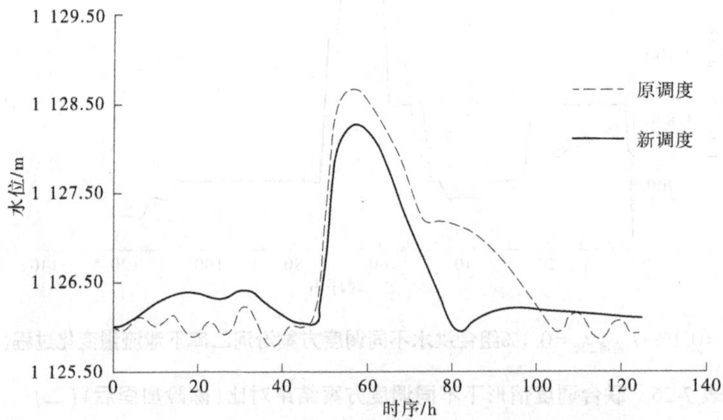

图 7-41　$P_{汾河水库}=1\%+P_{汾河二库}=1\%$组合洪水不同调度方案汾河水库水位变化过程(除险加固后)

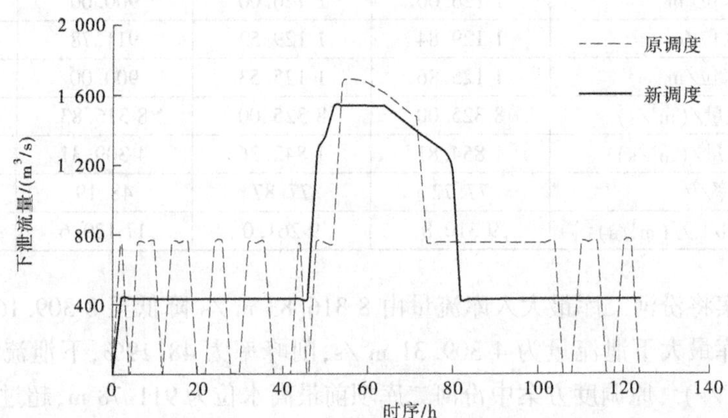

图 7-42　$P_{汾河水库}=1\%+P_{汾河二库}=1\%$组合洪水不同调度方案汾河水库下泄流量变化过程(除险加固后)

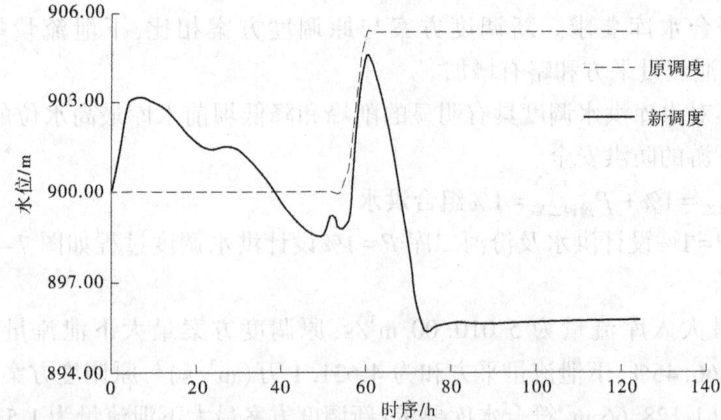

图 7-43　$P_{汾河水库}=1\%+P_{汾河二库}=1\%$组合洪水不同调度方案汾河二库水位变化过程(除险加固后)

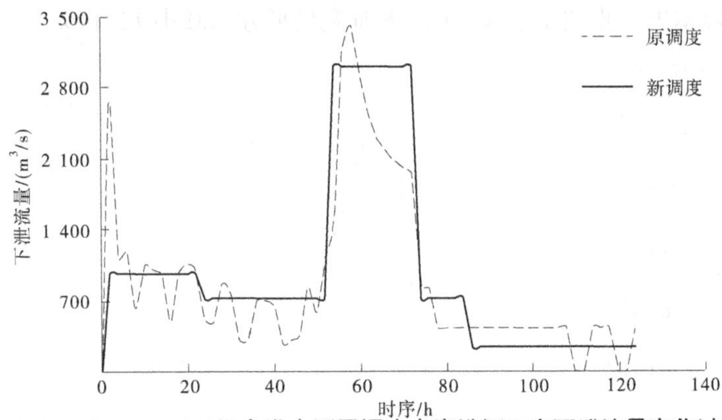

图 7-44　$P_{汾河水库}=1\%+P_{汾河二库}=1\%$组合洪水不同调度方案汾河二库下泄流量变化过程(除险加固后)

表 7-27　联合调度情形下不同调度方案结果对比(除险加固后)(三)

项目	汾河水库		汾河二库	
	原调度方案	新调度方案	原调度方案	新调度方案
汛限水位/m	1 126.00	1 126.00	900.00	900.00
最高水位/m	1 128.66	1 128.26	905.30	904.54
最低水位/m	1 125.78	1 125.95	900.00	895.37
最大入库流量/(m^3/s)	5 010.00	5 010.00	5 515.21	5 438.19
最大下泄流量/(m^3/s)	1 680.90	1 531.94	3 421.29	3 000.00
削峰率/%	66.45	69.42	37.97	44.83
下泄流量平方和/[万(m^3/s)^2]	4 631.1	4 290.7	8 824.2	11 229.1

新调度方案将汾河二库最大入库流量由 5 515.21 m^3/s 降低至 5 438.19 m^3/s;原调度方案汾河二库最大下泄流量为 3 421.29 m^3/s,削峰率为 37.97%,下泄流量平方和为 8 824.2 万(m^3/s)^2,原调度方案中汾河二库坝前最高水位为 905.30 m,符合水库要求;新调度方案最大下泄流量为 3 000.00 m^3/s,削峰率为 44.83%,下泄流量平方和为 11 229.1 万(m^3/s)^2,新调度方案中汾河水库坝前最高水位为 904.54 m,符合水库要求。新调度方案与原调度方案相比,下泄流量峰值削减了 421.29 m^3/s,下泄流量平方和略有增加。

新调度方案对水库洪水调度具有明显的削峰和降低坝前水库最高水位的作用,新调度方案有效提高了水库及下游的防洪安全。

7.3.2.4　$P_{汾河水库}=2\%+P_{汾河二库}=2\%$组合洪水

汾河水库 $P=2\%$设计洪水及汾河二库 $P=2\%$设计洪水调度过程如图 7-45～图 7-48、表 7-28 所示。

汾河水库最大入库流量为 4 080.00 m^3/s,原调度方案最大下泄流量为 1 609.07 m^3/s,削峰率为 60.56%,下泄流量平方和为 3 757.8 万(m^3/s)^2,原调度方案中汾河水库坝前最高水位为 1 128.26 m,符合水库要求;新调度方案最大下泄流量为 1 531.94 m^3/s,削峰率为 62.45%,下泄流量平方和为 3 299.9 万(m^3/s)^2,新调度方案中汾河水库坝前最高水位为 1 128.11 m,符合水库要求。新调度方案与原调度方案相比,下泄流量峰值削减

77.13 m^3/s，削峰率进一步减小了 4.79%，下泄流量平方和减小 12.19%。

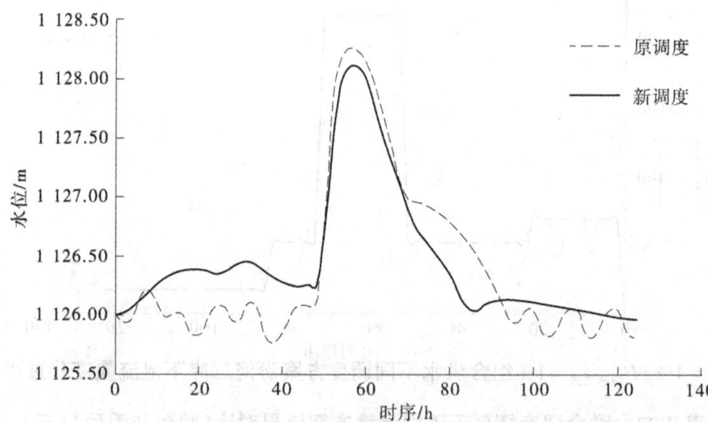

图 7-45 $P_{汾河水库}=2\%+P_{汾河二库}=2\%$组合洪水不同调度方案汾河水库水位变化过程（除险加固后）

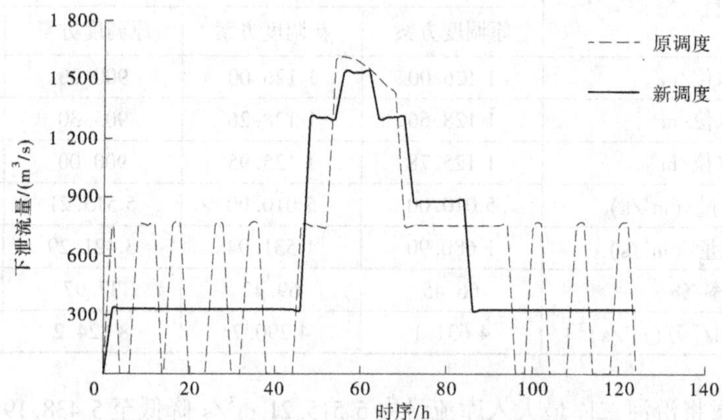

图 7-46 $P_{汾河水库}=2\%+P_{汾河二库}=2\%$组合洪水不同调度方案汾河水库下泄流量变化过程（除险加固后）

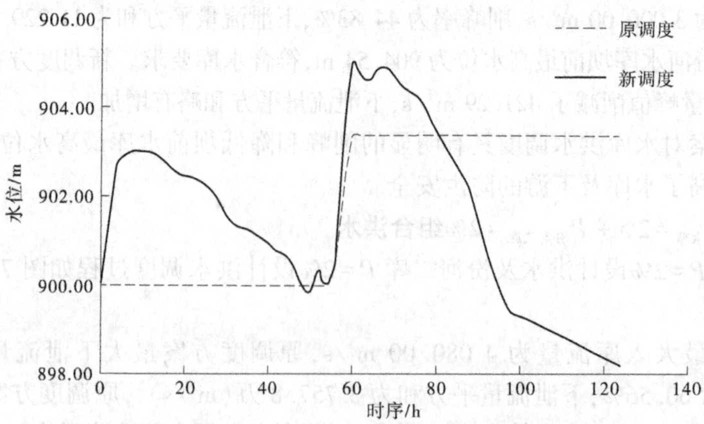

图 7-47 $P_{汾河水库}=2\%+P_{汾河二库}=2\%$组合洪水不同调度方案汾河二库水位变化过程（除险加固后）

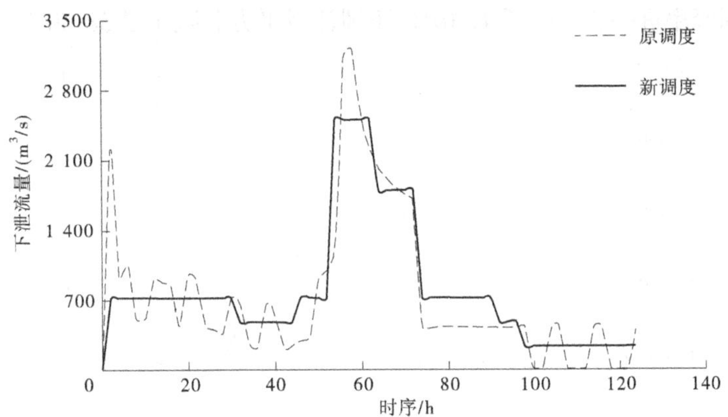

图 7-48　$P_{汾河水库}=2\%+P_{汾河二库}=2\%$组合洪水不同调度方案汾河二库下泄流量变化过程(除险加固后)

表 7-28　联合调度情形下不同调度方案结果对比(除险加固后)(四)

项目	汾河水库		汾河二库	
	原调度方案	新调度方案	原调度方案	新调度方案
汛限水位/m	1 126.00	1 126.00	900.00	900.00
最高水位/m	1 128.26	1 128.11	903.36	904.99
最低水位/m	1 125.76	1 125.96	900.00	898.20
最大入库流量/(m^3/s)	4 080.00	4 080.00	4 714.34	4 544.29
最大下泄流量/(m^3/s)	1 609.07	1 531.94	3 215.25	2 500.00
削峰率/%	60.56	62.45	31.80	44.99
下泄流量平方和/[万$(m^3/s)^2$]	3 757.8	3 299.9	6 981.0	6 519.1

新调度方案将汾河二库最大入库流量由 4 714.34 m^3/s 降低至 4 544.29 m^3/s;原调度方案汾河二库最大下泄流量为 3 215.25 m^3/s,削峰率为 31.80%,下泄流量平方和为 6 981.0 万$(m^3/s)^2$,原调度方案中汾河二库坝前最高水位为 903.36 m,符合水库要求;新调度方案最大下泄流量为 2 500.00 m^3/s,削峰率为 44.99%,下泄流量平方和为 6 519.1 万$(m^3/s)^2$,新调度方案中汾河水库坝前最高水位为 904.99 m,符合水库要求。新调度方案与原调度方案相比,下泄流量峰值削减了 715.25 m^3/s,下泄流量平方和减小了 6.62%。

新调度方案对水库洪水调度具有明显的削峰和减小下泄流量平方和的作用,汾河二库坝前水库最高水位略有增加,但均属于四级风险,新调度方案有效提高了水库及下游的防洪安全。

7.3.2.5　$P_{汾河水库}=5\%+P_{汾河二库}=5\%$组合洪水

汾河水库 $P=5\%$设计洪水及汾河二库 $P=5\%$设计洪水调度过程如图 7-49~图 7-52、表 7-29 所示。

汾河水库最大入库流量为 2 870.00 m^3/s,原调度方案最大下泄流量为 1 491.71 m^3/s,削峰率为 48.02%,下泄流量平方和为 2 225.8 万$(m^3/s)^2$,原调度方案中汾河水库坝前最高水位为 1 127.58 m,符合水库要求;新调度方案最大下泄流量为 879.00 m^3/s,削峰率为 69.37%,下泄流量平方和为 1 371.2 万$(m^3/s)^2$,新调度方案中汾河水库坝前最高水位为 1 127.47 m,符合水库要求。新调度方案与原调度方案相比,下泄流量峰值削减了

612.71 m^3/s，削峰率进一步提高了41.07%，下泄流量平方和减小了38.40%。

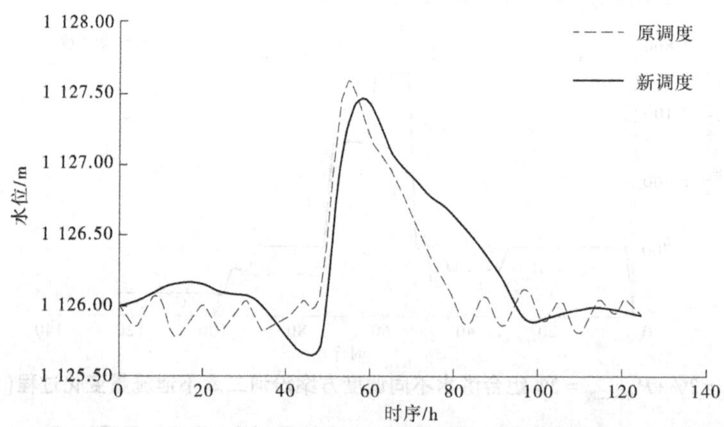

图7-49　$P_{汾河水库}=5\%+P_{汾河二库}=5\%$组合洪水不同调度方案汾河水库水位变化过程（除险加固后）

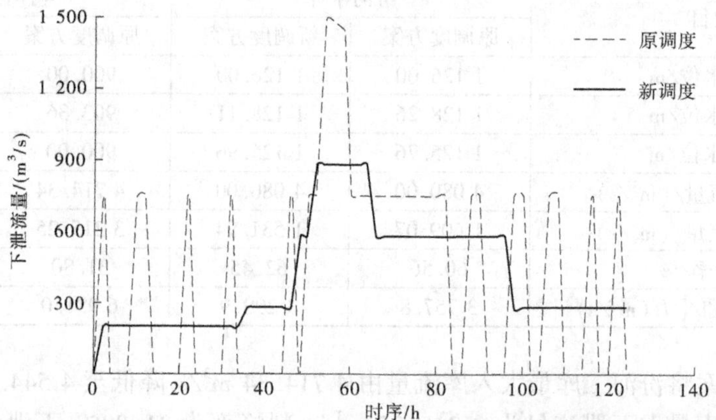

图7-50　$P_{汾河水库}=5\%+P_{汾河二库}=5\%$组合洪水不同调度方案汾河水库下泄流量变化过程（除险加固后）

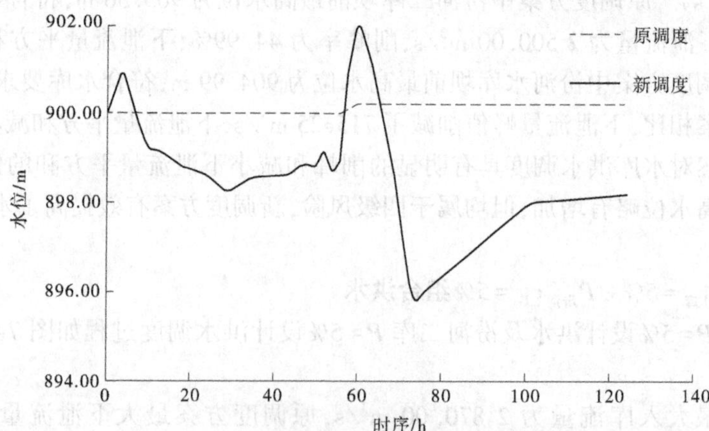

图7-51　$P_{汾河水库}=5\%+P_{汾河二库}=5\%$组合洪水不同调度方案汾河二库水位变化过程（除险加固后）

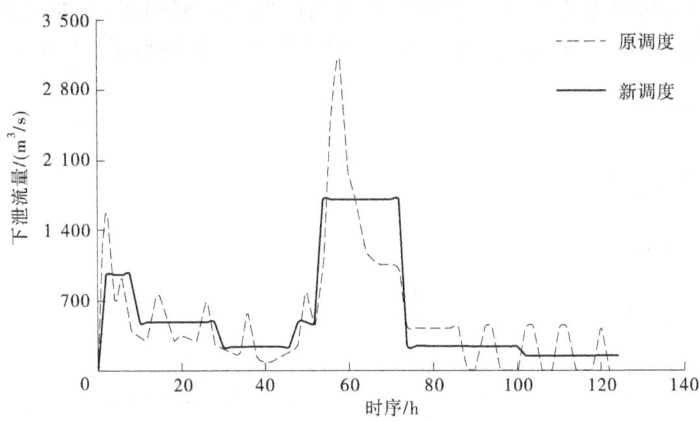

图 7-52　$P_{汾河水库}=5\%+P_{汾河二库}=5\%$组合洪水不同调度方案汾河二库下泄流量变化过程(除险加固后)

表 7-29　联合调度情形下不同调度方案结果对比(除险加固后)(五)

项目	汾河水库		汾河二库	
	原调度方案	新调度方案	原调度方案	新调度方案
汛限水位/m	1 126.00	1 126.00	900.00	900.00
最高水位/m	1 127.58	1 127.47	900.20	901.92
最低水位/m	1 125.77	1 125.65	900.00	895.84
最大入库流量/(m^3/s)	2 870.00	2 870.00	3 221.31	2 872.87
最大下泄流量/(m^3/s)	1 491.71	879.00	3 108.42	1 700.00
削峰率/%	48.02	69.37	3.50	40.83
下泄流量平方和/[万$(m^3/s)^2$]	2 225.8	1 371.2	4 069.1	3 722.1

新调度方案将汾河二库最大入库流量由 3 221.31 m^3/s 降低至 2 872.87 m^3/s;原调度方案汾河二库最大下泄流量为 3 108.42 m^3/s,削峰率为 3.50%,下泄流量平方和为 4 069.1 万$(m^3/s)^2$,原调度方案中汾河二库坝前最高水位为 900.20 m,符合水库要求;新调度方案最大下泄流量为 1 700.00 m^3/s,削峰率为 40.83%,下泄流量平方和为 3 722.1 万$(m^3/s)^2$,新调度方案中汾河水库坝前最高水位为 901.92 m,符合水库要求。新调度方案与原调度方案相比,下泄流量峰值削减了 1 408.42 m^3/s,下泄流量平方和减小了 8.53%。

新调度方案对水库洪水调度具有明显的削峰和减小下泄流量平方和的作用,汾河二库坝前水库最高水位略有增加,但均属于四级风险,新调度方案有效提高了水库及下游的防洪安全。

7.3.2.6　$P_{汾河水库}=5\%+P_{汾河二库}=20\%$组合洪水

汾河水库 $P=5\%$设计洪水及汾河二库 $P=20\%$设计洪水调度过程如图 7-53~图 7-56、表 7-30 所示。

汾河水库最大入库流量为 2 870.00 m^3/s,原调度方案最大下泄流量为 1 491.71 m^3/s,削峰率为 48.02%,下泄流量平方和为 2 225.8 万$(m^3/s)^2$,原调度方案中汾河水库坝前最高水位为 1 127.58 m,符合水库要求;新调度方案最大下泄流量为 879.00 m^3/s,削峰率为 69.37%,下泄流量平方和为 1 371.2 万$(m^3/s)^2$,新调度方案中汾河水库坝前最高水位为 1 127.47 m,符合水库要求。新调度方案与原调度方案相比,下泄流量峰值削减了 612.71 m^3/s,削峰率进一步提高了 41.07%,下泄流量平方和减小了 38.40%。

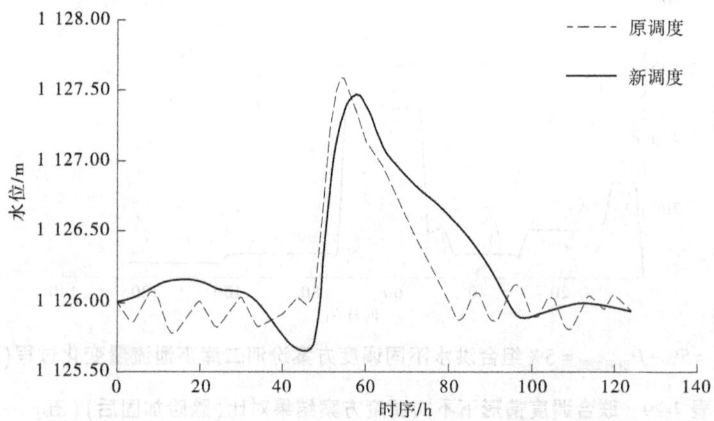

图 7-53　$P_{汾河水库}=5\%+P_{汾河二库}=20\%$组合洪水不同调度方案汾河水库水位变化过程(除险加固后)

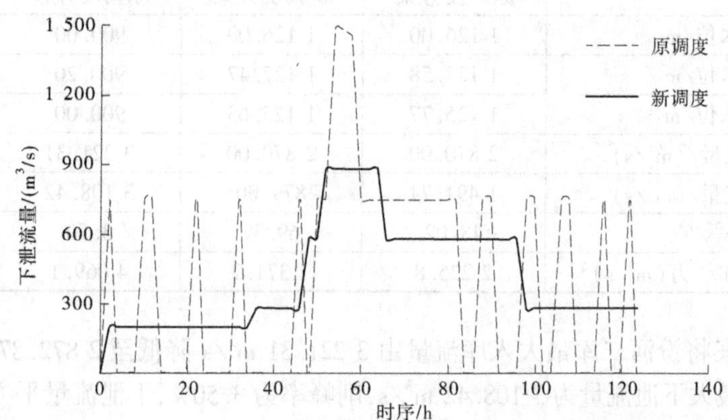

图 7-54　$P_{汾河水库}=5\%+P_{汾河二库}=20\%$组合洪水不同调度方案汾河水库下泄流量变化过程(除险加固后)

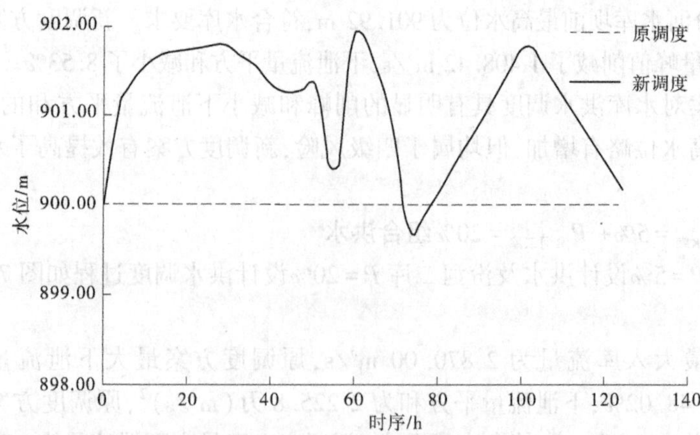

图 7-55　$P_{汾河水库}=5\%+P_{汾河二库}=20\%$组合洪水不同调度方案汾河二库水位变化过程(除险加固后)

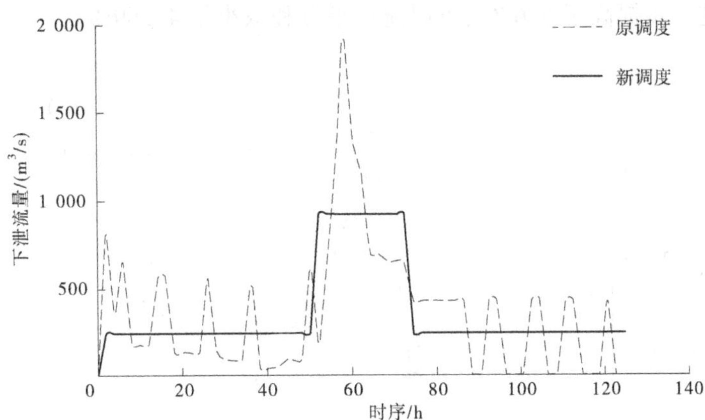

图 7-56　$P_{汾河水库}=5\%+P_{汾河二库}=20\%$组合洪水不同调度方案汾河二库下泄流量变化过程(除险加固后)

表 7-30　联合调度情形下不同调度方案结果对比(除险加固后)(六)

项目	汾河水库		汾河二库	
	原调度方案	新调度方案	原调度方案	新调度方案
汛限水位/m	1 126.00	1 126.00	900.00	900.00
最高水位/m	1 127.58	1 127.47	900.00	901.90
最低水位/m	1 125.77	1 125.65	900.00	899.66
最大入库流量/(m³/s)	2 870.00	2 870.00	1 922.31	1 573.87
最大下泄流量/(m³/s)	1 491.71	879.00	1 922.31	920.00
削峰率/%	48.02	69.37	0	41.55
下泄流量平方和/[万(m³/s)²]	2 225.8	1 371.2	1 655.4	1 236.3

新调度方案将汾河二库最大入库流量由 1 922.31 m³/s 降低至 1 573.87 m³/s;原调度方案汾河二库最大下泄流量为 1 922.31 m³/s,削峰率为 0,下泄流量平方和为 1 655.4 万(m³/s)²,原调度方案中汾河二库坝前最高水位为 900.00 m,符合水库要求;新调度方案最大下泄流量为 920.00 m³/s,削峰率为 41.55%,下泄流量平方和为 1 236.3 万(m³/s)²,新调度方案中汾河水库坝前最高水位为 901.90 m,符合水库要求。新调度方案与原调度方案相比,下泄流量峰值削减了 1 002.31 m³/s,下泄流量平方和减小了 25.32%。

新调度方案对水库洪水调度具有明显的削峰和减小下泄流量平方和的作用,汾河二库坝前水库最高水位略有增加,但均属于四级风险,新调度方案有效提高了水库及下游的防洪安全。

7.3.2.7　$P_{汾河水库}=10\%+P_{汾河二库}=20\%$组合洪水

汾河水库 $P=10\%$ 设计洪水及汾河二库 $P=20\%$ 设计洪水调度过程如图 7-57～图 7-60、表 7-31 所示。

汾河水库最大入库流量为 2 010.00 m³/s,原调度方最大下泄流量为 750.00 m³/s,削峰率为 62.69%,下泄流量平方和为 1 406.3 万(m³/s)²,原调度方案中汾河水库坝前最高水位为 1 127.21 m,符合水库要求;新调度方案最大下泄流量为 700.00 m³/s,削峰率为 65.17%,下泄流量平方和为 763.8 万(m³/s)²,新调度方案中汾河水库坝前最高水位为 1 126.98 m,符合水库要求。新调度方案与原调度方案相比,下泄流量峰值削减了 50.00

m³/s,削峰率进一步提高了 6.67%,下泄流量平方和减小了 45.69%。

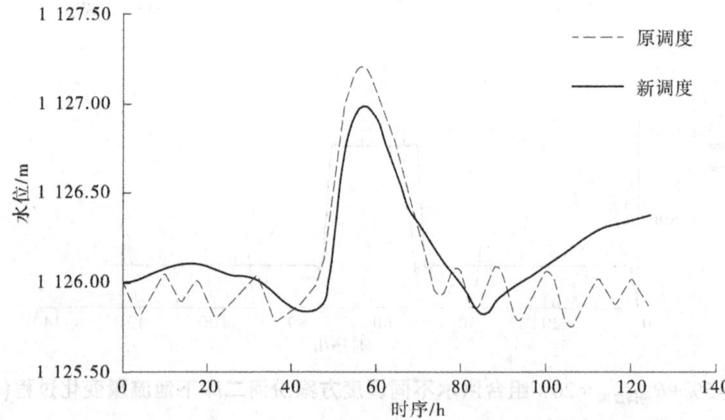

图 7-57 $P_{汾河水库}=10\%+P_{汾河二库}=20\%$组合洪水不同调度方案汾河水库水位变化过程(除险加固后)

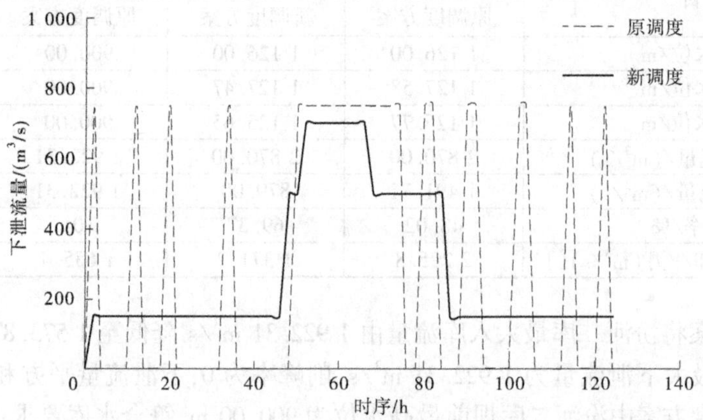

图 7-58 $P_{汾河水库}=10\%+P_{汾河二库}=20\%$组合洪水不同调度方案汾河水库下泄流量变化过程(除险加固后)

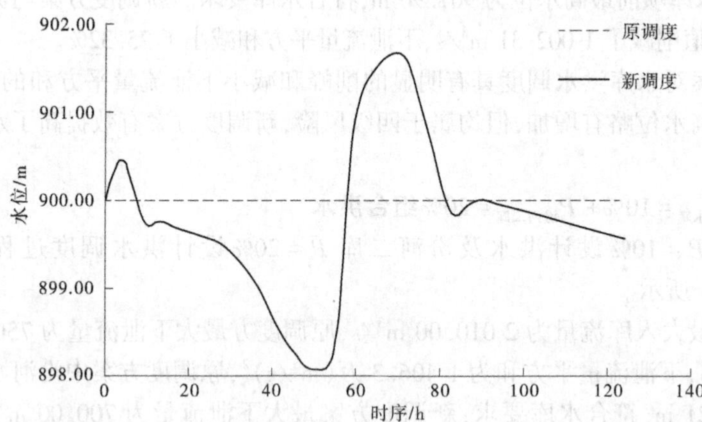

图 7-59 $P_{汾河水库}=10\%+P_{汾河二库}=20\%$组合洪水不同调度方案汾河二库水位变化过程(除险加固后)

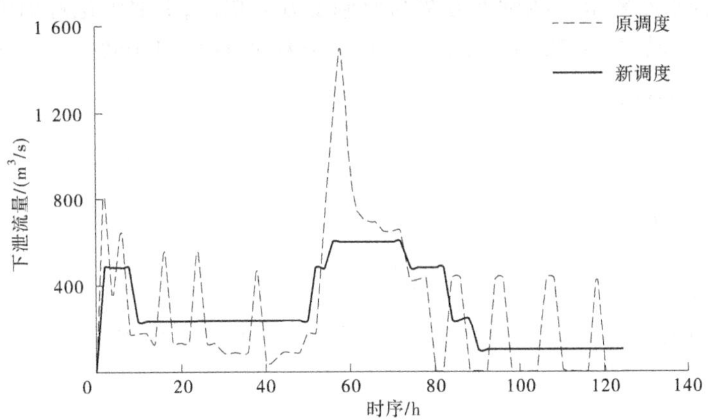

图 7-60　$P_{汾河水库}=10\%+P_{汾河二库}=20\%$组合洪水不同调度方案汾河二库下泄流量变化过程(除险加固后)

表 7-31　联合调度情形下不同调度方案结果对比(除险加固后)(七)

项目	汾河水库		汾河二库	
	原调度方案	新调度方案	原调度方案	新调度方案
汛限水位/m	1 126.00	1 126.00	900.00	900.00
最高水位/m	1 127.21	1 126.98	900.00	901.67
最低水位/m	1 125.75	1 125.83	900.00	898.08
最大入库流量/(m^3/s)	2 010.00	2 010.00	1 500.51	1 472.08
最大下泄流量/(m^3/s)	750.00	700.00	1 500.51	600.00
削峰率/%	62.69	65.17	0	59.24
下泄流量平方和/[万(m^3/s)^2]	1 406.3	763.8	1 185.4	735.7

新调度方案将汾河二库最大入库流量由 1 500.51 m^3/s 降低至 1 472.08 m^3/s;原调度方案汾河二库最大下泄流量为 1 500.51 m^3/s,削峰率为 0,下泄流量平方和为 1 185.4 万(m^3/s)^2,原调度方案中汾河二库坝前最高水位为 900.00 m,符合水库要求;新调度方案最大下泄流量为 600.00 m^3/s,削峰率为 59.24%,下泄流量平方和为 735.7 万(m^3/s)^2,新调度方案中汾河水库坝前最高水位为 901.67 m,符合水库要求。新调度方案与原调度方案相比,下泄流量峰值削减了 900.51 m^3/s,下泄流量平方和减小 37.94%。

新调度方案对汾河水库洪水调度具有明显的削峰和减小下泄流量平方和的作用,汾河二库坝前水库最高水位略有增加,但均属于四级风险,新调度方案有效提高了水库及下游的防洪安全。

7.3.2.8　$P_{汾河水库}=20\%+P_{汾河二库}=20\%$组合洪水

汾河水库 $P=20\%$ 设计洪水及汾河二库 $P=20\%$ 设计洪水调度过程如图 7-61 ~ 图 7-64、表 7-32 所示。

汾河水库最大入库流量为 1 260.00 m^3/s,原调度方案最大下泄流量为 750.00 m^3/s,削峰率为 40.48%,下泄流量平方和为 900.0 万(m^3/s)^2,原调度方案中汾河水库坝前最高水位为 1 126.63 m,符合水库要求;新调度方案最大下泄流量为 580.00 m^3/s,削峰率为 53.97%,下泄流量平方和为 332.5 万(m^3/s)^2,新调度方案中汾河水库坝前最高水位为

1 126. 44 m,符合水库要求。新调度方案与原调度方案相比,下泄流量峰值削减了 170. 00 m^3/s,削峰率进一步提高了 22. 67%,下泄流量平方和减小了 63. 06%。

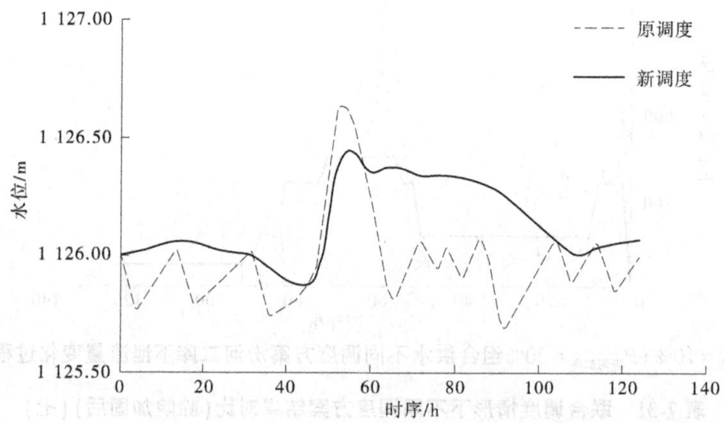

图 7-61　$P_{汾河水库}=20\%+P_{汾河二库}=20\%$组合洪水不同调度方案汾河水库水位变化过程(除险加固后)

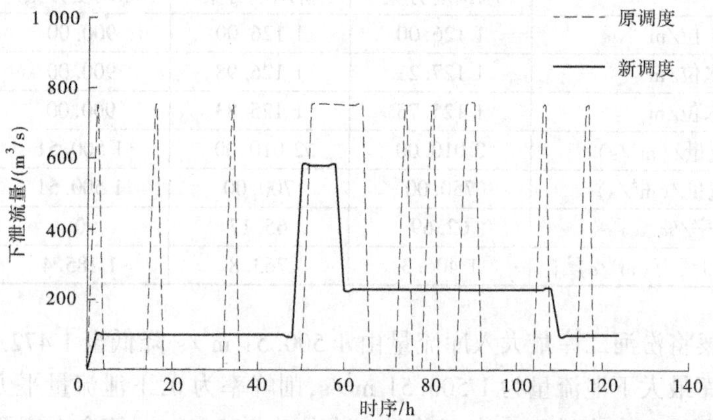

图 7-62　$P_{汾河水库}=20\%+P_{汾河二库}=20\%$组合洪水不同调度方案汾河水库下泄流量变化过程(除险加固后)

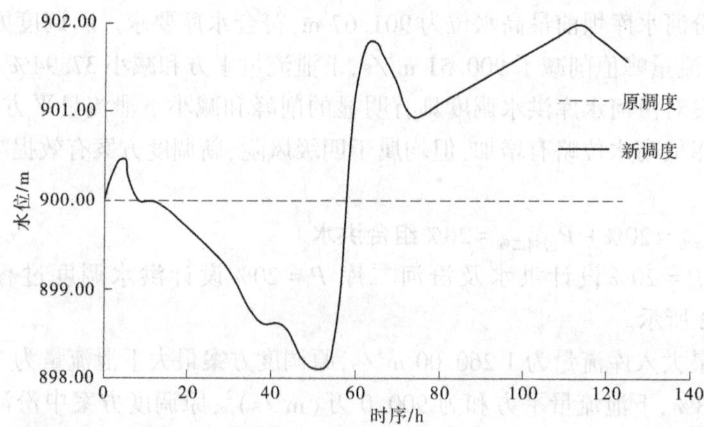

图 7-63　$P_{汾河水库}=20\%+P_{汾河二库}=20\%$组合洪水不同调度方案汾河二库水位变化过程(除险加固后)

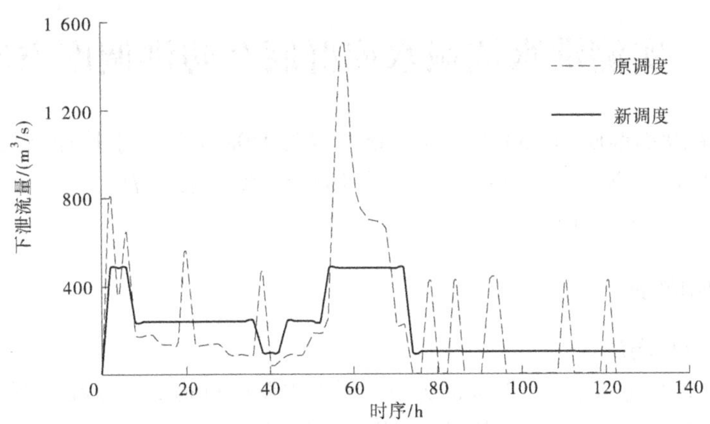

图 7-64　$P_{汾河水库}=20\%+P_{汾河二库}=20\%$组合洪水不同调度方案汾河二库下泄流量变化过程(除险加固后)

表 7-32　联合调度情形下不同调度方案结果对比(除险加固后)(八)

项目	汾河水库		汾河二库	
	原调度方案	新调度方案	原调度方案	新调度方案
汛限水位/m	1 126.00	1 126.00	900.00	900.00
最高水位/m	1 126.63	1 126.44	900.00	901.96
最低水位/m	1 125.69	1 125.88	900.00	898.11
最大入库流量/(m^3/s)	1 260.00	1 260.00	1 500.51	1 403.84
最大下泄流量/(m^3/s)	750.00	580.00	1 500.51	480.00
削峰率/%	40.48	53.97	0	65.81
下泄流量平方和/[万(m^3/s)^2]	900.0	332.5	967.6	445.7

新调度方案将汾河二库最大入库流量由 1 500.51 m^3/s 降低至 1 403.84 m^3/s;原调度方案汾河二库最大下泄流量为 1 500.51 m^3/s,削峰率为 0,下泄流量平方和为 967.6 万(m^3/s)^2,原调度方案中汾河二库坝前最高水位为 900.00 m,符合水库要求;新调度方案最大下泄流量为 480.00 m^3/s,削峰率为 65.81%,下泄流量平方和为 445.7 万(m^3/s)^2,新调度方案中汾河水库坝前最高水位为 901.96 m,符合水库要求。新调度方案与原调度方案相比,下泄流量峰值削减了 1 020.51 m^3/s,下泄流量平方和减小 53.94%。

新调度方案对汾河水库洪水调度具有明显的削峰和减小下泄流量平方和的作用,汾河水库和汾河二库坝前水库最高水位略有增加,但均属于四级风险,新调度方案有效提高了水库及下游的防洪安全。

新调度方案都能在降低坝前最高水位、削减下泄流量峰值和降低下泄流量平方和方面取得成效。当洪水流量较小时,新调度方案未能降低坝前最高水位,但并未增加水库安全风险级别;当洪水流量较大时,新调度方案均能降低坝前最高水位和削减下泄流量峰值,并降低水库安全风险级别;对于任意一种洪水,新调度方案均能削减下泄流量峰值。

7.4　实测洪水流域水库群联合防洪调度方案

将汾河上游19960809、20160719、20211004、20220808实测洪水按原调度方案和新调度方案进行调洪计算，为了简化调度方案，各场次洪水均采用 $P_{汾河水库}=20\%+P_{汾河二库}=20\%$ 的联合调度方式进行计算。

7.4.1　除险加固前

7.4.1.1　19960809场洪水

不同调度方案对汾河上游19960809场实测洪水调度过程如图7-65～图7-68、表7-33所示。新调度方案对两水库洪水调度具有明显的削峰和减小下泄流量平方和的作用，坝前最高水库水位均属四级风险，新调度方案有效提高了水库下游的防洪安全。

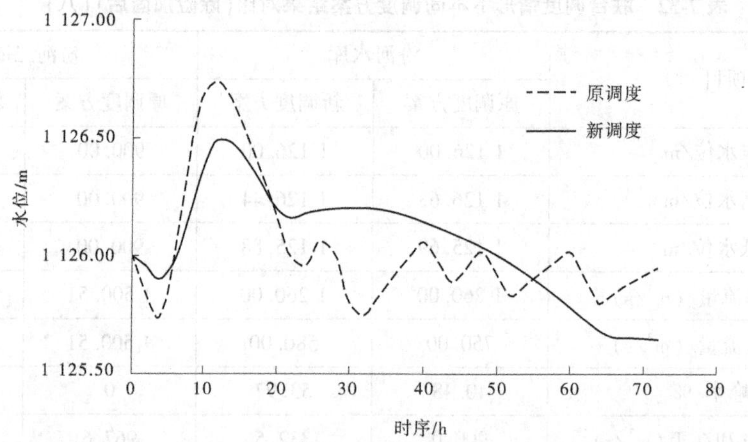

图7-65　19960809实测洪水不同调度方案汾河水库水位变化过程(除险加固前)

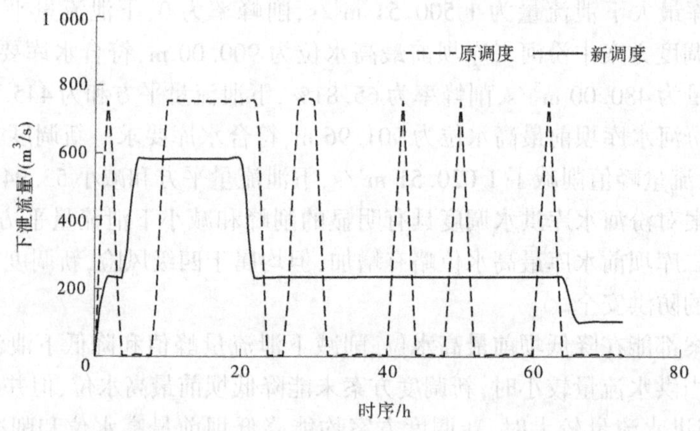

图7-66　19960809实测洪水不同调度方案汾河水库下泄流量变化过程(除险加固前)

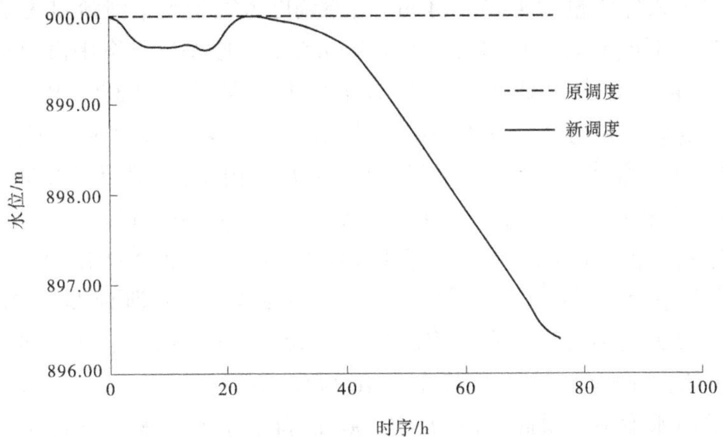

图7-67　19960809实测洪水不同调度方案汾河二库水位变化过程(除险加固前)

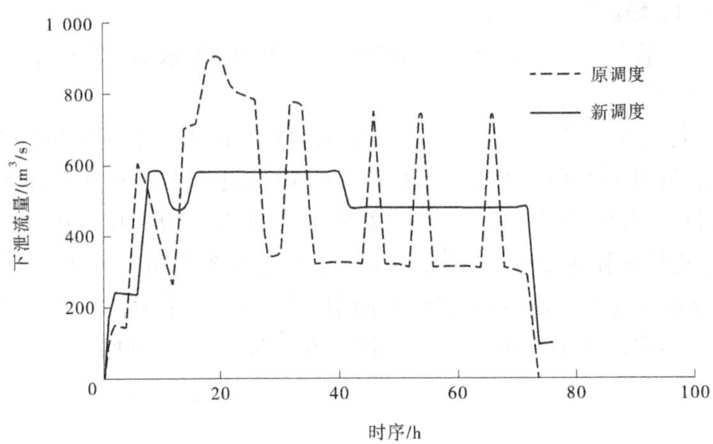

图7-68　19960809实测洪水不同调度方案汾河二库下泄流量变化过程(除险加固前)

表7-33　联合调度情形下不同调度方案结果对比(除险加固前)(19960809场洪水)

项目	汾河水库		汾河二库	
	原调度方案	新调度方案	原调度方案	新调度方案
汛限水位/m	1 125.00	1 125.00	900.00	900.00
最高水位/m	1 125.57	1 125.73	900.00	900.00
最低水位/m	1 124.80	1 124.98	900.00	896.39
最大入库流量/(m^3/s)	1 163.14	1 163.14	901.53	691.12
最大下泄流量/(m^3/s)	750.00	380.00	901.53	580.00
削峰率/%	35.52	67.33	0	16.08
下泄流量平方和/[万(m^3/s)^2]	731.3	251.0	100.7	93.9

汾河水库最大入库流量为 1 163. 14 m^3/s,原调度方案最大下泄流量为 750. 00 m^3/s,削峰率为 35. 52%,下泄流量平方和为 731. 3 万$(m^3/s)^2$,原调度方案中汾河水库坝前最高水位为 1 125. 57 m,符合水库要求;新调度方案最大下泄流量为 380. 00 m^3/s,削峰率为 67. 33%,下泄流量平方和为 251. 0 万$(m^3/s)^2$,新调度方案中汾河水库坝前最高水位为 1 125. 73 m,符合水库要求。新调度方案与原调度方案相比,下泄流量峰值削减了 370. 0 m^3/s,削峰率进一步提高了 49. 33%,下泄流量平方和减小了 65. 67%。

新调度方案将汾河二库最大入库流量由 901. 53 m^3/s 降低至 691. 12 m^3/s;原调度方案汾河二库最大下泄流量为 901. 53 m^3/s,削峰率为 0,下泄流量平方和为 100. 7 万$(m^3/s)^2$,原调度方案中汾河二库坝前最高水位为 900. 00 m,符合水库要求;新调度方案下泄流量最大值为 580. 00 m^3/s,削峰率为 16. 08%,下泄流量平方和为 93. 9 万$(m^3/s)^2$,新调度方案中汾河水库坝前最高水位为 900. 00 m,符合水库要求。新调度方案与原调度方案相比,下泄流量峰值削减了 321. 53 m^3/s,下泄流量平方和减小了 6. 79%。

7. 4. 1. 2　20160719 场洪水

不同调度方案对汾河上游 20160719 场实测洪水调度过程如图 7-69 ~ 图 7-72、表 7-34 所示。

汾河水库最大入库流量为 241. 89 m^3/s,原调度方案最大下泄流量为 750. 00 m^3/s,削峰率为负值,下泄流量平方和为 112. 5 万$(m^3/s)^2$,原调度方案中汾河水库坝前最高水位为 1 125. 01 m,符合水库要求;新调度方案最大下泄流量为 100. 00 m^3/s,削峰率为 58. 66%,下泄流量平方和为 27. 0 万$(m^3/s)^2$,新调度方案中汾河水库坝前最高水位为 1 125. 00 m,符合水库要求。新调度方案与原调度方案相比,下泄流量峰值削减了 650. 00 m^3/s,削峰率进一步提高了 86. 67%,下泄流量平方和减小了 76. 00%。

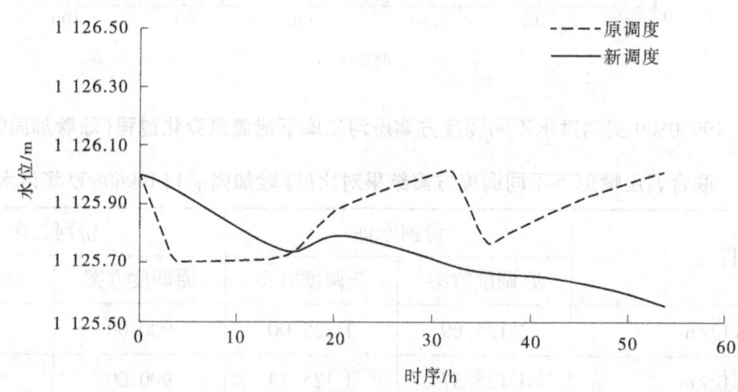

图 7-69　20160719 实测洪水不同调度方案汾河水库水位变化过程(除险加固前)

新调度方案将汾河二库最大入库流量由 504. 48 m^3/s 降低至 223. 78 m^3/s;原调度方案汾河二库最大下泄流量为 504. 48 m^3/s,削峰率为 0,下泄流量平方和为 59. 3 万$(m^3/s)^2$,原调度方案中汾河二库坝前最高水位为 900. 00 m,符合水库要求;新调度方案下泄流量最大值为 100. 00 m^3/s,削峰率为 55. 31%,下泄流量平方和为 28. 0 万$(m^3/s)^2$,新调度方案中汾河水库坝前最高水位为 901. 04 m,符合水库要求。新调度方案与原调度方案相比，下泄流量峰值削减了 404.48 m^3/s，下泄流量平方和减小了 52.77%。

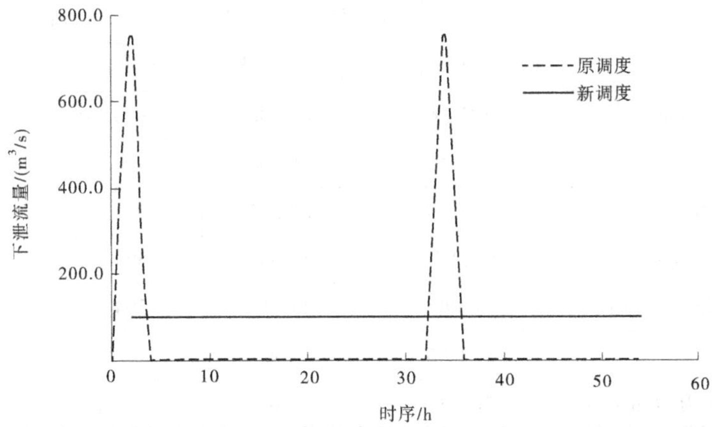

图 7-70　20160719 实测洪水不同调度方案汾河水库下泄流量变化过程(除险加固前)

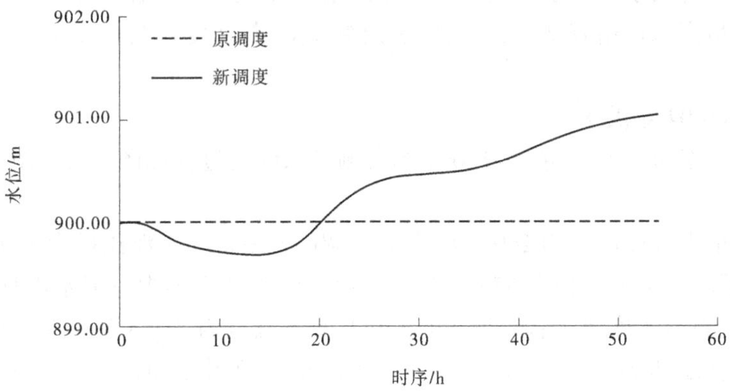

图 7-71　20160719 实测洪水不同调度方案汾河二库水位变化过程(除险加固前)

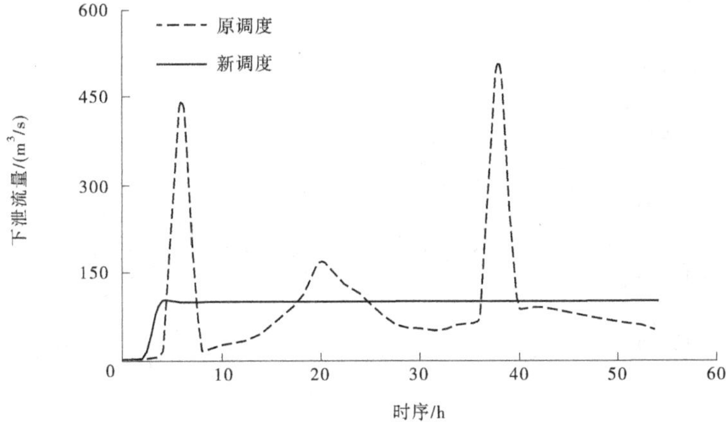

图 7-72　20160719 实测洪水不同调度方案汾河二库下泄流量变化过程(除险加固前)

表 7-34　联合调度情形下不同调度方案结果对比(除险加固前)(20160719 场洪水)

项目	汾河水库		汾河二库	
	原调度方案	新调度方案	原调度方案	新调度方案
汛限水位/m	1 125.00	1 125.00	900.00	900.00
最高水位/m	1 125.00	1 125.00	900.00	901.04
最低水位/m	1 124.77	1 124.65	900.00	899.69
最大入库流量/(m^3/s)	241.89	241.89	504.48	223.78
最大下泄流量/(m^3/s)	750.00	100.00	504.48	100.00
削峰率/%	-210.06	58.66	0	55.31
下泄流量平方和/万[(m^3/s)^2]	112.5	27.0	59.3	28.0

新调度方案对两水库洪水调度具有明显的削峰和减小下泄流量平方和的作用,汾河二库坝前水库最高水位略有增加,但均属于四级风险,新调度方案有效提高了水库下游的防洪安全。

7.4.1.3　20211004 场洪水

不同调度方案对汾河上游 20211004 场实测洪水调度过程如图 7-73~图 7-76、表 7-35 所示。

汾河水库最大入库流量为 269.29 m^3/s,原调度方案最大下泄流量为 750.00 m^3/s,削峰率为负值,下泄流量平方和为 675.0 万(m^3/s)^2,原调度方案中汾河水库坝前最高水位为 1 125.07 m,符合水库要求;新调度方案最大下泄流量为 380.00 m^3/s,削峰率亦为负值,下泄流量平方和为 284.5 万(m^3/s)^2,新调度方案中汾河水库坝前最高水位为 1 125.21 m,符合水库要求。新调度方案与原调度方案相比,下泄流量峰值削减了 370.00 m^3/s,削峰率进一步提高了 49.33%,下泄流量平方和减小了 57.85%。

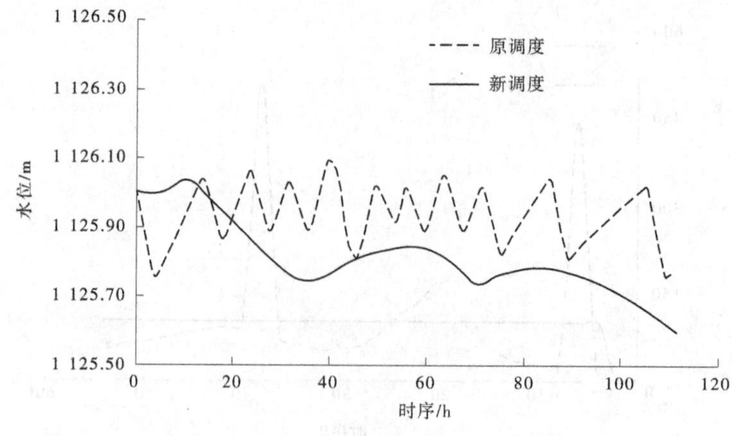

图 7-73　20211004 实测洪水不同调度方案汾河水库水位变化过程(除险加固前)

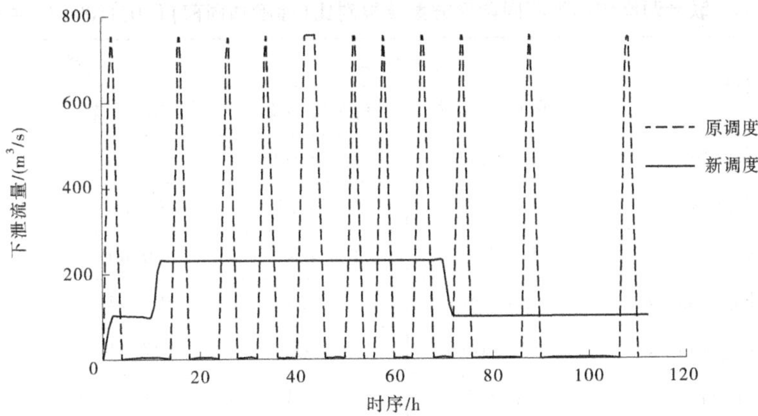

图 7-74　20211004 实测洪水不同调度方案汾河水库下泄流量变化过程(除险加固前)

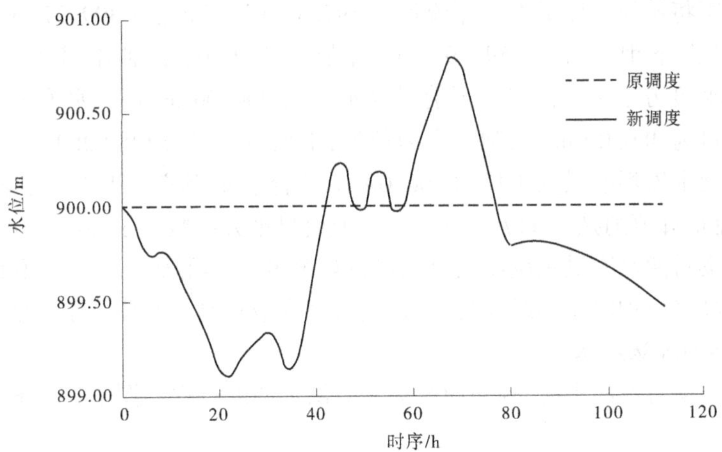

图 7-75　20211004 实测洪水不同调度方案汾河二库水位变化过程(除险加固前)

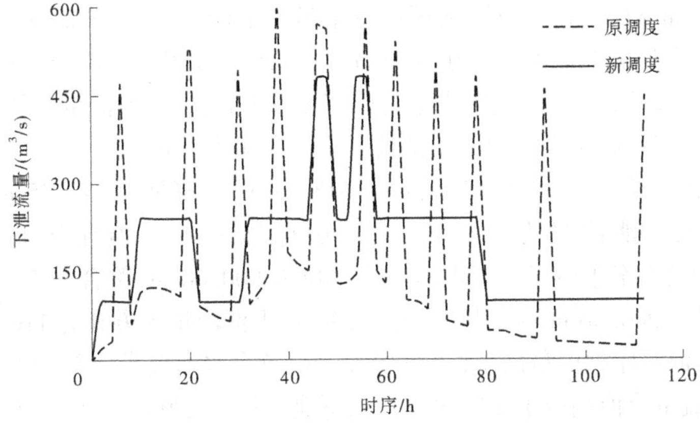

图 7-76　20211004 实测洪水不同调度方案汾河二库下泄流量变化过程(除险加固前)

表 7-35 联合调度情形下不同调度方案结果对比(除险加固前)(20211004 场洪水)

项目	汾河水库		汾河二库	
	原调度方案	新调度方案	原调度方案	新调度方案
汛限水位/m	1 125.00	1 125.00	900.00	900.00
最高水位/m	1 125.07	1 125.21	900.00	900.00
最低水位/m	1 124.81	1 124.42	900.00	899.10
最大入库流量/(m^3/s)	269.29	269.29	597.97	399.77
最大下泄流量/(m^3/s)	750.00	380.00	597.97	480.00
削峰率/%	-178.51	-41.11	0	-20.07
下泄流量平方和/[万(m^3/s)^2]	675.0	284.5	365.6	269.9

新调度方案将汾河二库最大入库流量由 597.97 m^3/s 降低至 399.77 m^3/s;原调度方案汾河二库最大下泄流量为 597.97 m^3/s,削峰率为 0,下泄流量平方和为 365.6 万(m^3/s)^2,原调度方案中汾河二库坝前最高水位为 900.00 m,符合水库要求;新调度方案最大下泄流量为 480.00 m^3/s,削峰率为负值,下泄流量平方和为 269.9 万(m^3/s)^2,新调度方案中汾河水库坝前最高水位为 900.00 m,符合水库要求。新调度方案与原调度方案相比,下泄流量峰值削减了 117.97 m^3/s,下泄流量平方和减小了 26.18%。

新调度方案对两水库洪水调度具有明显的削峰和减小下泄流量平方和的作用,两水库坝前水库最高水位均属于四级风险,新调度方案有效提高了水库下游的防洪安全。

7.4.1.4 20220808 场洪水

不同调度方案对汾河上游 20220808 场实测洪水调度过程如图 7-77~图 7-80、表 7-36 所示。

汾河水库最大入库流量为 2 124.12 m^3/s,原调度方案最大下泄流量为 750.00 m^3/s,削峰率为 64.69%,下泄流量平方和为 731.3 万(m^3/s)^2,原调度方案中汾河水库坝前最高水位为 1 125.41 m,符合水库要求;新调度方案最大下泄流量为 500.00 m^3/s,削峰率为 76.46%,下泄流量平方和为 408.3 万(m^3/s)^2,新调度方案中汾河水库坝前最高水位为 1 125.42 m,符合水库要求。新调度方案与原调度方案相比,下泄流量峰值削减了 250.00 m^3/s,削峰率进一步提高了 33.33%,下泄流量平方和减小了 44.17%。

新调度方案将汾河二库最大入库流量由 513.52 m^3/s 降低至 371.35 m^3/s;原调度方案汾河二库最大下泄流量为 513.52 m^3/s,削峰率为 0,下泄流量平方和为 278.3 万(m^3/s)^2,原调度方案中汾河二库坝前最高水位为 900.00 m,符合水库要求;新调度方案最大下泄流量为 240.00 m^3/s,削峰率为 35.37%,下泄流量平方和为 116.9 万(m^3/s)^2,新调度方案中汾河水库坝前最高水位为 901.28 m,符合水库要求。新调度方案与原调度方案相比,下泄流量峰值削减了 273.52 m^3/s,下泄流量平方和减小了 58.00%。

新调度方案对两水库洪水调度具有明显的削峰和减小下泄流量平方和的作用,汾河水库和汾河二库坝前水库最高水位略有增加,但均属于四级风险,新调度方案有效提高了水库下游的防洪安全。

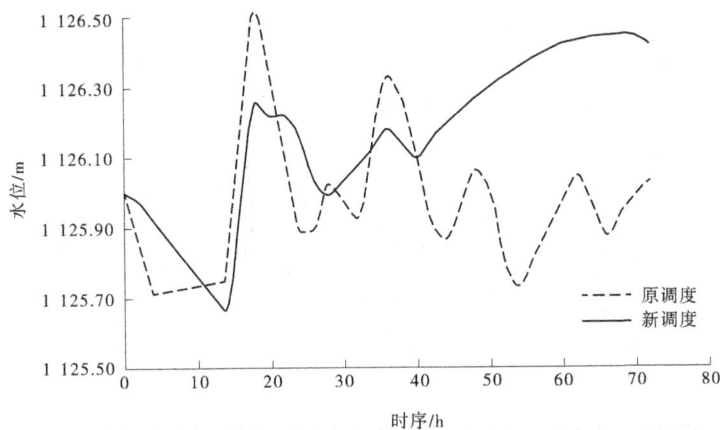

图 7-77　20220808 实测洪水不同调度方案汾河水库水位变化过程(除险加固前)

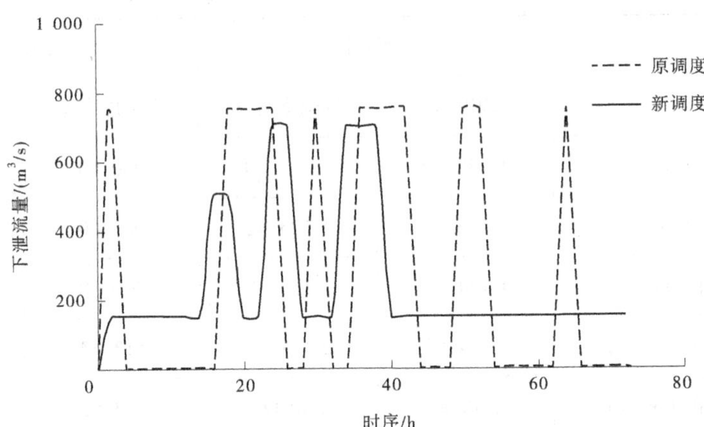

图 7-78　20220808 实测洪水不同调度方案汾河水库下泄流量变化过程(除险加固前)

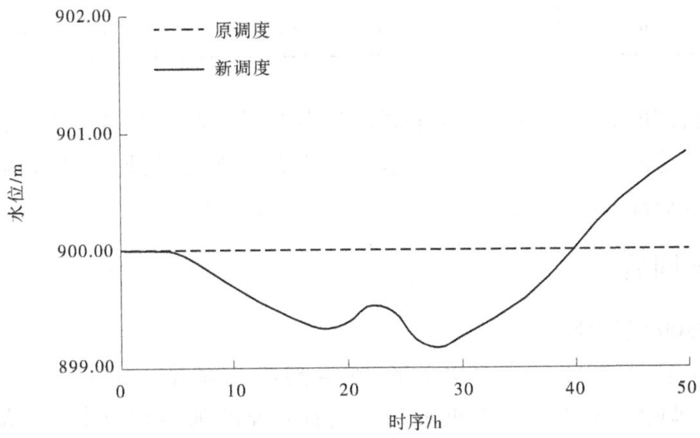

图 7-79　20220808 实测洪水不同调度方案汾河二库水位变化过程(除险加固前)

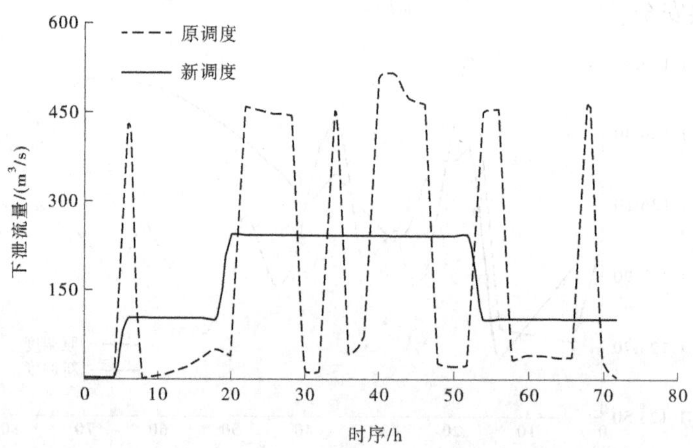

图 7-80　20220808 实测洪水不同调度方案汾河二库下泄流量变化过程(除险加固前)

表 7-36　联合调度情形下不同调度方案结果对比(除险加固前)(20220808 场洪水)

项目	汾河水库		汾河二库	
	原调度方案	新调度方案	原调度方案	新调度方案
汛限水位/m	1 125.00	1 125.00	900.00	900.00
最高水位/m	1 125.41	1 125.42	900.00	901.28
最低水位/m	1 124.77	1 124.89	900.00	899.16
最大入库流量/(m^3/s)	2 124.12	2 124.12	513.52	371.35
最大下泄流量/(m^3/s)	750.00	500.00	513.52	240.00
削峰率/%	64.69	76.46	0	35.37
下泄流量平方和/[万(m^3/s)^2]	731.3	408.3	278.3	116.9

综上所述,新调度方案对两水库洪水调度具有明显的削峰和减小下泄流量平方和的作用,汾河水库和汾河二库坝前水库最高水位均略有增加,但均属于四级风险,新调度方案在未增加水库风险的前提下有效提高了水库下游的防洪安全。

7.4.2　除险加固后

7.4.2.1　19960809 场洪水

不同调度方案对汾河上游 19960809 场实测洪水调度过程如图 7-81～图 7-84、表 7-37 所示。新调度方案对两水库洪水调度具有明显的削峰和减小下泄流量平方和的作用,坝前最高水库水位均属四级风险,新调度方案有效提高了水库下游的防洪安全。

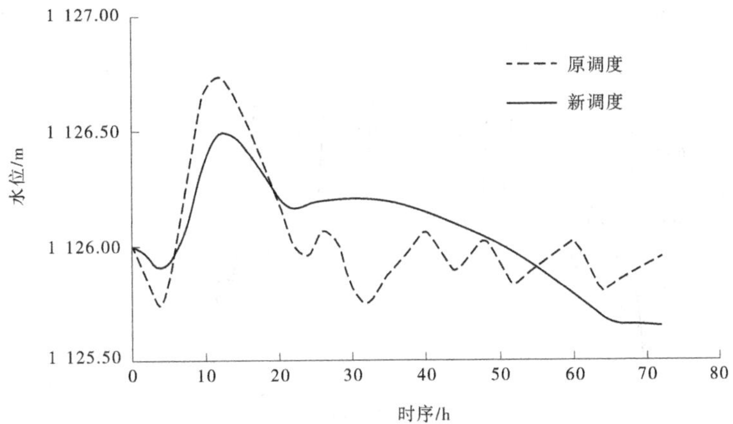

图 7-81 19960809 实测洪水不同调度方案汾河水库水位变化过程(除险加固后)

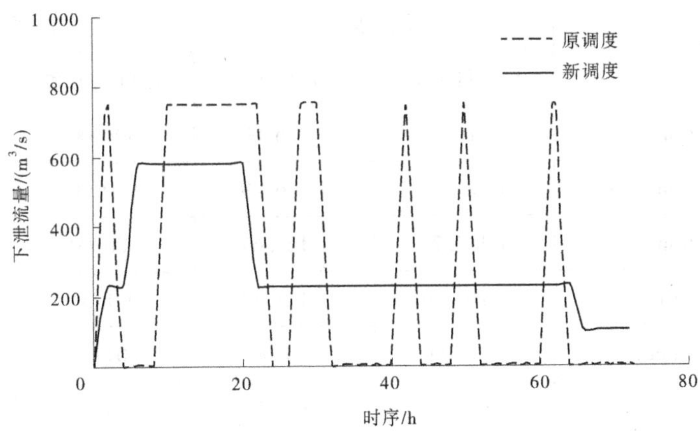

图 7-82 19960809 实测洪水不同调度方案汾河水库下泄流量变化过程(除险加固后)

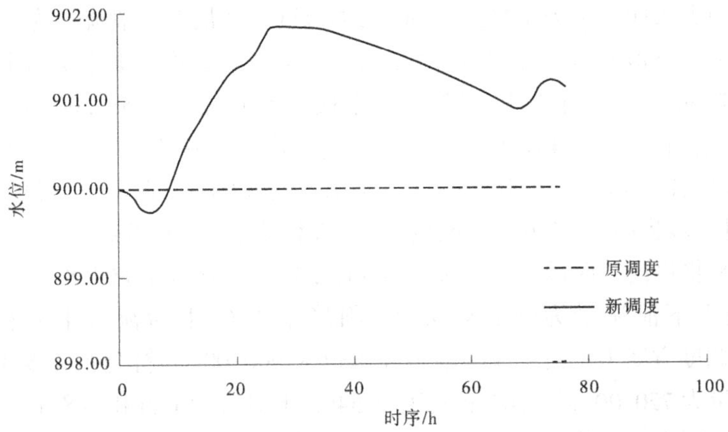

图 7-83 19960809 实测洪水不同调度方案汾河二库水位变化过程(除险加固后)

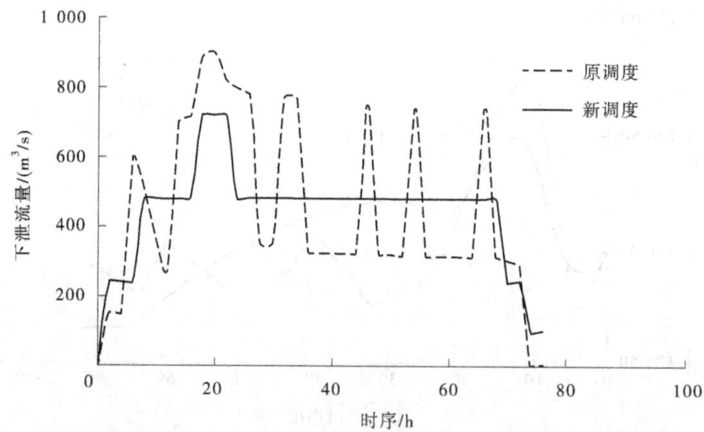

图 7-84　19960809 实测洪水不同调度方案汾河二库下泄流量变化过程(除险加固后)

表 7-37　联合调度情形下不同调度方案结果对比(除险加固后)(19960809 场洪水)

项目	汾河水库		汾河二库	
	原调度方案	新调度方案	原调度方案	新调度方案
汛限水位/m	1 126.00	1 126.00	900.00	900.00
最高水位/m	1 126.73	1 126.49	900.00	901.83
最低水位/m	1 125.74	1 125.64	900.00	899.73
最大入库流量/(m^3/s)	1 163.14	1 163.14	901.53	804.85
最大下泄流量/(m^3/s)	750.00	580.00	901.53	720.00
削峰率/%	35.52	50.13	0	10.54
下泄流量平方和/[万(m^3/s)^2]	731.3	400.1	1 007.0	831.4

汾河水库最大入库流量为 1 163.14 m^3/s,原调度方案最大下泄流量为 750.00 m^3/s,削峰率为 35.52%,下泄流量平方和为 731.3 万(m^3/s)^2,原调度方案中汾河水库坝前最高水位为 1 126.73 m,符合水库要求;新调度方案最大下泄流量为 580.00 m^3/s,削峰率为 50.13%,下泄流量平方和为 400.1 万(m^3/s)^2,新调度方案中汾河水库坝前最高水位为 1 126.49 m,符合水库要求。新调度方案与原调度方案相比,下泄流量峰值削减了 170.0 m^3/s,削峰率进一步提高了 22.67%,下泄流量平方和减小了 45.29%。

新调度方案将汾河二库最大入库流量由 901.53 m^3/s 降低至 804.85 m^3/s;原调度方案汾河二库最大下泄流量为 901.53 m^3/s,削峰率为 0,下泄流量平方和为 1 007.0 万(m^3/s)^2,原调度方案中汾河二库坝前最高水位为 900.00 m,符合水库要求;新调度方案最大下泄流量为 720.00 m^3/s,削峰率为 10.54%,下泄流量平方和为 831.4 万(m^3/s)^2,新调度方案中汾河水库坝前最高水位为 901.83 m,符合水库要求。新调度方案与原调度方案相比,下泄流量峰值削减了 181.53 m^3/s,下泄流量平方和减小了 17.44%。

7.4.2.2　20160719 场洪水

不同调度方案对汾河上游 20160719 场实测洪水调度过程如图 7-85～图 7-88、表 7-38 所示。

汾河水库最大入库流量为 241.89 m^3/s，原调度方案最大下泄流量为 750.00 m^3/s，削峰率为负值，下泄流量平方和为 112.5 万$(m^3/s)^2$，原调度方案中汾河水库坝前最高水位为 1 126.01 m，符合水库要求；新调度方案最大下泄流量为 100.00 m^3/s，削峰率为 58.66%，下泄流量平方和为 27.0 万$(m^3/s)^2$，新调度方案中汾河水库坝前最高水位为 1 126.00 m，符合水库要求。新调度方案与原调度方案相比，下泄流量峰值削减了 650.00 m^3/s，削峰率进一步提高了 86.67%，下泄流量平方和减小了 76.00%。

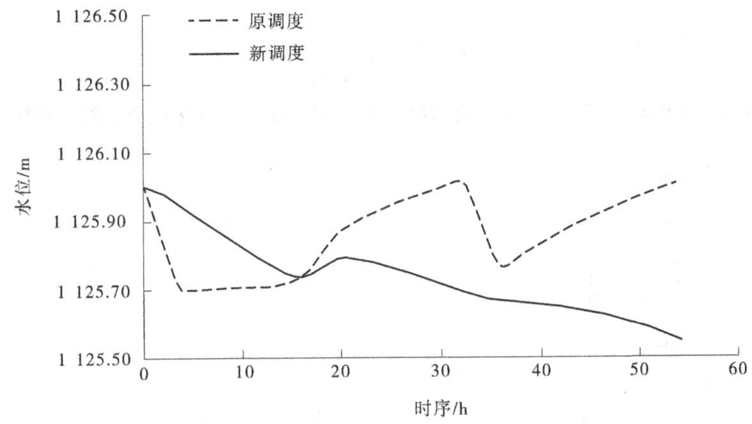

图 7-85　20160719 实测洪水不同调度方案汾河水库水位变化过程（除险加固后）

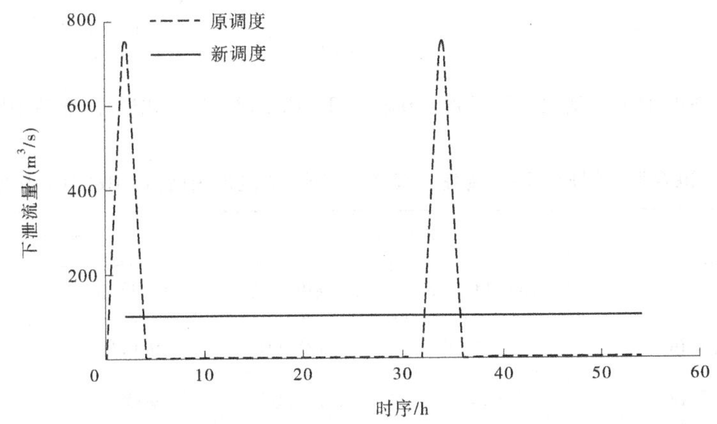

图 7-86　20160719 实测洪水不同调度方案汾河水库下泄流量变化过程（除险加固后）

新调度方案将汾河二库最大入库流量由 504.48 m^3/s 降低至 223.78 m^3/s；原调度方案汾河二库最大下泄流量为 504.48 m^3/s，削峰率为 0，下泄流量平方和为 59.3 万$(m^3/s)^2$，原调度方案中汾河二库坝前最高水位为 900.00 m，符合水库要求；新调度方案最大下泄流量为 100.00 m^3/s，削峰率为 55.31%，下泄流量平方和为 28.0 万$(m^3/s)^2$，新调度方案中汾河水库坝前最高水位为 901.04 m，符合水库要求。新调度方案与原调度方案相比,下泄流量峰值削减了 404.48 m³/s,下泄流量平方和减小了 52.78%。

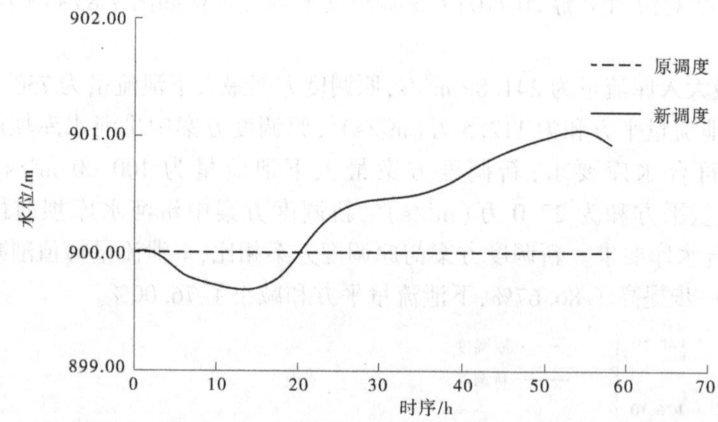

图 7-87 20160719 实测洪水不同调度方案汾河二库水位变化过程(除险加固后)

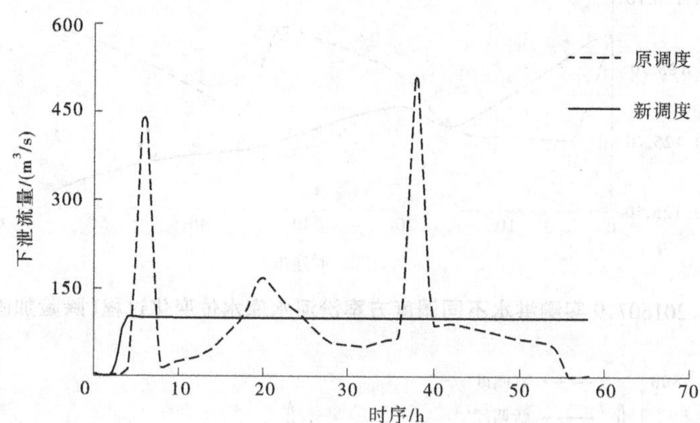

图 7-88 20160719 实测洪水不同调度方案汾河二库下泄流量变化过程(除险加固后)

表 7-38 联合调度情形下不同调度方案结果对比(除险加固后)(20160719 场洪水)

项目	汾河水库		汾河二库	
	原调度方案	新调度方案	原调度方案	新调度方案
汛限水位/m	1 126.00	1 126.00	900.00	900.00
最高水位/m	1 126.01	1 126.00	900.00	901.04
最低水位/m	1 125.70	1 125.55	900.00	899.69
最大入库流量/(m³/s)	241.89	241.89	504.48	223.78
最大下泄流量/(m³/s)	750.00	100.00	504.48	100.00
削峰率/%	-210.06	58.66	0	55.31
下泄流量平方和/[万(m³/s)²]	112.5	27.0	59.3	28.0

新调度方案对两水库洪水调度具有明显的削峰和减小下泄流量平方和的作用，汾河二库坝前水库最高水位略有增加，但均属于四级风险，新调度方案有效提高了水库下游的防洪安全。

7.4.2.3　20211004 场洪水

不同调度方案对汾河上游 20211004 场实测洪水调度过程如图 7-89 ~ 图 7-92、表 7-39 所示。

汾河水库最大入库流量为 269.29 m^3/s，原调度方案最大下泄流量为 750.00 m^3/s，削峰率为负值，下泄流量平方和为 675.0 万$(m^3/s)^2$，原调度方案中汾河水库坝前最高水位为 1 126.09 m，符合水库要求；新调度方案最大下泄流量为 230.00 m^3/s，削峰率为 14.59%，下泄流量平方和为 184.7 万$(m^3/s)^2$，新调度方案中汾河水库坝前最高水位为 1 126.03 m，符合水库要求。新调度方案与原调度方案相比，下泄流量峰值削减了 520.00 m^3/s，削峰率进一步提高了 69.33%，下泄流量平方和减小了 72.64%。

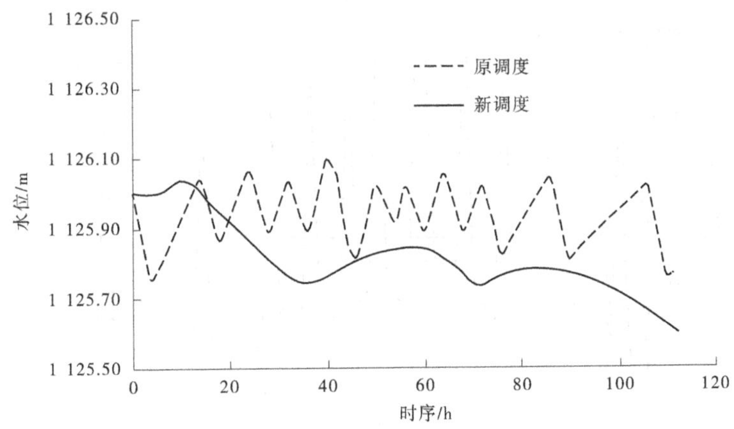

图 7-89　20211004 实测洪水不同调度方案汾河水库水位变化过程(除险加固后)

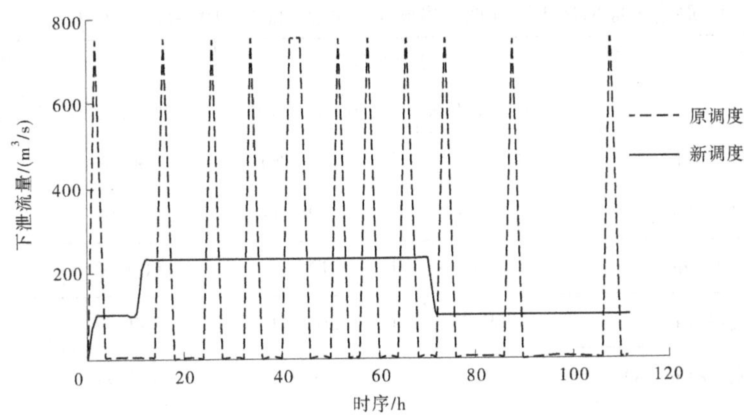

图 7-90　20211004 实测洪水不同调度方案汾河水库下泄流量变化过程(除险加固后)

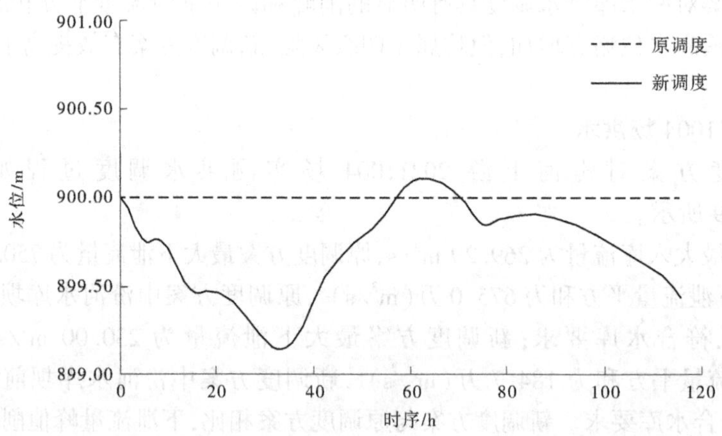

图 7-91　20211004 实测洪水不同调度方案汾河二库水位变化过程(除险加固后)

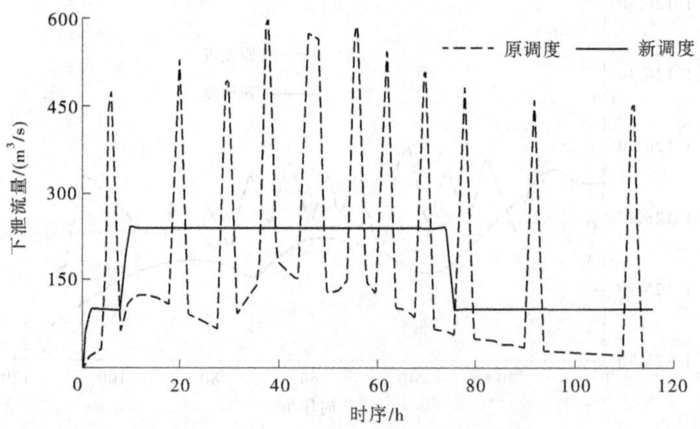

图 7-92　20211004 实测洪水不同调度方案汾河二库下泄流量变化过程(除险加固后)

表 7-39　联合调度情形下不同调度方案结果对比(除险加固后)(20211004 场洪水)

项目	汾河水库		汾河二库	
	原调度方案	新调度方案	原调度方案	新调度方案
汛限水位/m	1 126.00	1 126.00	900.00	900.00
最高水位/m	1 126.09	1 126.03	900.00	900.10
最低水位/m	1 125.76	1 125.60	900.00	899.14
最大入库流量/(m^3/s)	269.29	269.29	597.97	314.46
最大下泄流量/(m^3/s)	750.00	230.00	597.97	240.00
削峰率/%	−178.51	14.59	0	23.68
下泄流量平方和/[万(m^3/s)^2]	675.0	184.7	365.6	215.1

新调度方案将汾河二库最大入库流量由 597. 97 m^3/s 降低至 314. 46 m^3/s；原调度方案汾河二库最大下泄流量为 597. 97 m^3/s，削峰率为 0，下泄流量平方和为 365. 6 万$(m^3/s)^2$，原调度方案中汾河二库坝前最高水位为 900. 00 m，符合水库要求；新调度方案最大下泄流量为 240. 00 m^3/s，削峰率为 23. 68%，下泄流量平方和为 215. 1 万$(m^3/s)^2$，新调度方案中汾河水库坝前最高水位为 900. 10 m，符合水库要求。新调度方案与原调度方案相比，下泄流量峰值削减了 357. 97 m^3/s，下泄流量平方和减小了 41. 17%。

新调度方案对两水库洪水调度具有明显的削峰和减小下泄流量平方和的作用，汾河水库坝前水库最高水位均属于四级风险，新调度方案有效提高了水库下游的防洪安全。

7. 4. 2. 4　20220808 场洪水

不同调度方案对汾河上游 20220808 场实测洪水调度过程如图 7-93～图 7-96、表 7-40 所示。

汾河水库最大入库流量为 2 124. 13 m^3/s，原调度方案最大下泄流量为 750. 00 m^3/s，削峰率为 64. 69%，下泄流量平方和为 731. 3 万$(m^3/s)^2$，原调度方案中汾河水库坝前最高水位为 1 126. 52 m，符合水库要求；新调度方案最大下泄流量为 700. 00 m^3/s，削峰率为 67. 05%，下泄流量平方和为 360. 3 万$(m^3/s)^2$，新调度方案中汾河水库坝前最高水位为 1 126. 45 m，符合水库要求。新调度方案与原调度方案相比，下泄流量峰值削减了 50. 00 m^3/s，削峰率进一步提高了 6. 67%，下泄流量平方和减小了 50. 73%。

新调度方案将汾河二库最大入库流量由 513. 52 m^3/s 降低至 485. 09 m^3/s；原调度方案汾河二库最大下泄流量为 513. 52 m^3/s，削峰率为 0，下泄流量平方和为 378. 3 万$(m^3/s)^2$，原调度方案中汾河二库坝前最高水位为 900. 00 m，符合水库要求；新调度方案最大下泄流量为 240. 00 m^3/s，削峰率为 50. 52%，下泄流量平方和为 121. 7 万$(m^3/s)^2$，新调度方案中汾河水库坝前最高水位为 900. 91 m，符合水库要求。新调度方案与原调度方案相比，下泄流量峰值削减了 273. 52 m^3/s，下泄流量平方和减小了 67. 83%。

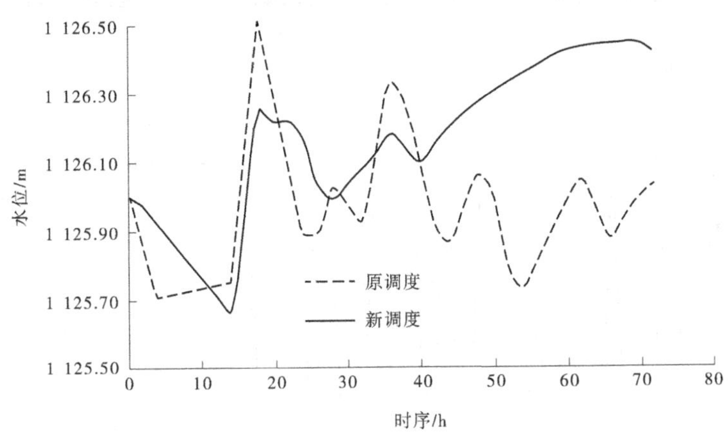

图 7-93　20220808 实测洪水不同调度方案汾河水库水位变化过程（除险加固后）

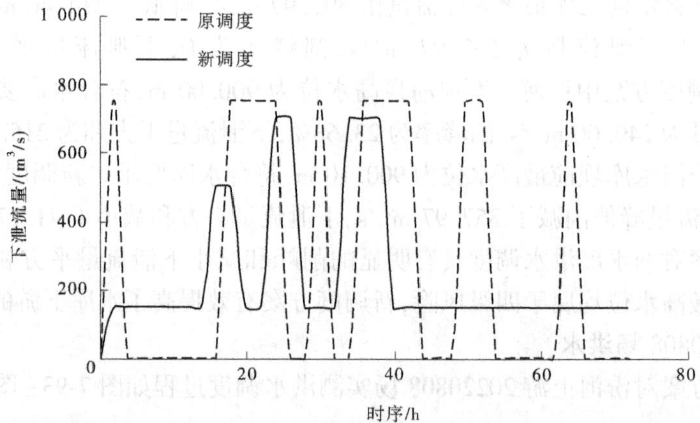

图 7-94 20220808 实测洪水不同调度方案汾河水库下泄流量变化过程(除险加固后)

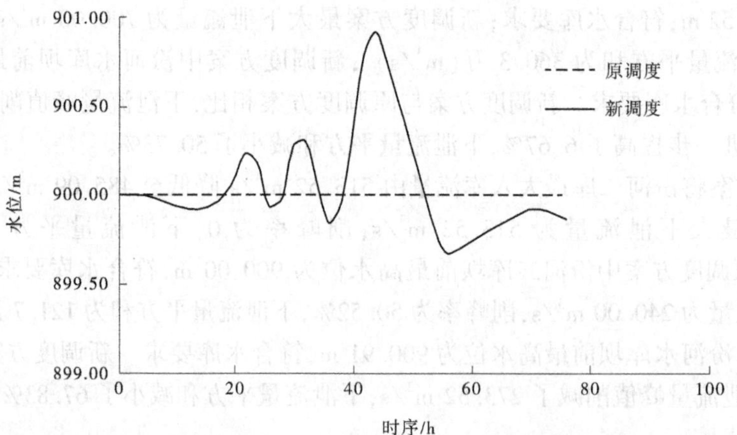

图 7-95 20220808 实测洪水不同调度方案汾河二库水位变化过程(除险加固后)

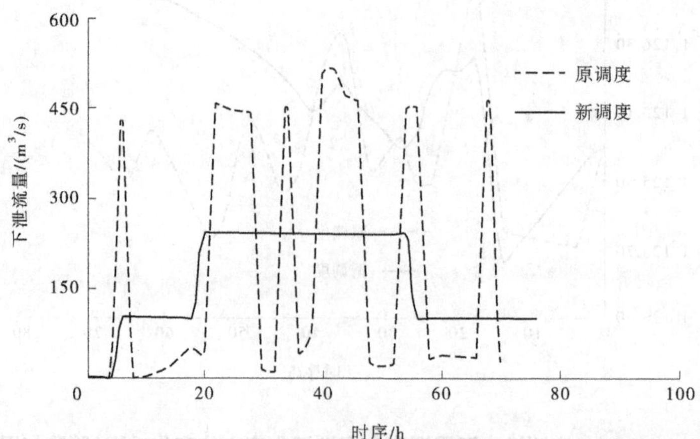

图 7-96 20220808 实测洪水不同调度方案汾河二库下泄流量变化过程(除险加固后)

表 7-40　联合调度情形下不同调度方案结果对比(除险加固后)(20220808 场洪水)

项目	汾河水库		汾河二库	
	原调度方案	新调度方案	原调度方案	新调度方案
汛限水位/m	1 126.00	1 126.00	900.00	900.00
最高水位/m	1 126.52	1 126.45	900.00	900.91
最低水位/m	1 125.71	1 125.67	900.00	899.68
最大入库流量/(m^3/s)	2 124.13	2 124.13	513.52	485.09
最大下泄流量/(m^3/s)	750.00	700.00	513.52	240.00
削峰率/%	64.69	67.05	0	50.52
下泄流量平方和/[万(m^3/s)^2]	731.3	360.3	378.3	121.7

新调度方案对两水库洪水调度具有明显的削峰和减小下泄流量平方和的作用,汾河水库和汾河二库坝前水库最高水位略有增加,但均属于四级风险,新调度方案有效提高了水库下游的防洪安全。

综上所述,新调度方案对两水库洪水调度具有明显的削峰和减小下泄流量平方和的作用,汾河水库和汾河二库坝前水库最高水位均略有增加,但均属于四级风险,新调度方案在未增加水库风险的前提下有效提高了水库下游的防洪安全。

7.5　天气预报洪水流域水库群联合防洪调度方案

根据汾河上游蓝色、黄色、橙色和红色 4 场天气预报洪水按原调度方案和新调度方案进行调洪计算,为了简化调度方案,蓝色、黄色、橙色天气预报洪水均采用 $P_{汾河水库}=20\%+P_{汾河二库}=20\%$的联合调度方式进行计算,红色天气预报洪水采用 $P_{汾河水库}=5\%+P_{汾河二库}=5\%$的联合调度方式进行计算。

7.5.1　除险加固前

7.5.1.1　蓝色预报洪水

不同调度方案对汾河上游天气预报所产生的蓝色暴雨所导致的洪水进行调度的结果如图 7-97～图 7-100、表 7-41 所示。新调度方案对两水库洪水调度具有明显的削峰和减小下泄流量平方和的作用,坝前最高水库水位均属四级风险,新调度方案有效提高了水库下游的防洪安全。

汾河水库最大入库流量为 680.73 m^3/s,原调度方案最大下泄流量为 750.00 m^3/s,削峰率为负值,下泄流量平方和为 1 518.8 万(m^3/s)^2,原调度方案中汾河水库坝前最高水位为 1 125.17 m,符合水库要求;新调度方案最大下泄流量为 480.00 m^3/s,削峰率为 29.49%,下泄流量平方和为 1 001.7 万(m^3/s)^2,新调度方案中汾河水库坝前最高水位为 1 125.90 m,符合水库要求。新调度方案与原调度方案相比,下泄流量峰值削减了 270.0

m^3/s,削峰率进一步提高了 36.00%,下泄流量平方和减小了 34.05%。

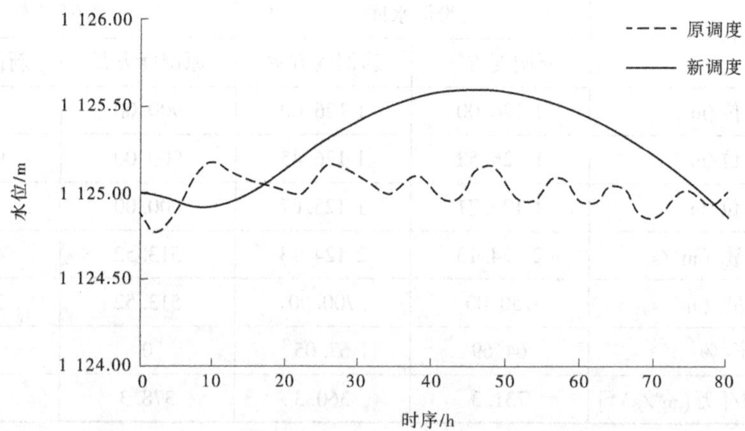

图 7-97　蓝色预报洪水不同调度方案汾河水库水位变化过程(除险加固前)

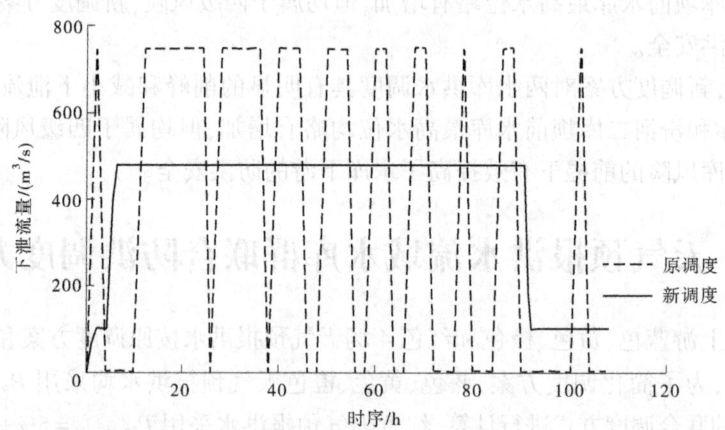

图 7-98　蓝色预报洪水不同调度方案汾河水库下泄流量变化过程(除险加固前)

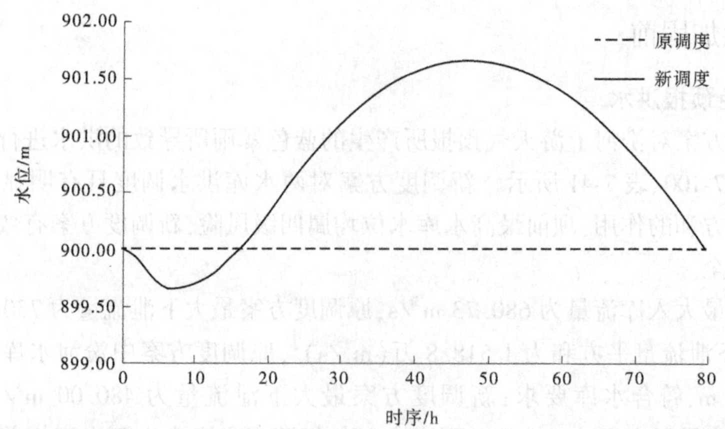

图 7-99　蓝色预报洪水不同调度方案汾河二库水位变化过程(除险加固前)

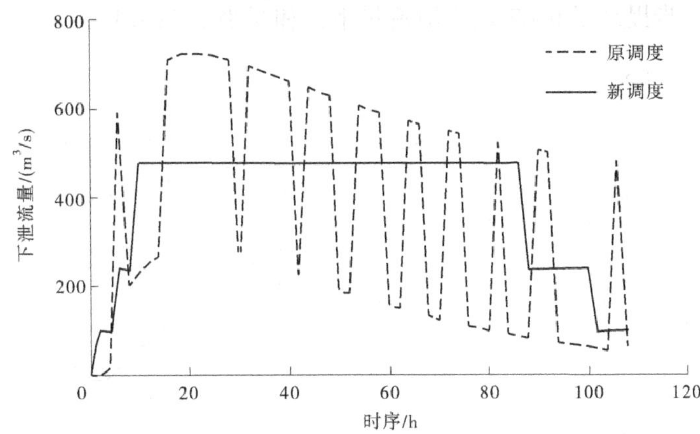

图 7-100　蓝色预报洪水不同调度方案汾河二库下泄流量变化过程(除险加固前)

表 7-41　联合调度情形下不同调度方案结果对比(除险加固前)(一)

项目	汾河水库		汾河二库	
	原调度方案	新调度方案	原调度方案	新调度方案
汛限水位/m	1 125.00	1 125.00	900.00	900.00
最高水位/m	1 125.17	1 125.90	900.00	901.66
最低水位/m	1 124.77	1 124.76	900.00	899.42
最大入库流量/(m^3/s)	680.73	680.73	729.92	576.37
最大下泄流量/(m^3/s)	750.00	480.00	729.92	480.00
削峰率/%	-10.18	29.49	0	16.72
下泄流量平方和/[万(m^3/s)^2]	1 518.8	1 001.7	1 150.8	956.4

新调度方案将汾河二库最大入库流量由 729.92 m^3/s 降低至 576.37 m^3/s;原调度方案汾河二库最大下泄流量为 729.92 m^3/s,削峰率为 0,下泄流量平方和为 1 150.8 万(m^3/s)^2,原调度方案中汾河二库坝前最高水位为 900.00 m,符合水库要求;新调度方案最大下泄流量为 480.00 m^3/s,削峰率为 16.72%,下泄流量平方和为 956.4 万(m^3/s)^2,新调度方案中汾河水库坝前最高水位为 901.66 m,符合水库要求。新调度方案与原调度方案相比,下泄流量峰值削减了 249.92 m^3/s,下泄流量平方和减小了 16.89%。

7.5.1.2　黄色预报洪水

不同调度方案对汾河上游天气预报黄色暴雨所导致的洪水调度过程如图 7-101 ~ 图 7-104、表 7-42 所示。

汾河水库最大入库流量为 755.70 m^3/s,原调度方案最大下泄流量为 750.00 m^3/s,削峰率为 0.75%,下泄流量平方和为 1 575.0 万(m^3/s)^2,原调度方案中汾河水库坝前最高水位为 1 125.26 m,符合水库要求;新调度方案最大下泄流量为 700.00 m^3/s,削峰率为 7.37%,下泄流量平方和为 1 296.5 万(m^3/s)^2,新调度方案中汾河水库坝前最高水位为 1 125.00 m,符合水库要求。新调度方案与原调度方案相比,下泄流量峰值削减了 50.00

m^3/s,削峰率进一步提高了 6.67%,下泄流量平方和减小了 21.74%。

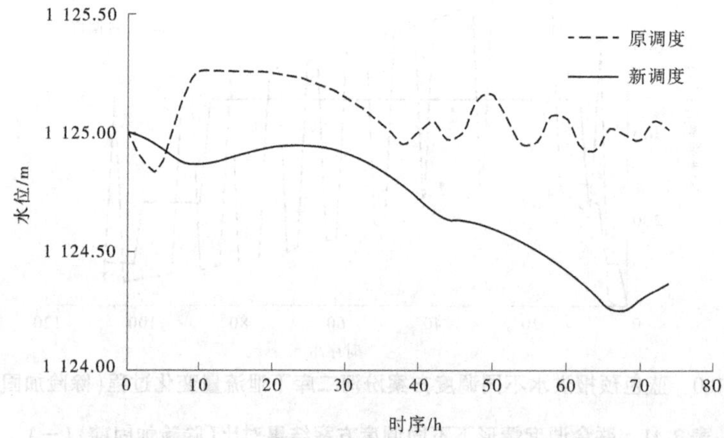

图 7-101 黄色预报洪水不同调度方案汾河水库水位变化过程(除险加固前)

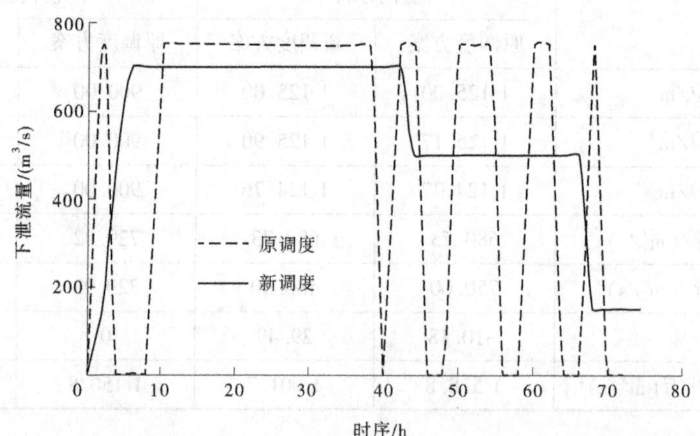

图 7-102 黄色预报洪水不同调度方案汾河水库下泄流量变化过程(除险加固前)

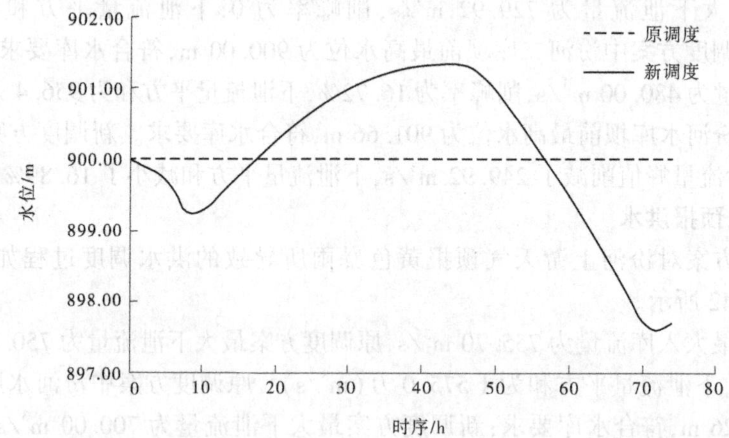

图 7-103 黄色预报洪水不同调度方案汾河二库水位变化过程(除险加固前)

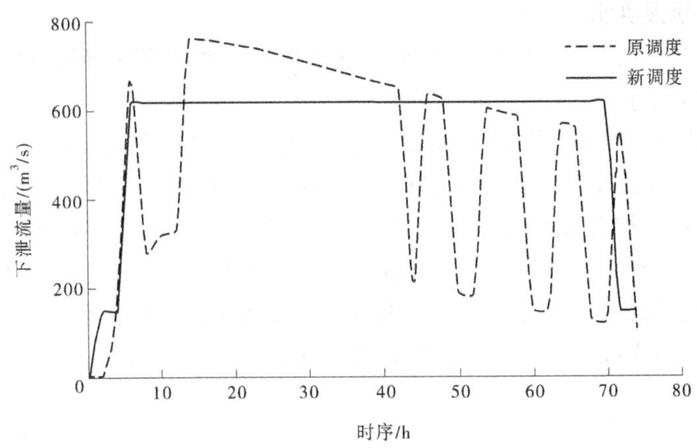

图 7-104　黄色预报洪水不同调度方案汾河二库下泄流量变化过程(除险加固前)

表 7-42　联合调度情形下不同调度方案结果对比(除险加固前)(二)

项目	汾河水库		汾河二库	
	原调度方案	新调度方案	原调度方案	新调度方案
汛限水位/m	1 125.00	1 125.00	900.00	900.00
最高水位/m	1 125.26	1 125.00	900.00	901.98
最低水位/m	1 124.81	1 124.25	900.00	898.10
最大入库流量/(m^3/s)	755.70	755.70	763.33	734.90
最大下泄流量/(m^3/s)	750.00	700.00	763.33	620.00
削峰率/%	0.75	7.37	0	15.63
下泄流量平方和/[万(m^3/s)^2]	1 575.0	1 296.5	1 256.9	1 206.8

新调度方案将汾河二库最大入库流量由 763.33 m^3/s 降低至 734.90 m^3/s;原调度方案汾河二库最大下泄流量为 763.33 m^3/s,削峰率为 0,下泄流量平方和为 1 256.9 万(m^3/s)^2,原调度方案中汾河二库坝前最高水位为 900.00 m,符合水库要求;新调度方案最大下泄流量为 620.00 m^3/s,削峰率为 15.63%,下泄流量平方和为 1 206.8 万(m^3/s)^2,新调度方案中汾河水库坝前最高水位为 901.98 m,符合水库要求。新调度方案与原调度方案相比,下泄流量峰值削减了 143.33 m^3/s,下泄流量平方和减小了 3.99%。

新调度方案对汾河水库和汾河二库洪水调度具有明显的削峰和减小下泄流量平方和的作用,汾河二库坝前水库最高水位略有增加,但均属于四级风险,新调度方案有效提高了水库下游的防洪安全。

7.5.1.3　橙色预报洪水

不同调度方案对汾河上游天气预报橙色暴雨所导致的洪水调度过程如图 7-105～图 7-108、表 7-43 所示。

汾河水库最大入库流量为 807.41 m^3/s,原调度方案最大下泄流量为 750.00 m^3/s,削峰率为 7.11%,下泄流量平方和为 1 631.3 万$(m^3/s)^2$,原调度方案中汾河水库坝前最高水位为 1 125.25 m,符合水库要求;新调度方案最大下泄流量为 700.00 m^3/s,削峰率为 13.30%,下泄流量平方和为 1 293.3 万$(m^3/s)^2$,新调度方案中汾河水库坝前最高水位为 1 125.17 m,符合水库要求。新调度方案与原调度方案相比,下泄流量峰值削减了 50.00 m^3/s,削峰率进一步提高了 6.67%,下泄流量平方和减小了 20.72%。

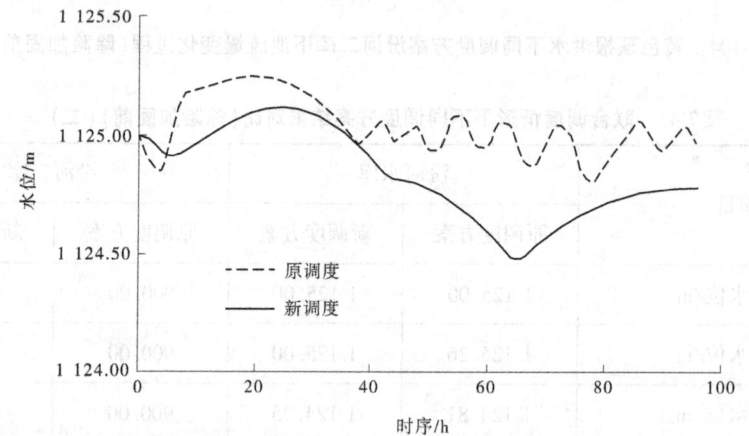

图 7-105　橙色预报洪水不同调度方案汾河水库水位变化过程(除险加固前)

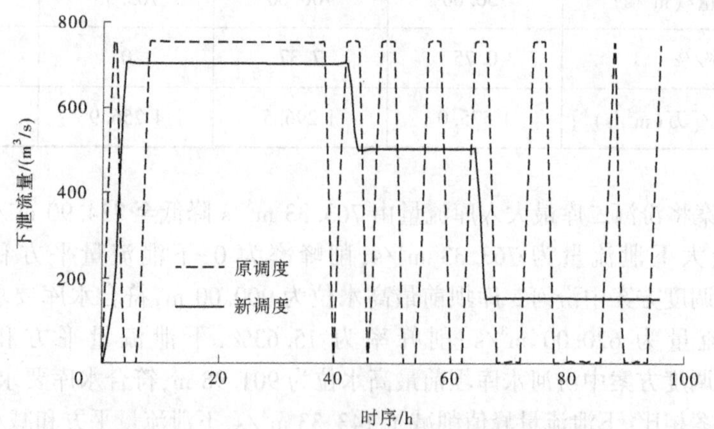

图 7-106　橙色预报洪水不同调度方案汾河水库下泄流量变化过程(除险加固前)

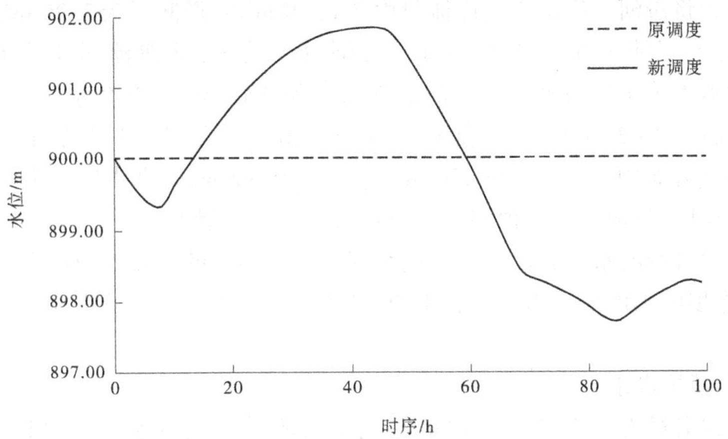

图 7-107　橙色预报洪水不同调度方案汾河二库水位变化过程(除险加固前)

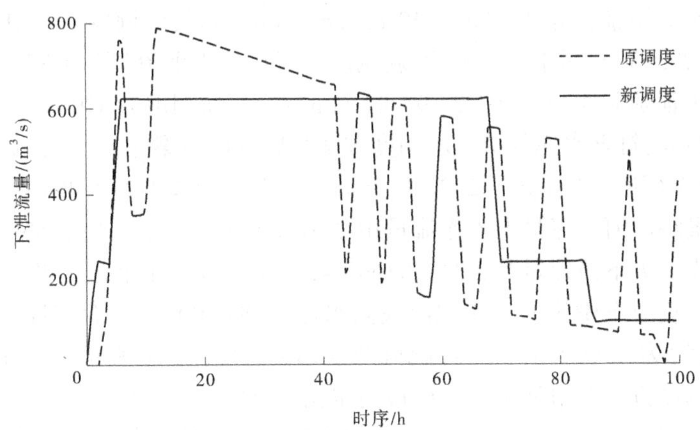

图 7-108　橙色预报洪水不同调度方案汾河二库下泄流量变化过程(除险加固前)

表 7-43　联合调度情形下不同调度方案结果对比(除险加固前)(三)

项目	汾河水库		汾河二库	
	原调度方案	新调度方案	原调度方案	新调度方案
汛限水位/m	1 125.00	1 125.00	900.00	900.00
最高水位/m	1 125.25	1 125.17	900.00	901.96
最低水位/m	1 124.80	1 124.53	900.00	897.85
最大入库流量/(m^3/s)	807.41	807.41	786.38	757.95
最大下泄流量/(m^3/s)	750.00	700.00	786.38	620.00
削峰率/%	7.11	13.30	0	18.20
下泄流量平方和/[万(m^3/s)^2]	1 631.3	1 293.3	1 333.5	1 295.7

新调度方案将汾河二库最大入库流量由 786. 38 m^3/s 降低至 757. 95 m^3/s；原调度方案汾河二库最大下泄流量为 786. 38 m^3/s，削峰率为 0，下泄流量平方和为 1 333. 5 万$(m^3/s)^2$，原调度方案中汾河二库坝前最高水位为 900. 00 m，符合水库要求；新调度方案最大下泄流量为 620. 00 m^3/s，削峰率为 18. 20%，下泄流量平方和为 1 295. 7 万$(m^3/s)^2$，新调度方案中汾河水库坝前最高水位为 901. 96 m，符合水库要求。新调度方案与原调度方案相比，下泄流量峰值削减了 166. 38 m^3/s，下泄流量平方和减小了 2. 83%。

新调度方案对汾河水库和汾河二库洪水调度具有明显的削峰和减小下泄流量平方和的作用，两水库坝前水库最高水位均属于四级风险，新调度方案有效提高了水库下游的防洪安全。

7. 5. 1. 4　红色预报洪水

不同调度方案对汾河上游天气预报红色暴雨所导致的洪水调度过程如图 7-109～图 7-112、表 7-44 所示。

汾河水库最大入库流量为 3 500. 23 m^3/s，原调度方案最大下泄流量为 1 923. 34 m^3/s，削峰率为 45. 05%，下泄流量平方和为 12 837. 6 万$(m^3/s)^2$，原调度方案中汾河水库坝前最高水位为 1 129. 93 m，属于一级风险；新调度方案最大下泄流量为 1 879. 95 m^3/s，削峰率为 46. 29%，下泄流量平方和为 12 391. 4 万$(m^3/s)^2$，新调度方案中汾河水库坝前最高水位为 1 129. 23 m，符合水库要求。新调度方案与原调度方案相比，下泄流量峰值削减了 43. 39 m^3/s，削峰率进一步提高了 2. 26%，下泄流量平方和减小了 3. 48%。

新调度方案将汾河二库最大入库流量由 2 318. 03 m^3/s 降低至 2 246. 17 m^3/s；原调度方案汾河二库最大下泄流量为 2 318. 03 m^3/s，削峰率为 0，下泄流量平方和为 13 451. 5 万$(m^3/s)^2$，原调度方案中汾河二库坝前最高水位为 900. 00 m，符合水库要求；新调度方案最大下泄流量为 1 800. 00 m^3/s，削峰率为 19. 86%，下泄流量平方和为 13 202. 7 万$(m^3/s)^2$，新调度方案中汾河水库坝前最高水位为 904. 83 m，符合水库要求。新调度方案与原调度方案相比，下泄流量峰值减小了 518. 03 m^3/s，下泄流量平方和减小了 1. 85%。

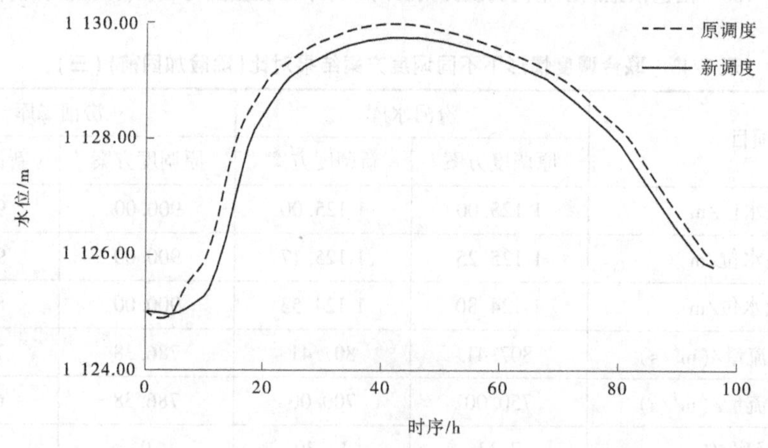

图 7-109　红色预报洪水不同调度方案汾河水库水位变化过程(除险加固前)

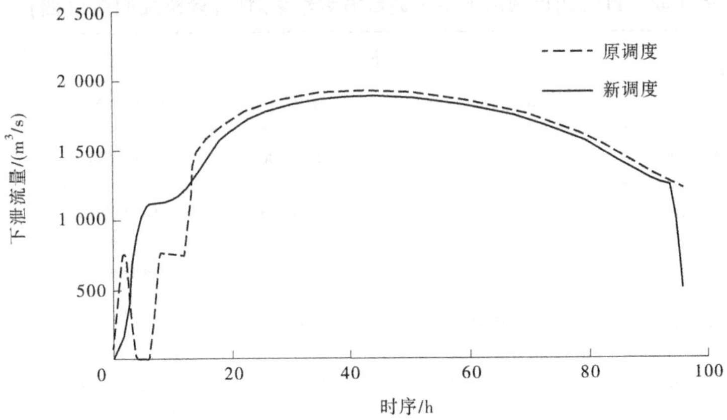

图 7-110　红色预报洪水不同调度方案汾河水库下泄流量变化过程(除险加固前)

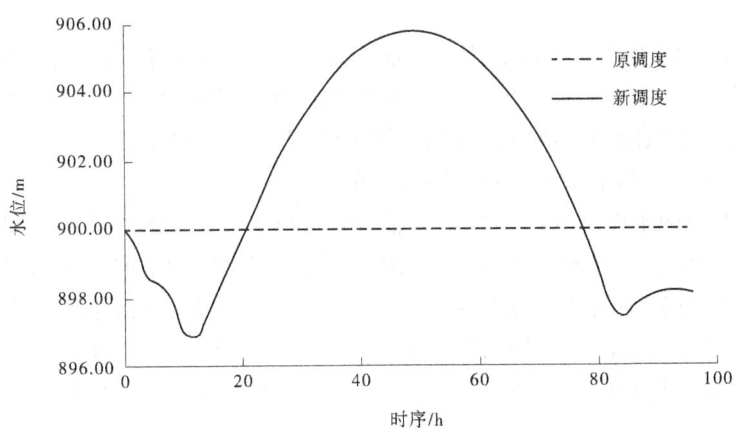

图 7-111　红色预报洪水不同调度方案汾河二库水位变化过程(除险加固前)

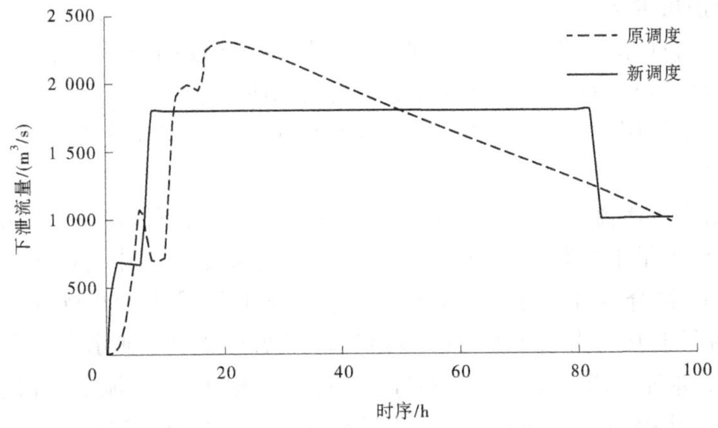

图 7-112　红色预报洪水不同调度方案汾河二库下泄流量变化过程(除险加固前)

表 7-44 联合调度情形下不同调度方案结果对比(除险加固前)(四)

项目	汾河水库		汾河二库	
	原调度方案	新调度方案	原调度方案	新调度方案
汛限水位/m	1 125.00	1 125.00	900.00	900.00
最高水位/m	1 129.93	1 129.23	900.00	904.83
最低水位/m	1 124.90	1 124.98	900.00	898.23
最大入库流量/(m^3/s)	3 500.23	3 500.23	2 318.03	2 246.17
最大下泄流量/(m^3/s)	1 923.34	1 879.95	2 318.03	1 800.00
削峰率/%	45.05	46.29	0	19.86
下泄流量平方和/[万(m^3/s)^2]	12 837.6	12 391.4	13 451.5	13 202.7

新调度方案对两水库洪水调度具有明显的削峰和减小下泄流量平方和的作用,使汾河水库坝前最高水库水位由原调度的一级风险降低为二级风险,汾河二库坝前最高水库水位略有增加,水库风险由四级风险转为三级风险,但是兰村断面的下泄流量下降一个等级,新调度方案有效提高了水库下游的防洪安全。

新调度方案对两水库洪水调度具有明显的削峰和减小下流泄流量平方和的作用。当遭遇蓝色、黄色和橙色天气预报暴雨产生的洪水时,汾河水库和汾河二库的坝前最高水库水位均属于四级风险;当遭遇红色天气预报暴雨产生的洪水时,汾河水库的坝前最高水库水位均属于二级风险,汾河二库坝前最高水库水位略有增加,汾河二库风险由四级风险转为三级风险,但是兰村断面的下泄流量下降一个等级,新调度方案有效提高了水库下游的防洪安全。

7.5.2 除险加固后

7.5.2.1 蓝色预报洪水

不同调度方案对汾河上游天气预报蓝色暴雨所导致的洪水进行调度的结果如图 7-113~图 7-116、表 7-45 所示。新调度方案对两水库洪水调度具有明显的削峰和减小下泄流量平方和的作用,坝前最高水库水位均属于四级风险,新调度方案有效提高了水库下游的防洪安全。

汾河水库最大入库流量为 680.73 m^3/s,原调度方案最大下泄流量为 750.00 m^3/s,削峰率为负值,下泄流量平方和为 1 518.8 万(m^3/s)^2,原调度方案中汾河水库坝前最高水位为 1 126.20 m,符合水库要求;新调度方案最大下泄流量为 580.00 m^3/s,削峰率为 14.80%,下泄流量平方和为 932.1 万(m^3/s)^2,新调度方案中汾河水库坝前最高水位为 1 126.42 m,符合水库要求。新调度方案与原调度方案相比,下泄流量峰值削减了 170.0 m^3/s,削峰率进一步提高了 22.67%,下泄流量平方和减小了 38.63%。

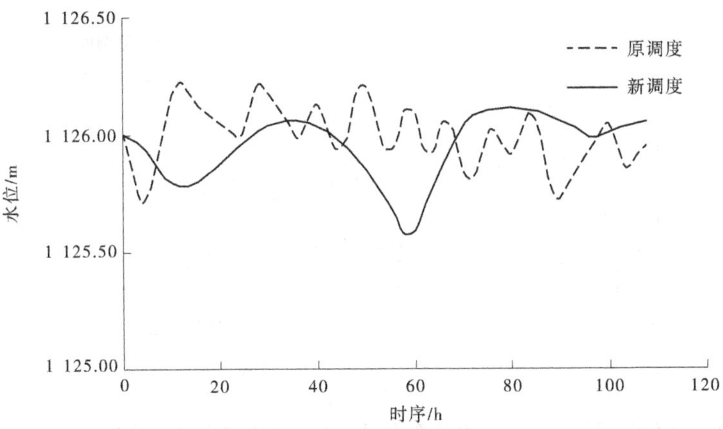

图 7-113　蓝色预报洪水不同调度方案汾河水库水位变化过程(除险加固后)

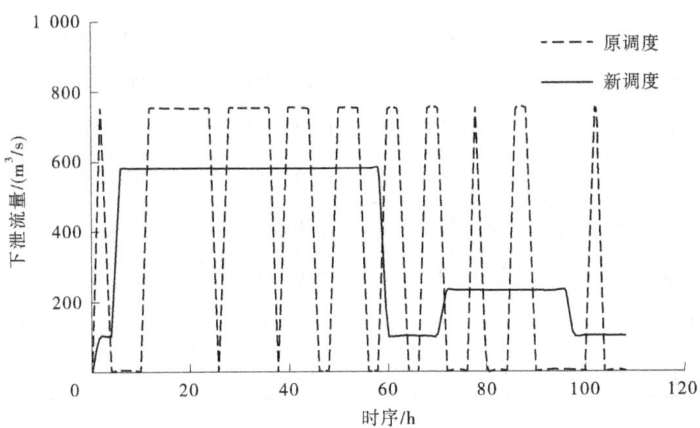

图 7-114　蓝色预报洪水不同调度方案汾河水库下泄流量变化过程(除险加固后)

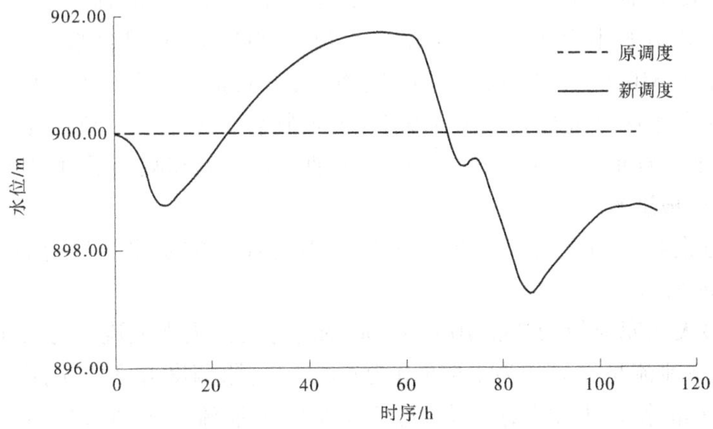

图 7-115　蓝色预报洪水不同调度方案汾河二库水位变化过程(除险加固后)

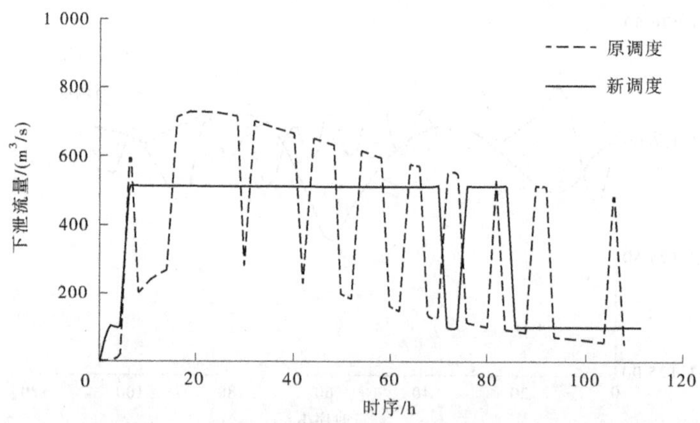

图 7-116 蓝色预报洪水不同调度方案汾河二库下泄流量变化过程(除险加固后)

表 7-45 联合调度情形下不同调度方案结果对比(除险加固后)(一)

项目	汾河水库		汾河二库	
	原调度方案	新调度方案	原调度方案	新调度方案
汛限水位/m	1 126.00	1 126.00	900.00	900.00
最高水位/m	1 126.20	1 126.42	900.00	901.69
最低水位/m	1 125.71	1 125.94	900.00	897.69
最大入库流量/(m^3/s)	680.73	680.73	729.92	633.24
最大下泄流量/(m^3/s)	750.00	580.00	729.92	510.00
削峰率/%	-10.18	14.80	0	19.46
下泄流量平方和/[万(m^3/s)^2]	1 518.8	932.1	991.1	906.4

新调度方案将汾河二库最大入库流量由 729.92 m^3/s 降低至 633.24 m^3/s；原调度方案汾河二库最大下泄流量为 729.92 m^3/s，削峰率为 0，下泄流量平方和为 991.1 万(m^3/s)^2，原调度方案中汾河二库坝前最高水位为 900.00 m，符合水库要求；新调度方案最大下泄流量为 510.00 m^3/s，削峰率为 19.46%，下泄流量平方和为 906.4 万(m^3/s)^2，新调度方案中汾河水库坝前最高水位为 901.69 m，符合水库要求。新调度方案与原调度方案相比，下泄流量峰值削减了 219.92 m^3/s，下泄流量平方和减小了 30.13%。

7.5.2.2 黄色预报洪水

不同调度方案对汾河上游天气预报黄色暴雨所导致的洪水调度过程如图 7-117～图 7-120、表 7-46 所示。

汾河水库最大入库流量为 755.70 m^3/s，原调度方案最大下泄流量为 750.00 m^3/s，削峰率为 0.75%，下泄流量平方和为 1 575.0 万(m^3/s)^2，原调度方案中汾河水库坝前最高水位为 1 126.33 m，符合水库要求；新调度方案最大下泄流量为 700.00 m^3/s，削峰率为 7.37%，下泄流量平方和为 1 174.3 万(m^3/s)^2，新调度方案中汾河水库坝前最高水位为 1 126.17 m，符合水库要求。新调度方案与原调度方案相比，下泄流量峰值削减了 50.00

m^3/s,削峰率进一步提高了 6.67%,下泄流量平方和减小了 25.44%。

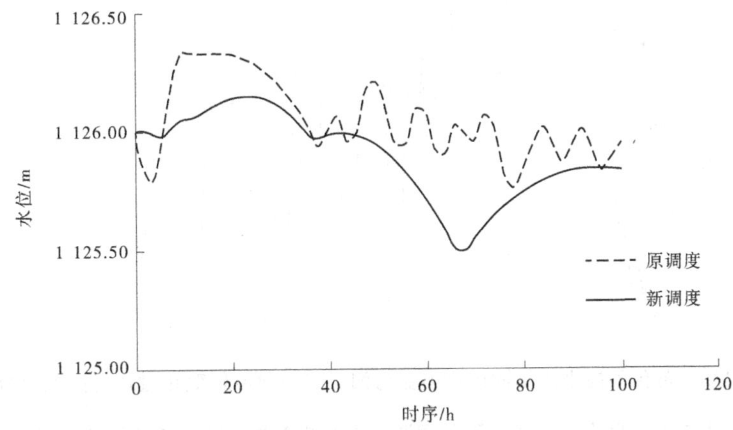

图 7-117 黄色预报洪水不同调度方案汾河水库水位变化过程(除险加固后)

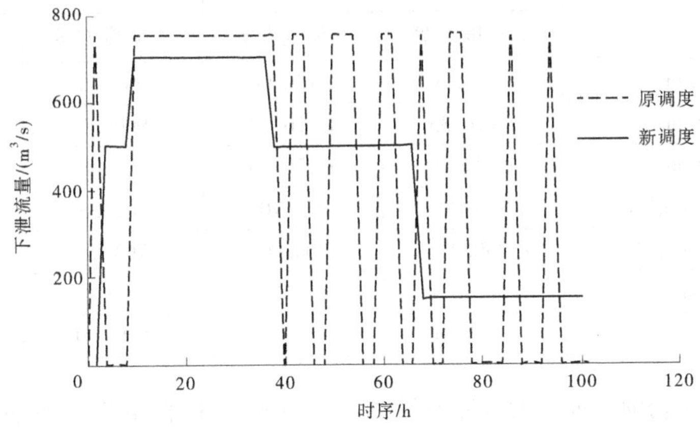

图 7-118 黄色预报洪水不同调度方案汾河水库下泄流量变化过程(除险加固后)

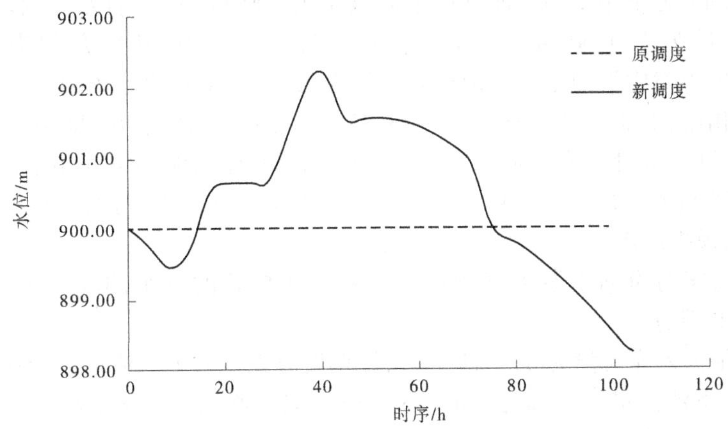

图 7-119 黄色预报洪水不同调度方案汾河二库水位变化过程(除险加固后)

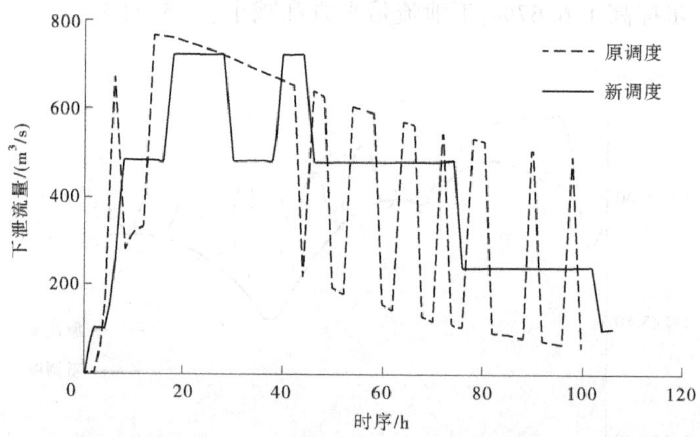

图 7-120 黄色预报洪水不同调度方案汾河二库下泄流量变化过程(除险加固后)

表 7-46 联合调度情形下不同调度方案结果对比(除险加固后)(二)

项目	汾河水库		汾河二库	
	原调度方案	新调度方案	原调度方案	新调度方案
汛限水位/m	1 126.00	1 126.00	900.00	900.00
最高水位/m	1 126.33	1 126.17	900.00	902.22
最低水位/m	1 125.76	1 125.50	900.00	898.25
最大入库流量/(m^3/s)	755.70	755.70	763.33	732.98
最大下泄流量/(m^3/s)	750.00	700.00	763.33	720.00
削峰率/%	0.75	7.37	0	1.77
下泄流量平方和/[万(m^3/s)^2]	1 575.0	1 174.3	1 256.9	1 133.0

新调度方案将汾河二库最大入库流量由 763.33 m^3/s 降低至 732.98 m^3/s;原调度方案汾河二库最大下泄流量为 763.33 m^3/s,削峰率为 0,下泄流量平方和为 1 256.9 万(m^3/s)^2,原调度方案中汾河二库坝前最高水位为 900.00 m,符合水库要求;新调度方案最大下泄流量为 720.00 m^3/s,削峰率为 1.77%,下泄流量平方和为 1 133.0 万(m^3/s)^2,新调度方案中汾河水库坝前最高水位为 902.22 m,符合水库要求。新调度方案与原调度方案相比,下泄流量峰值削减了 43.33 m^3/s,下泄流量平方和减小了 9.86%。

新调度方案对汾河水库和汾河二库洪水调度具有明显的削峰和减小下泄流量平方和的作用,汾河二库坝前水库最高水位略有增加,新调度方案有效提高了水库下游的防洪安全。

7.5.2.3 橙色预报洪水

不同调度方案对汾河上游天气预报橙色暴雨所导致的洪水调度过程如图 7-121～图 7-124、表 7-47 所示。

汾河水库最大入库流量为 807.41 m^3/s,原调度方案最大下泄流量为 750.00 m^3/s,削峰率为 7.11%,下泄流量平方和为 1 631.3 万(m^3/s)^2,原调度方案中汾河水库坝前最高水位为 1 126.32 m,符合水库要求;新调度方案最大下泄流量为 700.00 m^3/s,削峰率为 13.30%,下泄流量平方和为 1 177.0 万(m^3/s)^2,新调度方案中汾河水库坝前最高水位为 1 126.31 m,符合水库要求。新调度方案与原调度方案相比,下泄流量峰值削减了 50.00

m^3/s，削峰率进一步提高了 6.67%，下泄流量平方和减小了 27.85%。

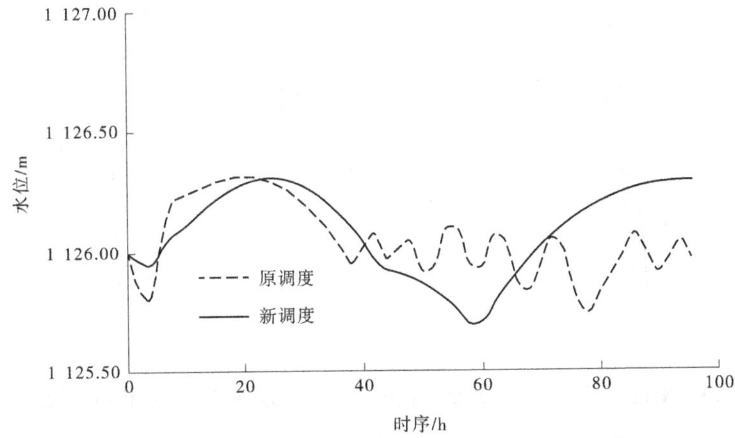

图 7-121　橙色预报洪水不同调度方案汾河水库水位变化过程(除险加固后)

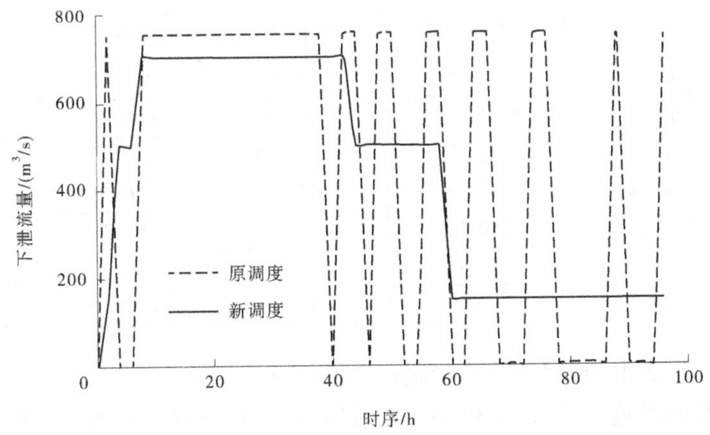

图 7-122　橙色预报洪水不同调度方案汾河水库下泄流量变化过程(除险加固后)

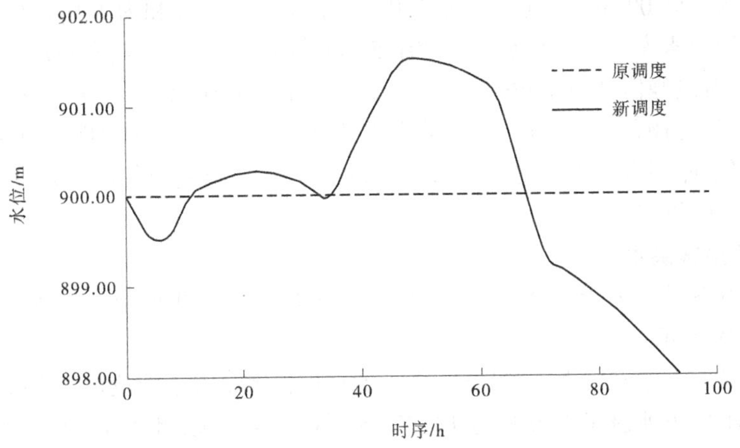

图 7-123　橙色预报洪水不同调度方案汾河二库水位变化过程(除险加固后)

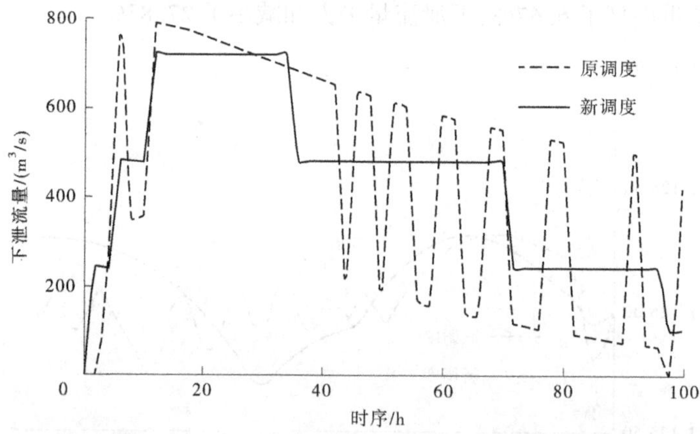

图 7-124　橙色预报洪水不同调度方案汾河二库下泄流量变化过程(除险加固后)

表 7-47　联合调度情形下不同调度方案结果对比(除险加固后)(三)

项目	汾河水库		汾河二库	
	原调度方案	新调度方案	原调度方案	新调度方案
汛限水位/m	1 126.00	1 126.00	900.00	900.00
最高水位/m	1 126.32	1 126.31	900.00	901.51
最低水位/m	1 125.75	1 125.70	900.00	897.71
最大入库流量/(m^3/s)	807.41	807.41	786.38	757.95
最大下泄流量/(m^3/s)	750.00	700.00	786.38	720.00
削峰率/%	7.11	13.30	0	5.01
下泄流量平方和/[万(m^3/s)^2]	1 631.3	1 177.0	1 333.5	1 194.3

新调度方案将汾河二库最大入库流量由 786.38 m^3/s 降低至 757.95 m^3/s;原调度方案汾河二库最大下泄流量为 786.38 m^3/s,削峰率为 0,下泄流量平方和为 1 333.5 万(m^3/s)^2,原调度方案中汾河二库坝前最高水位为 900.00 m,符合水库要求;新调度方案最大下泄流量为 720.00 m^3/s,削峰率为 5.01%,下泄流量平方和为 1 194.3 万(m^3/s)^2,新调度方案中汾河水库坝前最高水位为 901.51 m,符合水库要求。新调度方案与原调度方案相比,下泄流量峰值削减了 66.38 m^3/s,下泄流量平方和减小了 10.44%。

新调度方案对汾河水库和汾河二库的洪水调度具有明显的削峰和减小下泄流量平方和的作用,汾河水库和汾河二库的坝前水库最高水位均属于四级风险,新调度方案有效提高了水库下游的防洪安全。

7.5.2.4　红色预报洪水

不同调度方案对汾河上游天气预报红色暴雨所导致的洪水调度过程如图 7-125～图 7-128、表 7-48 所示。

汾河水库最大入库流量为 3 500.23 m^3/s,原调度方案最大下泄流量为 2 007.81 m^3/s,削峰率为 42.64%,下泄流量平方和为 13 277.5 万(m^3/s)^2,原调度方案中汾河水库坝前最高水位为 1 130.35 m,属于一级风险;新调度方案最大下泄流量为 1 906.85 m^3/s,削峰率为 45.52%,下泄流量平方和为 13 212.3 万(m^3/s)^2,新调度方案中汾河水库坝前最高水位为 1 129.85 m,符合水库要求。新调度方案与原调度方案相比,下泄流量峰值削减了 100.96 m^3/s,削峰率进一步提高了 5.03%,下泄流量平方和亦有下降。

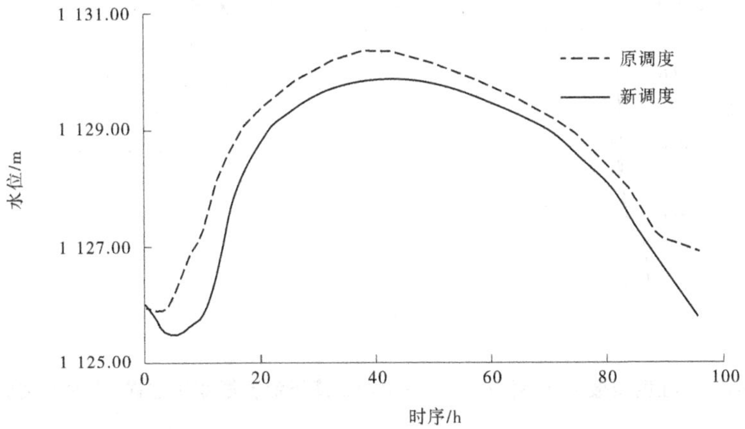

图 7-125　红色预报洪水不同调度方案汾河水库水位变化过程(除险加固后)

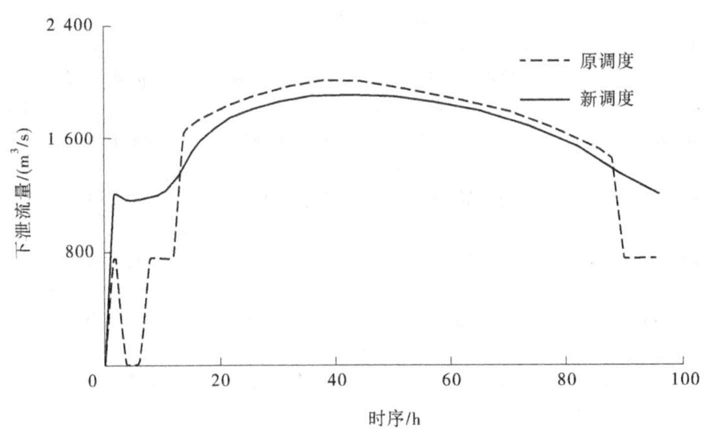

图 7-126　红色预报洪水不同调度方案汾河水库下泄流量变化过程(除险加固后)

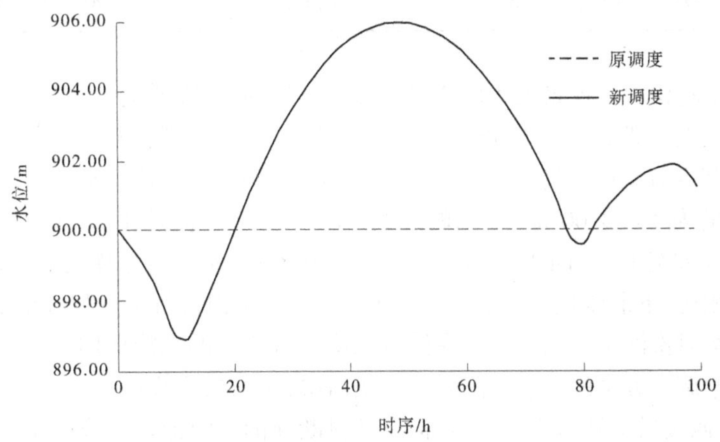

图 7-127　红色预报洪水不同调度方案汾河二库水位变化过程(除险加固后)

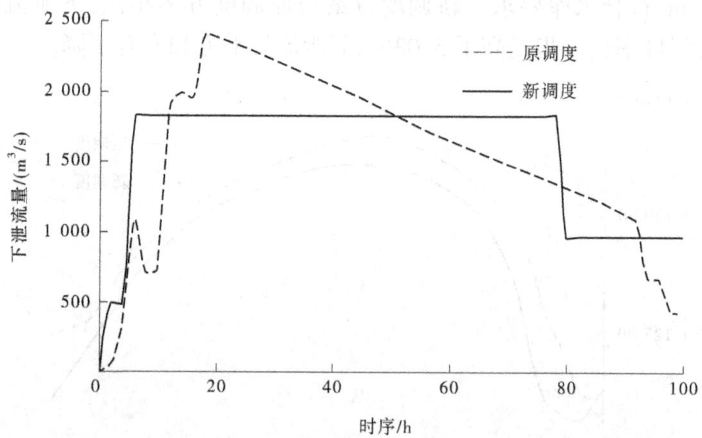

图 7-128 红色预报洪水不同调度方案汾河二库下泄流量变化过程(除险加固后)

表 7-48 联合调度情形下不同调度方案结果对比(除险加固后)(四)

项目	汾河水库		汾河二库	
	原调度方案	新调度方案	原调度方案	新调度方案
汛限水位/m	1 126.00	1 126.00	900.00	900.00
最高水位/m	1 130.35	1 129.85	900.00	905.95
最低水位/m	1 125.87	1 125.48	900.00	896.87
最大入库流量/(m^3/s)	3 500.23	3 500.23	2 405.33	2 292.2
最大下泄流量/(m^3/s)	2 007.81	1 906.85	2 405.33	1 800.00
削峰率/%	42.64	45.52	0	21.47
下泄流量平方和/[万(m^3/s)^2]	13 277.50	13 212.30	13 793.90	13 315.70

新调度方案将汾河二库最大入库流量由 2 405.33 m^3/s 降低至 2 292.2 m^3/s;原调度方案汾河二库最大下泄流量为 2 405.33 m^3/s,削峰率为 0,下泄流量平方和为 13 793.90 万(m^3/s)^2,原调度方案中汾河二库坝前最高水位为 900.00 m,符合水库要求;新调度方案最大下泄流量为 1 800.00 m^3/s,削峰率为 21.74%,下泄流量平方和为 13 315.70 万(m^3/s)^2,新调度方案中汾河水库坝前最高水位为 905.95 m,符合水库要求。新调度方案与原调度方案相比,下泄流量峰值削减了 605.33 m^3/s,下泄流量平方和减小了 21.47%。

新调度方案对汾河水库和汾河二库洪水调度具有明显的削峰作用,汾河水库坝前最高水库水位由原调度方案的一级风险降为二级风险,汾河二库坝前最高水库水位略有增加,水库风险由四级风险转为三级风险,但是兰村断面的下泄流量下降一个等级,新调度方案有效提高了水库下游的防洪安全。

新调度方案对汾河水库洪水调度具有明显的削峰和减小下泄流量平方和的作用。同除险加固前类似，当遭遇蓝色、黄色和橙色天气预报暴雨产生的洪水时，汾河水库和汾河二库的坝前最高水库水位均属于三级风险和四级风险；当遭遇红色天气预报暴雨产生的洪水时，汾河水库的坝前最高水库水位由原调度方案的一级风险降为新调度方案的二级风险，汾河二库坝前最高水库水位略有增加，水库风险由四级风险转为三级风险，但是兰村断面的下泄流量下降一个等级，新调度方案有效提高了水库下游的防洪安全。

7.6　调度风险分析

7.6.1　大坝预泄风险分析

水库汛期运行水位抬高后，一旦发生大洪水，可能会超出水库的承受能力，从而产生大坝安全风险。为保证大洪水时的防洪库容，必须利用水文气象预报或其他洪水预警机制在大洪水到来之前进行预泄，在不影响枢纽防洪和下游防洪安全的条件下，将水库运行水位降至设计的汛期防洪限制水位。

在除险加固前，当水库遭遇汾河水库 $P=0.05\%$ 设计洪水及汾河二库 $P=0.1\%$ 设计洪水时，若采用原调度方案，汾河水库和汾河二库均存在漫坝风险；若采用新调度方案，则需要对汾河二库进行预泄至 898.00 m，当水库水位在 900.00 m 运行时，若按下泄流量 3 104.0 m^3/s 计算，需要 43 min 才能从 900.00 m 降到汛限水位 898.00 m。

目前，汾河水库至汾河二库入口寨上断面的平均演进时间为 4 h，遇到大洪峰洪水时的演进时间仅为 1.5 h，当遭遇汾河水库 $P=0.05\%$ 设计洪水及汾河二库 $P=0.1\%$ 设计洪水时，需要对汾河二库经过 43 min 才能从 900.00 m 降到汛限水位 898.00 m，能够满足汾河二库的预泄要求，预泄过程对汾河二库并未造成风险。

7.6.2　大坝安全风险分析

7.6.2.1　汾河水库大坝安全风险分析

新调度方案减轻了汾河水库漫坝的安全风险。如表 7-49、表 7-50 所示，在除险加固前，设计洪水为 $P=0.05\%$ 时，原调度方案中汾河水库的最高坝前水位超过了汾河水库校核洪水位 1 129.76 m，对大坝安全存在漫坝的安全风险，而新调度方案的最高坝前水位未超过汾河水库校核洪水位 1 129.76 m，对大坝安全的风险较低。在除险加固后，新调度方案减轻了汾河水库漫坝的安全风险；设计洪水为 $P=0.05\%$ 时，原调度方案中汾河水库的最高坝前水位超过了汾河水库校核洪水位 1 130.25 m，对大坝安全存在漫坝的风险，而新调度方案各调度方案的最高坝前水位未超过汾河水库校核洪水位 1 130.25 m，对大坝安全的风险较低。

7.6.2.2　汾河二库大坝安全风险分析

本次研究中 $P=1\%$ 和 $P=0.1\%$ 设计洪水的调洪计算结果的风险分析（见表 7-51、表 7-52）表明，汾河二库设计洪水为 $P=1\%$（汾河水库设计洪水 $P=1\%$）时，各调度方案的最高坝前水位均未超过汾河二库校核洪水位 909.92 m，原调度方案和新调度方案最高坝前水位离校核洪水位具有一定差距,均属三级风险,即使在设计洪水过程、洪水预报和洪水实时调度存在一定误差的情况下,大坝的防洪安全也有一定保障,对大坝安全的风险很低。

表 7-49　汾河水库洪水调节成果(除险加固前,汛限水位:1 125.00 m)

频率	调度方案	洪峰流量/(m^3/s)	最高坝前水位/m	风险等级
$P=1\%$	原调度	5 010	1 127.96	二级
	新调度		1 127.09	三级
$P=0.05\%$	原调度	9 400	1 129.89	一级
	新调度		1 129.67	二级

表 7-50　汾河水库洪水调节成果(除险加固后,汛限水位:1 126.00 m)

频率	调度方案	洪峰流量/(m^3/s)	最高坝前水位/m	风险等级
$P=1\%$	原调度	5 010	1 128.66	二级
	新调度		1 128.26	二级
$P=0.05\%$	原调度	9 400	1 130.46	一级
	新调度		1 129.96	二级

当遭遇汾河二库设计洪水为 $P=0.1\%$(汾河水库设计洪水 $P=0.1\%$)和汾河二库设计洪水为 $P=0.1\%$(汾河水库设计洪水 $P=0.05\%$)时,原调度方案的最高坝前水位都超过了汾河二库校核洪水位,对汾河二库大坝的漫坝安全影响很大,大坝安全风险较高;而新调度方案的最高坝前水位未超过汾河二库校核洪水位,对大坝安全的风险较低。新调度方案降低了汾河二库的大坝安全风险。

表 7-51　汾河二库大坝安全风险分析调洪计算成果(除险加固前,汛限水位:1 125.00 m)

设计洪水	调度方案	汛限水位/m	洪峰流量/(m^3/s)	最高坝前水位/m	风险等级
$P=1\%$ ($P_{汾河水库}=1\%$)	原调度	900.00	5 341.98	905.19	三级
	新调度	900.00	5 430.26	906.15	三级
$P=0.1\%$ ($P_{汾河水库}=0.1\%$)	原调度	900.00	8 300.59	911.73	一级
	新调度	900.00	8 261.39	909.89	二级
$P=0.1\%$ ($P_{汾河水库}=0.05\%$)	原调度	900.00	8 336.52	911.82	一级
	新调度	898.00	8 309.94	908.91	二级

表 7-52　汾河二库大坝安全风险分析调洪计算成果(除险加固后,汛限水位:1 126.00 m)

设计洪水	调度方案	汛限水位/m	洪峰流量/(m^3/s)	最高坝前水位/m	风险等级
$P=1\%$ ($P_{汾河水库}=1\%$)	原调度	900.00	5 515.21	905.30	三级
	新调度	900.00	5 438.19	904.54	三级
$P=0.1\%$ ($P_{汾河水库}=0.1\%$)	原调度	900.00	8 316.83	911.78	一级
	新调度	900.00	8 309.16	909.69	二级
$P=0.1\%$ ($P_{汾河水库}=0.05\%$)	原调度	900.00	8 384.06	911.95	一级
	新调度	900.00	8 344.46	908.23	二级

7.6.3　下游保护对象安全风险分析

汾河上游段水库群主要保护对象为下游的太原市以上河段,本书依据汾河水库和汾河二库出库洪峰流量,经过衰减(衰减率=1.25%/km)(其中汾河二库距兰村 13.75 km,兰村距汾河二坝 57.06 km),得到寨上断面和兰村断面处的最大流量(见表 7-53、表 7-54),与其各自防洪安全泄量进行比较,分析各断面是否存在风险。

兰村河道防洪标准为 $P=1\%$,防洪安全泄量为 3 450 m^3/s,$P=2\%\sim5\%$防洪安全泄量为 2 000~2 700 m^3/s。根据各调度方案风险分析计算结果,各调度方案兰村下泄流量在所有设计洪水过程中均不会超过下游防洪安全泄量,满足下游河道安全泄量要求,对下游防洪保护对象的安全影响极小,风险极低。

新调度方案对于减小水库下游安全风险有较好的适用性。新调度方案使寨上和兰村断面处的泄流级别下降,减轻了下游防洪压力,原调度方案在洪水较大时会小概率地出现水位超过校核洪水位的现象,对水库的安全影响较大;新调度方案在未考虑误差的影响下水位和下泄流量均未超过校核值,对水库及下游防洪对象的安全影响极小。

7.6.4　风险预防措施

防洪调度风险涉及汾河水库、汾河二库水利枢纽工程、库区及汾河上游流域,针对水库群防洪调度带来的各个风险因素,为有效规避或降低防洪调度风险,保障各水库防洪度汛需求,现提出以下管理及应对措施:

(1)事前加强洪水预报调度技术研究,降低应急泄洪、垮坝和动用蓄滞洪区的风险率。洪水的发生具有可预见性与可调控性。通过实测洪水的调查与分析,人们可掌握洪水现象的各种统计特性与变化规律;利用现代化的计算机仿真模拟手段,可以预测在流域孕灾环境与防洪工程能力变化条件下,不同量级洪水可能形成的淹没范围、水深、流速以及淹没持续时间等,利用现代化的监测手段和计算方法,人们可以对即将发生的洪涝进行实时预报;根据洪水的预测、预报结果,可以科学地制定防洪工程规划与调度方案,约束洪水的泛滥范围,控制洪峰流量和水位等,从而达到降低风险的目的。

表 7-53　联合调度汾河水库下游风险分析计算成果(除险加固前,汛限水位:1 125.00 m)

频率	调度方案	汾河水库 出库 Q_{max}/(m^3/s)	汾河水库 寨上断面 Q_{max}/(m^3/s)	汾河水库 断面泄流梯度级别	汾河二库 出库 Q_{max}/(m^3/s)	汾河二库 兰村断面 Q_{max}/(m^3/s)	汾河二库 断面泄流梯度级别
$P_{汾河水库}=0.05\%+$	原调度	1 914.41	1 088.69	5级	4 336.43	3 591.05	8级
$P_{汾河二库}=0.1\%$	新调度	1 787.30	1 064.17	5级	4 160.00	3 444.95	7级
$P_{汾河水库}=0.1\%+$	原调度	1 828.47	1 039.82	5级	4 293.50	3 555.50	8级
$P_{汾河二库}=0.1\%$	新调度	1 780.87	1 012.75	5级	4 160.00	3 444.95	7级
$P_{汾河水库}=1\%+$	原调度	1 555.26	884.45	4级	3 410.64	2 824.30	7级
$P_{汾河二库}=1\%$	新调度	1 410.72	802.25	4级	2 750.00	2 277.31	6级
$P_{汾河水库}=2\%+$	原调度	1 441.88	819.97	4级	3 206.79	2 655.58	7级
$P_{汾河二库}=2\%$	新调度	1 348.02	766.59	3级	2 750.00	2 277.31	6级
$P_{汾河水库}=5\%+$	原调度	1 293.43	735.55	3级	3 104.17	2 570.60	7级
$P_{汾河二库}=5\%$	新调度	1 217.70	692.48	3级	1 600.00	1 324.98	5级
$P_{汾河水库}=5\%+$	原调度	1 293.43	735.55	3级	1 809.39	1 498.38	5级
$P_{汾河二库}=20\%$	新调度	1 217.70	692.48	3级	960.00	794.99	4级
$P_{汾河水库}=10\%+$	原调度	1 222.92	695.45	3级	1 500.51	1 242.59	5级
$P_{汾河二库}=20\%$	新调度	879.00	499.87	2级	720.00	596.24	3级
$P_{汾河水库}=20\%+$	原调度	750.00	426.51	2级	1 500.51	1 242.59	5级
$P_{汾河二库}=20\%$	新调度	380.00	216.10	1级	580.00	329.84	2级

表 7-54　联合调度汾河水库下游风险分析计算成果(除险加固后,汛限水位:1 126.00 m)

频率	调度方案	汾河水库		断面泄流梯度级别	汾河二库		断面泄流梯度级别
		出库 Q_{max}/(m^3/s)	寨上断面 Q_{max}/(m^3/s)		出库 Q_{max}/(m^3/s)	兰村断面 Q_{max}/(m^3/s)	
$P_{汾河水库}=0.05\%+$ $P_{汾河二库}=0.1\%$	原调度	2 030.60	1 130.46	5 级	4 393.02	3 637.91	8 级
	新调度	1 927.29	1 096.01	5 级	4 160.00	3 444.95	7 级
$P_{汾河水库}=0.1\%+$ $P_{汾河二库}=0.1\%$	原调度	1 854.81	1 054.80	5 级	4 309.31	3 568.59	8 级
	新调度	1 842.36	1 047.72	5 级	4 160.00	3 444.95	7 级
$P_{汾河水库}=1\%+$ $P_{汾河二库}=1\%$	原调度	1 680.90	955.90	4 级	3 421.29	2 833.21	7 级
	新调度	1 531.91	871.19	4 级	3 000.00	2 484.34	6 级
$P_{汾河水库}=2\%+$ $P_{汾河二库}=2\%$	原调度	1 609.07	915.05	4 级	3 215.25	2 662.59	7 级
	新调度	1 531.94	897.19	4 级	2 500.00	2 070.28	6 级
$P_{汾河水库}=5\%+$ $P_{汾河二库}=5\%$	原调度	1 491.71	848.31	4 级	3 108.42	2 574.12	7 级
	新调度	879.00	499.87	2 级	1 700.00	1 407.79	5 级
$P_{汾河水库}=5\%+$ $P_{汾河二库}=20\%$	原调度	1 491.71	848.31	4 级	1 922.31	1 591.89	6 级
	新调度	879.00	499.87	2 级	920.00	761.86	4 级
$P_{汾河水库}=10\%+$ $P_{汾河二库}=20\%$	原调度	750.00	426.51	2 级	1 500.51	1 242.59	5 级
	新调度	700.00	398.08	2 级	600.00	496.87	3 级
$P_{汾河水库}=20\%+$ $P_{汾河二库}=20\%$	原调度	750.00	426.51	2 级	1 500.51	1 242.59	5 级
	新调度	580.00	329.84	1 级	480.00	397.49	2 级

(2)适时开展防洪预演。编制防汛应急处置预案并结合预案开展防洪调度预演,在应对洪水过程中,要充分运用数字化、智慧化手段,强化预报信息与调度运行信息的集成耦合,可采用实测典型洪水过程,根据雨水情预报情况,对汾河水库、汾河二库的防洪调度进行模拟预演,为调度提供科学的决策支持。确保在防汛风险发生时能迅速、有效、有序地实施应急救援、应急处置,确保人员和设备、设施安全度汛。

(3)加强设备设施运维。严格水库管理、提高工程质量、加强大坝监测、消除病险水库是防止垮坝风险的重要手段。每年汛前对汾河上游流域水文、雨量、水位、气象等遥测站进行巡检,对各电子设备开展检查维护,汛前完成缺陷故障处理,确保流域水情精准预报和水库调度系统运行可靠。每月组织开展安全隐患检查,检查范围涉及水工建筑物、泄洪设施、监测设备、近坝边坡及排水沟等水利枢纽重要组成部分,对影响防洪度汛的隐患问题制订整改方案,确保大坝的安全性。

7.7 小 结

(1)构建了以防洪为主的多目标水库群防洪优化调度模型。以汾河上游段水库群防洪为目的,以水库入库流量平方和最小、水库最高运行水位最低和水库出库流量平方和最小为调度目标,以水量平衡、水位上下限、下泄流量上下限、水库特征曲线及非负等约束条件,构建了以防洪为主的汾河上游段水库群多目标防洪优化调度模型,采用权重组合的形式建立了水库群联合防洪目标函数,并将加入惯性权重模型的粒子群-遗传算法作为本次设计的模型优化求解方法。

(2)新调度方案均能在降低坝前最高水位、削减下泄流量峰值和降低下泄流量平方和方面取得成效。新调度方案减小了汾河二库入库流量,当遭遇大于 $P_{汾河水库}=2\%+P_{汾河二库}=2\%$组合设计洪水时,新调度方案对汾河水库洪水调度具有明显的削峰和降低坝前最高水库水位的作用;当遭遇小于或等于 $P_{汾河水库}=2\%+P_{汾河二库}=2\%$组合设计洪水时,新调度方案对汾河水库洪水调度具有明显的削峰和减小下泄流量平方和的作用,但是并未增加坝前最高水库水位;当遭遇天气预报红色暴雨产生的洪水时,汾河水库的坝前最高水库水位均属于二级风险,汾河二库风险由四级风险转为三级风险,但是兰村断面的下泄流量下降一个等级;对于任意一种洪水,新调度方案均能削减下泄流量峰值。

(3)新调度方案既能降低水库及下游的防洪安全风险,且未造成大坝预泄洪水安全。当遭遇汾河水库 $P=0.05\%$设计洪水及汾河二库 $P=0.1\%$设计洪水时,需要对汾河二库经过 43 min 才能从 900.00 m 降到汛限水位 898.00 m,能够满足汾河二库的预泄要求,预泄过程对汾河二库并未造成风险;当遭遇汾河水库设计洪水为 $P=0.05\%$时,原调度方案中汾河水库的最高坝前水位超过了汾河水库校核洪水位,而新调度方案最高坝前水位未超过汾河水库校核洪水位;新调度方案使寨上断面和兰村断面处的泄流级别下降,减轻了下游防洪压力。

第 8 章　保障措施

本书水库群防洪调度涉及汾河水库、汾河二库水利枢纽工程及汾河上游流域，针对水库群防洪调度在实施过程中的各种不确定因素，为有效实施汾河上游段水库群防洪调度方案，保证防洪度汛，科学合理利用洪水资源，从而充分发挥枢纽的防洪、供水、发电、生态等综合效益，现提出以下管理及应对措施：

(1)落实防汛责任，明确防汛职责。成立防汛领导机构、落实防汛责任。明确汾河水库、汾河二库管理公司各相关部门主要防汛职责，组织部门职工全力以赴落实年度防汛及大坝安全管理，保证所有防汛相关工作按计划完成；通过组建防汛组织机构及抗洪应急抢险队，把防汛责任明确到部门、岗位；成立防汛办公室，负责防汛日常工作，做到防汛工作责任到人、层层落实，切实抓实、抓好。同时召开防汛动员会，安排部署年度防汛重点任务；明确年度防洪调度任务、防洪调度原则、泄洪闸门运行方式、防洪度汛措施、超标洪水应急措施、通信保障、物资保障和电源保障等，做到防汛管理组织有力、权责明晰。

(2)加强预报措施，科学调度水库。做好洪水预报，加强与水文气象部门的密切协作，在重点防洪地区设立雨量站、水文站，做好雨、水情监测和预报，实施滚动预测预报，结合汾河水库、汾河二库及相关流域的水情实际，不断修正水文预报模型算法，努力提高预报精确度，延长预见期。同时科学精准调度水库，严格按照上级批准的汛期调度运用计划和优化调度方案，严格执行调度指令，细化优化汾河上游段水库群联合防洪调度。在实时调度过程中，根据预报水情及工况信息，采取提前预泄及延缓(取消)收孔等防洪风险控制措施对防洪风险进行控制，坚持兴利服从防洪、电调服从水调的原则，确保水利工程的防洪和供水安全。

(3)及时修订方案，完善防洪预案。汾河水库、汾河二库水利枢纽要及时修订完善调度方案和防洪预案，库区各市、县(重点为下游太原市)也要根据实际情况，结合各水库高水位运行、遭遇特大洪水等情形，及时修订完善城区地质灾害防御、库区消落地管理等方面的专项预案，增强预案的指导性和可操作性，确保发生大洪水、涉及库岸稳定等问题时有预案、有措施、有准备，全力保障大坝主体工程的安全。

(4)加强流域信息共享。汾河水库、汾河二库水利枢纽防洪不仅涉及枢纽自身、汾河上游及库区的防洪安全，还涉及库区库岸稳定方面的安全问题，需要流域内各水利枢纽密切配合、团结协作，加强信息沟通和交流，同时采用集控中心模式统筹多个水库的防汛工作。

第9章 结论和建议

9.1 结 论

(1)在研究流域,双超模型和改进新安江模型都可以获得较好的模拟结果,BP神经网络模型和《山西省水文计算手册》中的流域水文模型法模拟结果不太理想。在水文预报模型参数优化时,无论是双超模型,还是改进新安江模型,都可以获得较好的模拟结果。双超模型在研究流域预报总体优于改进新安江模型,其峰值相对误差小于35%。

(2)采用马斯京根法和流量衰减法推求了各河道流量演进参数。以静乐到河岔水文站所选9场洪水过程为研究对象,选用马斯京根法和流量衰减法计算该河段流量演进参数,并依据水文比拟法估算研究流域内各站点间的洪水传播。马斯京根法和流量衰减分析法计算的洪峰相对误差分别为0.22和0.25。研究中为了简化计算,其余河段采用流量衰减分析法计算洪水传播过程,即取洪峰衰减率为1.25%/km。

(3)将短期暴雨预报应用于汾河水库、汾河二库流域。研究中将气象预报与水文预报结合起来,可以提高洪水预报的预见期。结合我国气象部门的四级暴雨预警信号,本书对汾河水库、汾河二库以上流域分别同时发生蓝色、黄色、橙色和红色四级暴雨预警的情况,采用双超模型进行了径流预报。

(4)构建了以防洪为主的多目标水库群防洪优化调度模型。以确保大坝安全条件下水库泄流量最小和下游的防洪安全为准则,建立了单库防洪优化调度模型,以水库最高运行水位最低、水库入库流量平方和最小和水库出库流量平方和最小为调度目标,以水量平衡、水位上下限、下泄流量上下限、水库特征曲线及非负等约束条件,构建了以防洪为主的汾河上游段水库群多目标防洪优化调度模型,采用权重组合的形式建立了水库群联合防洪目标函数,并加入惯性权重模型的粒子群-遗传算法,作为本书设计的各模型优化求解方法。

(5)新防洪调度在发生大洪水时表现出更为明显的防洪效果。当遭遇大于50年一遇设计洪水时,新调度方案对水库洪水调度具有明显的削峰和降低坝前最高水库水位的作用;当遭遇小于或等于50年一遇设计洪水时,新调度方案对汾河水库洪水调度具有明显的削峰和减小下泄流量平方和的作用,并未增加坝前最高水库水位;此外,当遭遇红色天气预报暴雨产生的洪水时,汾河水库的坝前最高水库水位由原调度的一级风险降为新调度的二级风险,汾河二库风险由四级风险转为三级风险,兰村断面的下泄流量下降一个等级。

(6)新调度方案有效降低了单库调度和水库群调度中的大坝安全风险和下游防护对象风险。当遭遇汾河水库 $P=0.05\%$ 设计洪水及汾河二库 $P=0.1\%$ 设计洪水时,汾河二库经过43 min可以从900.00 m降到汛限水位898.00 m,能够满足汾河二库的预泄要求,预泄过程对汾河二库并未造成风险；当遭遇其他洪水时，新调度方案既使水库坝前最高水位下降，又使寨上断面和兰村断面处的泄流级别下降，减轻了水库及下游的防洪压力。

（7）新调度方案操作简便，具有更强的水库管理可操作性。水库新调度方案结合了洪水预报系统的当日洪量，给出了具体的泄洪分级策略，在调度过程中保证了水库均匀泄流，避免了闸门频繁启闭，减少了操作的复杂程度。可供水库管理人员参考借鉴。

9.2 建　议

（1）提高洪水资料系列的长度。在收集到的1995—2022年的资料中，发生场次洪水的资料较少，而场次洪水数据过少会直接影响模型参数的率定结果，导致后期检验期预报精度不高。

（2）提高半干旱半湿润地区水文预报的精度。半干旱半湿润地区产汇流条件比湿润地区更为复杂，流域水文模型是对复杂水文现象概化的一种数学模型，继续深入研究半干旱半湿润地区水文现象的本质，是提高此类地区预报精度的基本途径。

（3）加强流域水库及干流水文测站的自动化建设。在流域水文测站及水库上布置自动测量设备，完善流域水文情报交流网，并在水库防洪调度中可结合云计算、智慧水利等新理论、新技术，将测量数据与流域洪水计算和水库群防洪调度优化模型有效结合，积极增强水情分析能力，进一步提高水库运行的实时管理和综合效益。

参考文献

[1] Bellman R E. Dynamic Programming Texts in Computer[J]. Science, 2014:245-267.

[2] Oliveira R, Loucks D P. Operating rules for multi-reservoir systems[J]. Water Resources Research, 1997, 33(4):839-852.

[3] Rossman L. Reliability-constrained dynamic programming and randomized release rules in reservoir management[J]. Water Resources Research, 1977, 13(2):247-255.

[4] Shi Y, Eberhart R. Amodified particle swarm optimizer[C]//IEEE International Conference on Evolutionary Computation. Anchorage Alaska, 1998:69-73.

[5] Niu W J. Comparison of Multiple Linear Regression, Artificial Neural Network, Extrem Learning Machine, and Support Vector Machine in Deriving Operation Rule of Hydropower Reservoir[J]. Water, 2019, 11(1):88.

[6] Windsor J S. A programing model for the design of multireservoir flood control systems[J]. Water Resources Research. 1975, 11(1):30-36.

[7] Meng X, Wu X B. Analysis on Flood Control Unified Regulation of Baiyangdian Wetland and its Upstream Reservoir Group[J]. Applied Mechanics and Materials, 2013, 2545(353-356):2591-2594.

[8] 丁根宏，曹文秀．改进粒子群算法在水库优化调度中的应用[J]．南水北调与水利科技，2014(1)：118-121.

[9] 郭生练，陈炯宏，刘攀，等．水库群联合优化调度研究进展与展望[J]．水科学进展，2010，21(4)：496-503.

[10] 和吉，张翠平．基于差分进化算法的水库防洪优化调度研究[J]．东北水利水电，2019,37(4)：37-40.

[11] 霍勇峰．汾河干流兰村以下河道洪水演进分析[J]．人民黄河，2012，34(9)：24-25,29.

[12] 李传科，魏樱．百色水库现行分期汛限水位防洪调度方案风险分析[J]．广西水利水电，2011，144(6)：22-25.

[13] 李建军．汛期水库调度风险分析研究方法评述[J]．科技创新导报，2009，114(6)：105.

[14] 李雅琼．基于粒子群算法的遗传算法优化研究[J]．兰州文理学院学报(自然科学版)，2017,31(1)：55-60.

[15] 梁丹．风险分析方法在水库调度管理中的运用[J]．民营科技，2012，149(8)：201.

[16] 刘建华．粒子群算法的基本理论及其改进研究[D]．长沙：中南大学，2009.

[17] 刘冀，王丽学，王振．大伙房水库防洪优化调度研究[J]．沈阳农业大学学报，2005，36(2)：206-209.

[18] 刘克琳，王宗志，程亮，等.水库防洪错峰调度风险分析方法及应用[J]．华北水利水电大学学报(自然科学版)，2016,37(6)：43-48.

[19] 刘群明，陈守伦，刘德有.流域梯级水库防洪优化调度数学模型及 PSODP 解法[J]．水电能源科学，2007,95(1)：34-37.

[20] 刘永琦，李浩玮，侯贵兵，等.西江流域水库群多目标统筹调度策略与思考[J]．中国水利，2022，

952(22):43-46.

[21] 卢有麟,郑静,张威,等. 沅水流域梯级水库(电站)中小洪水联合调度研究[J]. 中国防汛抗旱,2021,31(7):45-50.

[22] 邱林, 李文君,陈晓楠,等. 基于混沌算法的水库防洪优化调度[J]. 海河水利, 2007(4):47-48,52.

[23] 苏慧慧. 山西汾河流域公元前730年至2000年旱涝灾害研究[D]. 西安:陕西师范大学,2010.

[24] 王成民, 王昊,刁艳芳. 基于SA-FOA的水库防洪优化调度研究[J]. 中国农村水利水电, 2023(5):85-90.

[25] 王国利, 梁国华, 彭勇,等. 基于PSO算法的水库防洪优化调度模型及应用[J]. 水电能源科学,2009, 27(1): 74-76,68.

[26] 王森, 程春田, 李保健,等. 防洪优化调度多约束启发式逐步优化方法[J]. 水科学进展, 2013, 24(6):869-876.

[27] 王翌旭, 刘强, 钟平安,等. 低调节性能水库防洪优化调度分段试算法改进[J]. 南水北调与水利科技, 2021,19(3):598-605.

[28] 吴海燕, 刘懿, 徐华,等. 基于非均匀离散DP的碧口水库防洪优化调度[J]. 人民黄河,2022,44(9):100-105.

[29] 向立云. 我国洪水风险区管理探讨[J]. 水利发展研究,2002(9):26-28.

[30] 向立云. 我国洪水管理的几个方向性问题[J]. 水利发展研究,2003(12):4-8.

[31] 肖敬,董增川,罗晓丽,等. 基于改进逐步优化算法的水库防洪优化调度[J]. 人民黄河, 2018,40(10):25-28,164.

[32] 谢维, 纪昌明, 吴月秋, 等. 基于文化粒子群算法的水库防洪优化调度[J]. 水利学报,2010,41(4):452-457,463.

[33] 徐冬梅. 水库群防洪调度与洪水资源化相关问题研究[D]. 大连:大连理工大学,2014.

[34] 许凌杰,董增川,肖敬,等. 基于改进遗传算法的水库群防洪优化调度[J]. 水电能源科学,2018,36(3):59-62,153.

[35] 杨斌斌,孙万光. 改进POA算法在流域防洪优化调度中的应用[J]. 水电能源科学,2010,28(12):36-38,115.

[36] 杨博, 南昊. 我国水资源现状及其安全对策研究[J]. 太原学院学报(自然科学版),2016, 34(1):9-12.

[37] 应急管理部. 应急管理部发布2022年全国自然灾害基本情况[R]. 防灾博览, 2023, 128(1):26-27.

[38] 袁鹏, 常江,朱兵,等. 粒子群算法的惯性权重模型在水库防洪调度中的应用[J]. 四川大学学报(工程科学版),2006,38(5):54-57.

[39] 张海良. 基于水库防洪优化调度模型研究[J]. 黑龙江水利科技, 2019, 47(2): 19-21,26.

[40] 张明,王随玲,蒋志强,等. 基于动态规划算法的额勒赛下游水电站防洪优化调度研究[J]. 水电能源科学,2021,39(11):127-131.

[41] 张琪, 任明磊,王凯,等. 基于改进遗传算法的水库群防洪联合优化调度研究及其应用[J]. 中国防汛抗旱,2022,32(6):21-26.

[42] 张荣沂. 一种新的集群优化算法:粒子群优化算法[J]. 黑龙江工程学院学报(自然科学版),2004(12):34-36.

[43] 张真兵. 水库调度中的风险分析及决策方法[J]. 现代国企研究,2019,152(2):78.

[44] 钟平安,邹长国,李伟,等. 水库防洪调度分段试算法及应用[J]. 水利水电科技进展, 2003, 23(6): 21-23,56.

[45] 邹强,王学敏,李安强,等. 基于并行混沌量子粒子群算法的梯级水库群防洪优化调度研究[J]. 水利学报,2016,47(8):967-976.